“做中学 学中做”系列教材

Flash CS6 案例教程

◎ 王　梦　师鸣若　郑　睿　主　编

◎ 于志博　严　敏　吴鸿飞　副主编

電子工業出版社

Publishing House of Electronics Industry

北京 · BEIJING

内 容 简 介

本书是图形图像处理软件 Flash CS6 的基础实用教程，通过 11 个模块、44 个具体的实用项目，对 Flash CS6 操作基础，Flash 绘图功能，基本动画类型制作，高级动画类型制作，声音、视频和元件应用，ActionScript 应用，导航和菜单，开场和片头动画，课件制作，贺卡制作和游戏制作进行了较全面的介绍，使读者通过本书能够轻松愉快地掌握 Flash 软件的操作与技能。

本书以大量的图示、清晰的操作步骤，剖析了使用 Flash 软件的过程，既可作为高职院校、中职学校计算机相关专业的基础课程教材，也可作为计算机及信息高新技术考试、计算机等级考试、计算机应用能力考试等认证培训班的教材，还可作为 Flash 软件初学者的自学教程。

图书在版编目（CIP）数据

Flash CS6 案例教程 / 王梦，师鸣若，郑睿主编. —北京：电子工业出版社，2016.1
“做中学　学中做”系列教材

ISBN 978-7-121-27903-4

Ⅰ. ①F… Ⅱ. ①王… ②师… ③郑… Ⅲ. ①动画制作软件—中等专业学校—教材 Ⅳ. ①TP391.41

中国版本图书馆 CIP 数据核字（2015）第 307501 号

策划编辑：杨　波
责任编辑：徐　萍
印　　刷：北京虎彩文化传播有限公司
装　　订：北京虎彩文化传播有限公司
出版发行：电子工业出版社
　　　　　北京市海淀区万寿路 173 信箱　邮编　100036
开　　本：787×1 092　1/16　印张：11.5　字数：294 千字
版　　次：2016 年 1 月第 1 版
印　　次：2024 年 9 月第 16 次印刷
定　　价：40.00 元

凡所购买电子工业出版社图书有缺损问题，请向购买书店调换。若书店售缺，请与本社发行部联系，联系及邮购电话：（010）88254888，88258888。

质量投诉请发邮件至 zlts@phei.com.cn，盗版侵权举报请发邮件至 dbqq@phei.com.cn。

本书咨询联系方式：（010）88254584，yangbo@phei.com.cn。

前　言

陶行知先生曾提出“教学做合一”的理论，该理论十分重视“做”在教学中的作用，认为“要想教得好，学得好，就须做得好”。这就是被广泛应用在教育领域的“做中学，学中做”理论，实践能力不是通过书本知识的传递来获得发展，而是通过学生自主地运用多样的活动方式和方法，尝试性地解决问题来获得发展的。从这个意义上看，综合实践活动的实施过程，就是学生围绕实际行动的活动任务进行方法实践的过程，是发展学生的实践能力和基本“职业能力”的内在驱动。

探索、完善和推行“做中学，学中做”的课堂教学模式，是各级各类职业院校发挥职业教育课堂教学作用的关键，既强调学生在实践中的感悟，又强调学生能将自己所学的知识应用到实践之中，让课堂教学更加贴近实际、贴近学生、贴近生活、贴近职业。

本书从自学与教学的实用性、易用性出发，通过具体的行业应用案例，在介绍 Flash CS6 各项功能的同时，重点说明 Flash 软件功能与实际应用的内在联系；重点遵循 Flash 软件使用人员日常事务处理规则和工作流程，帮助读者更加有序地处理日常工作，达到高效率、高质量和低成本的目的。这样，以典型的行业应用案例为出发点，贯彻知识要点，由简到难，易学易用，让读者在做中学，在学中做，学做结合，知行合一。

◇ 编写体例特点

【你知道吗】（引入学习内容）——【应用场景】（案例的应用范围）——【相关文件模板】（提供常用的文件模板）——【背景知识】（对案例的特点进行分析）——【设计思路】（对案例的设计进行分析）——【做一做】（做中学，学中做）——【项目拓展】（类似案例，举一反三）——【知识拓展】（对前面知识点进行补充）——【课后练习与指导】（代表性、操作性、实用性）。

在讲解过程中，如果遇到一些使用工具的技巧和诀窍，以“教你一招”、“小提示”的形式加深读者印象，这样既增长了知识，同时也增强了学习的趣味性。

◇ 本书内容

本书是图形图像处理软件 Flash CS6 的基础实用教程，通过 11 个模块、44 个具体的实用项目，对 Flash CS6 操作基础，Flash 绘图功能，基本动画类型制作，高级动画类型制作，声音、视频和元件应用，ActionScript 应用，导航和菜单，开场和片头动画，课件制作，贺卡制作和游戏制作进行了较全面的介绍，使读者通过本书能够轻松愉快地掌握 Flash 软件的操作与技能。

本书以大量的图示、清晰的操作步骤，剖析了使用 Flash 软件的过程，既可作为高职院校、中职学校计算机相关专业的基础课程教材，也可作为计算机及信息高新技术考试、计算机等级考试、计算机应用能力考试等认证培训班的教材，还可作为 Flash 软件初学者的自学教程。

◇ 本书分工

本书由王梦、师鸣若、郑睿主编，于志博、严敏、吴鸿飞为副主编，兰翔、王大印、屈忠阳、李振华、底利娟、裯圆华、魏坤莲、黄世芝、王少炳、韩忠、王国仁、罗益才、邓国俊、王常吉、陈川、文东海参与编写。一些职业学校的老师参与试教和修改工作，在此表示衷心的感谢。由于编者水平有限，难免有错误和不妥之处，恳请广大读者批评指正。

◇ 课时分配

本书各模块教学内容和课时分配建议如下：

模 块	课 程 内 容	知 识 讲 解	学生动手实践	合 计
01	Flash 动画制作基础	2	2	4
02	Flash 强大的绘图功能	2	2	4
03	基本动画类型的制作	2	2	4
04	高级动画类型的制作	2	2	4
05	声音、视频和元件的应用	2	2	4
06	ActionScript 的应用	2	2	4
07	导航和菜单	4	4	8
08	开场和片头动画	4	4	8
09	课件制作	4	4	8
10	贺卡制作	2	2	4
11	游戏制作	2	2	4
总计		28	28	56

注： 本课程按照 56 课时设计，授课与上机按照 1：1 分配，课后练习可另外安排课时。课时分配仅供参考，教学中请根据各自学校的具体情况进行调整。

◇ 教学资源

请有此需要的读者登录华信教育资源网免费注册后进行下载，有问题时请在网站留言板留言或与电子工业出版社联系。

编　者

2015 年 9 月

目　录

模 块 01 Flash 动画制作基础

你知道吗

Flash 是一款非常受欢迎的矢量绘图和动画制作软件。要学好 Flash CS6，对 Flash CS6 的工作环境、基本界面和操作需要有一个总体了解，掌握动画制作的基本原理，为以后的学习打下一个良好的基础。准备好了吗？我们一起开始学习吧！

学习目标

- 了解 Flash CS6 的基本界面
- 掌握 Flash 动画制作的基本原理
- 了解 Flash 动画制作的基本元素和流程
- 掌握时间轴和帧的概念
- 初步了解动画制作方法

项目任务 1-1 Adobe Flash CS6 基本界面

要正确、高效地运用 Flash CS6 软件制作动画，首先需要熟悉 Flash CS6 的工作界面以及工作界面中各部分的功能，这主要包括 Flash CS6 中的菜单命令、工具、面板的使用方法等。

Flash CS6 起始页

启动 Flash CS6 时，会弹出 Flash CS6 的起始页，如图 1-1 所示。

Flash CS6 工作区

启动 Flash CS6 后，新建一个 Flash 文档（ActionScript 3.0 或 ActionScript 2.0），将进入 Flash CS6 的工作区，如图 1-2 所示。Adobe Flash CS6 工作区有以下常用操作区域：菜单栏、工具箱、舞台工作区、时间轴、“属性”面板、“库”面板等常用工具面板。

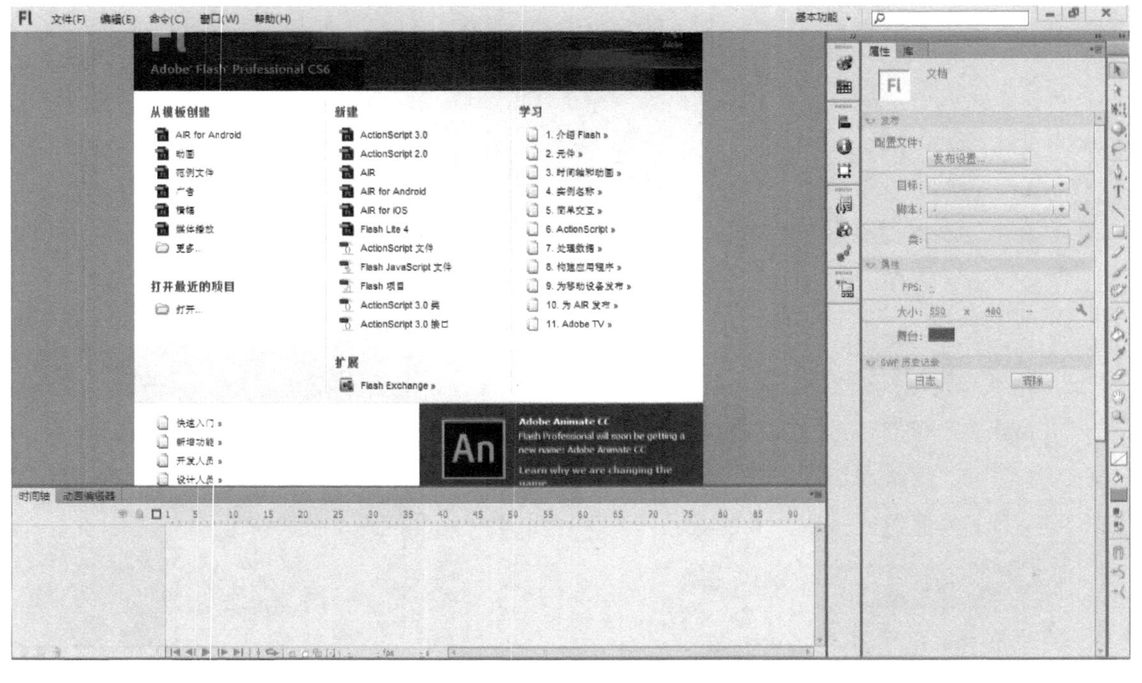

图 1-1　Adobe Flash CS6 起始页

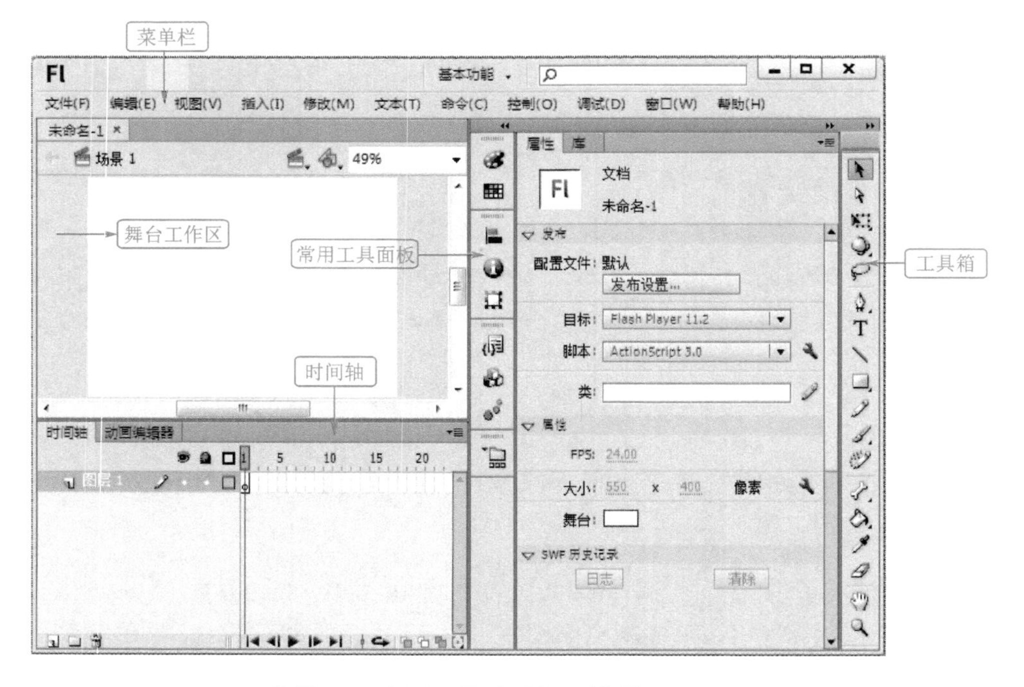

图 1-2　Adobe Flash CS6 工作区

1．工具箱

工具箱提供了 Flash 用于图形绘制和图形编辑的各种常用工具，从上到下分为“工具”、“查看”、“颜色”、“选项” 4 栏。单击某个工具按钮，即可激活相应的操作功能。图标右下方有三角形的工具，表示还有下拉选项，如“矩形工具”、“刷子工具”等。

（1）工具栏（见图 1-3）：工具箱的工具栏中提供了绘制图形、输入文字所用的各种工具。

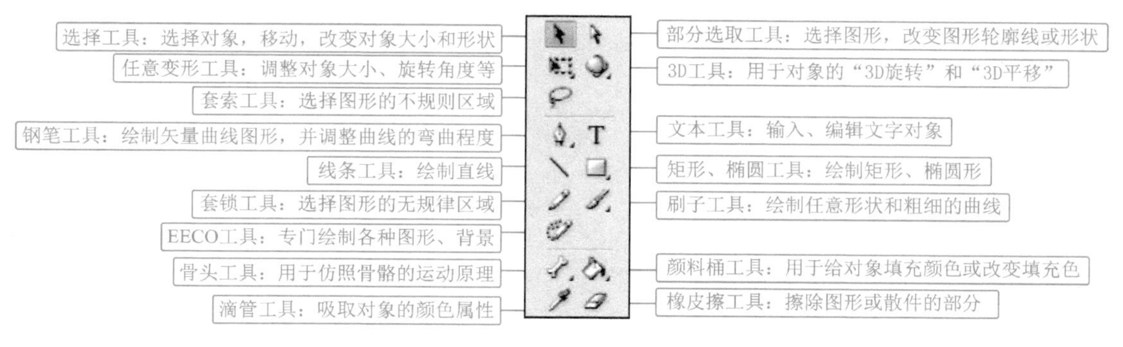

图 1-3 工具栏

（2）查看栏（见图 1-4）：工具箱的查看栏中的工具用来调整舞台的显示比例和舞台编辑画面的位置。

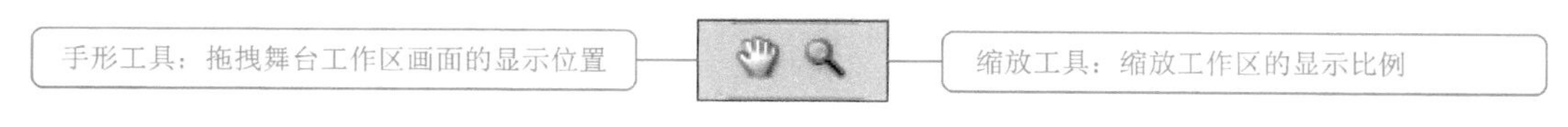

图 1-4 查看栏

（3）颜色栏（见图 1-5）：工具箱的颜色栏中的工具用于设置图形的笔触颜色和填充颜色。

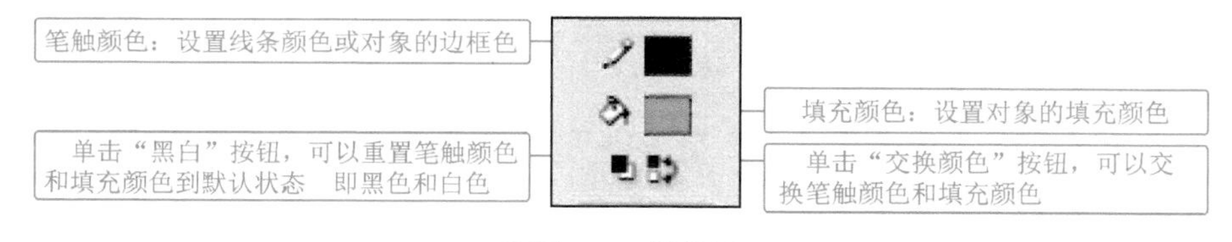

图 1-5 颜色栏

（4）选项栏（见图 1-6）：工具箱的选项栏中放置了用于对当前选择的工具进行设置的一些属性和功能按钮等选项，大部分工具都有自己相应的属性设置。

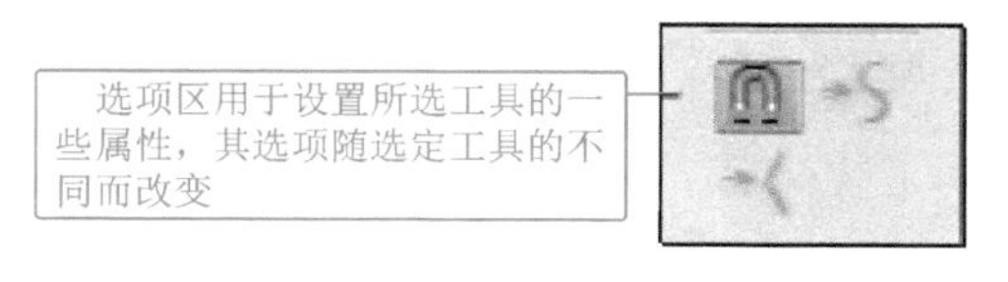

图 1-6 选项栏

2. 舞台工作区

舞台，顾名思义，是演员表演的空间。在 Flash 中，绘制图形内容、输入文字、导入外部文件进行编辑、创建影片，最终生成动画作品的区域称为舞台。舞台是最主要的可编辑区域，舞台工作区是舞台中的一个白色或其他颜色的矩形区域，只有在舞台工作区内的对象才能够作为影片输出和打印，舞台外的内容播放时不被显示。

提示

快捷键在 Flash 制作动画时能够省去不少时间，多用快捷键会使得动画制作变得便捷，希望大家牢记。舞台工作区中，Ctrl+2 能够使舞台满画布显示，记得试一试！

3. 时间轴

时间轴是 Flash CS6 进行动画制作的核心部分。Flash 把影片按时间分解为帧，在舞台中直接绘制图形或从外部导入图像，均可形成单独的帧，也可把不同的图形放到不同图层的相应帧中，把所有的帧画面连起来，即合成影片。所谓图层，就是图形所处的前后位置，图层越靠上，相当于该图层中的对象越靠前，在同一区域中，上面图层中的对象会挡住下面图层的对象。

时间轴面板分为图层控制区和时间帧控制区两部分。如图 1-7 所示，左边是图层控制区，主要对图层进行不同的操作；右边是时间帧控制区，主要对帧进行操作。

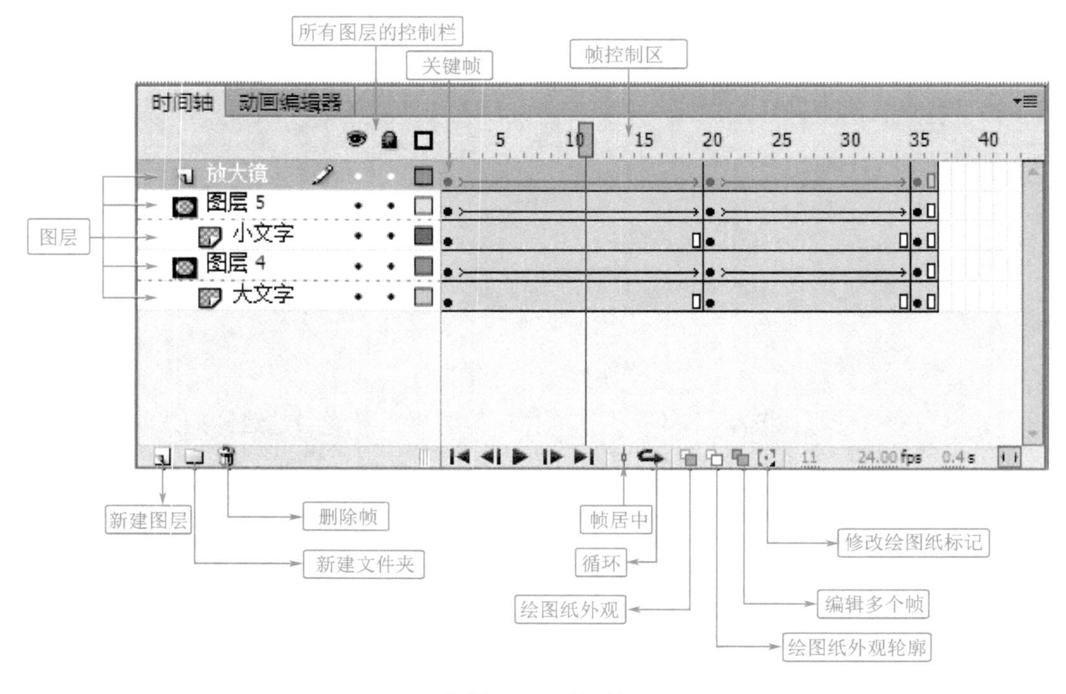

图 1-7　时间轴

4. 常用工具面板

（1）属性面板：属性面板是一个特殊面板，该面板用于设置或查看当前选定项（舞台中的对象、工具、帧）的属性，如图 1-8 所示。属性面板中的内容随着不同对象或工具而改变。

（2）库面板：库面板就是一个存放 Flash 动画素材的仓库。如图 1-9 所示，库中可存放从外部导入的音频、视频、图形以及 Flash 中创建的各种元件，当制作动画需要素材的时候，直接从库中将素材拖放到舞台中即可。

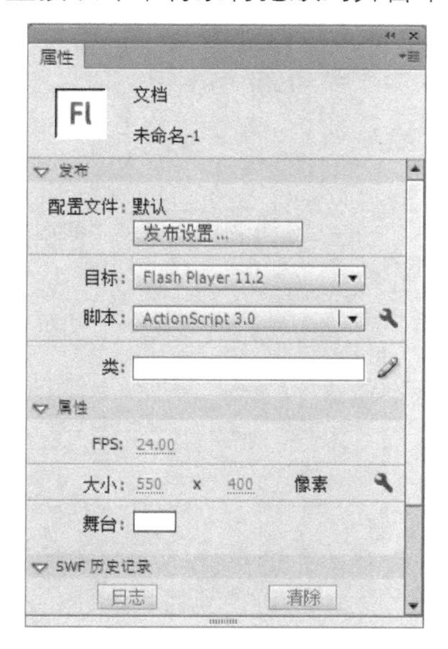

图 1-8 属性面板

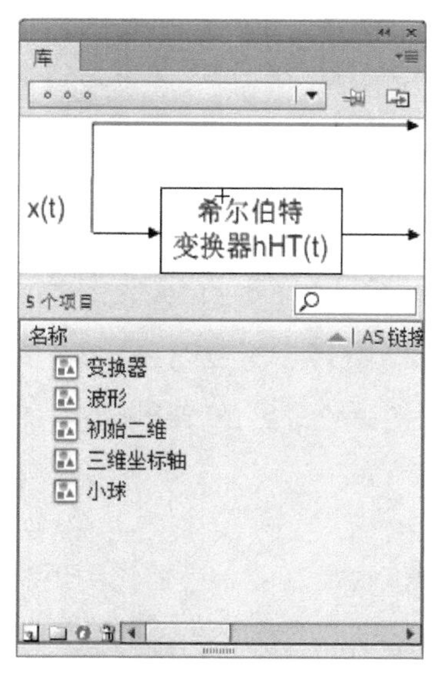

图 1-9 库面板

（3）其他常用工具面板：Flash 动画制作中，还有一些常用的工具面板，主要包括“颜色”面板、“对齐”面板、“变形”面板等，后面的动画制作中会陆续讲解到。

项目任务 1-2 Adobe Flash CS6 动画制作的原理、组成元素和基本步骤

Flash 动画的制作需要经过很多环节的处理，每个环节都相当重要。如果处理或制作不好，会直接影响到动画的效果。

Flash 制作平面动画的基本原理

动画是指物体在一定时间内发生的变化过程，包括动作、位置、颜色、形状、角度、透明度等的变化。在计算机中用一幅幅图片来表现这一段时间内物体的变化，每一幅图片称为一帧。当这些图片以一定的速度连续播放时，因“视觉暂留”的视觉生理缺陷而产生了连续运动的“幻觉”。人类肉眼所能看到的影像约为 1/16 秒，电影胶片的播放速率是 24 帧/秒，因此我们可以看到连续运动的画面。在计算机中，只需要设置 Flash 动画变化前第一帧和变化后最后一帧（两个关键帧）的图片，中间的过渡计算机会自动生成（补间动画），大大减轻了创作动画的负担。另外，Flash 还提供了路径引导、遮罩等功能，从而可以制作出特殊效果的动画。

Flash 平面动画的组成元素

Flash 中用到的动画元素称为对象，在 Flash 中的对象可分为以下 6 类。

（1）矢量图形：组成 Flash 动画的最基本元素，使用 Flash 提供的工具箱可以绘制所

需要的矢量图形。

（2）位图图形：从外部导入的图片，经过适当的编辑修改后可以加入到 Flash 动画中。

（3）声音：从外部收集并导入的声音文件，可以加入到 Flash 动画中。

（4）视频：从外部收集并导入的视频文件，可以加入到 Flash 动画中。

（5）群组：在 Flash 中可以把分散的图形转换为一个整体来操作，这个整体称为群组。

（6）元件和元件实例：元件是在 Flash 中可重复使用的一种动画元素，而实例是元件在动画中的具体应用。元件分为 3 类：图形、按钮和影片剪辑。

Flash 制作平面动画的基本步骤

要制作出一个出色的 Flash 动画作品，应该用心把握每个环节，制作过程大致可分为以下几个步骤。

1. 前期策划

在制作动画之前，应首先明确制作动画的目的、知道动画的最终效果应达到什么样的结果和反响，动画的整体风格应该以什么为主以及应用什么形式将其体现出来。在制定了一套完整的方案后，就可以为需要制作的动画做初步的策划，包括动画中的人物、背景、音乐及动画剧情的设计、动画分镜头的制作手法等构思。

2. 收集素材

制定了前期策划之后，应开始对动画中所需素材进行收集与整理。收集素材时应注意不要盲目地收集，而要根据前期策划的风格、目的和形式来有针对性地收集素材。

3. 制作动画

创作动画中比较关键的步骤就是制作 Flash 动画，前期策划和素材的收集都是为制作动画而做的准备。要将之前的想法完美地呈现出来，就需要作者具备好的绘画功底和对 Flash 的熟练程度。

4. 后期调试与优化

动画制作完成后，为了使整个动画看起来更加流畅、紧凑，必须对动画进行调试。调试动画主要是针对动画对象的细节、分镜头和动画片段的衔接、声音和动画播放是否同步等进行调整，以此保证动画作品的最终效果与质量。

5. 测试动画

制作与调试完动画后，应对动画的效果、品质等进行检测，即测试动画。测试时应尽量在不同配置的计算机上测试动画，然后根据测试后的结果对动画进行调整和修改。

6. 发布动画

Flash 动画制作的最后一步就是发布动画，用户可以对动画的格式、画面品质和声音等进行设置。

项目任务 1-3 Flash 动画制作基础操作

在制作 Flash 动画前，需要对 Flash 文档的基本操作、Flash 绘图模式以及图层等相关专业术语有初步的了解。

动手做 1　打开与保存 Flash 动画

使用 Flash CS6 可以创建新文档以进行全新的动画制作，也可以打开以前保存的文档对其进行再次编辑。

1. 打开 Flash 动画

（1）当启动 Flash CS6 时，起始页中有打开最近的项目区域，如图 1-10 所示。单击其中的文件名即可打开相应的 Flash 文档。单击打开按钮，利用弹出的对话框可以打开外部的 Flash 文档。

（2）选择文件→打开菜单命令，或按组合键 Ctrl+O 也可以打开外部的 Flash 文档。

图 1-10　打开最近的项目

2. 保存 Flash 动画

（1）如果是第一次存储影片，可选择文件→保存或文件→另存为菜单命令，打开保存对话框。利用该对话框，把影片存储为扩展名是“.fla”的 Flash CS6 文档（默认项）或扩展名是“.fla”的 Flash CS6 文档（在“保存类型”下拉列表框中选择“Flash CS6 文档”选项）。

（2）单击组合键 Ctrl+S 可以快速打开“保存”对话框。

动手做 2　创建笔触和填充

1. 填充的设置

利用“颜色”面板可以设置填充色，包括纯色、线性渐变色、径向渐变色和位图。颜色面板如图 1-11 所示，该面板各选项的作用如下。

（1）类型下拉列表框 无 ：该下拉列表框中选择填充样式，选择不同选项，“颜色”面板会发生相应变化，如图 1-11 所示。各选项作用如下。

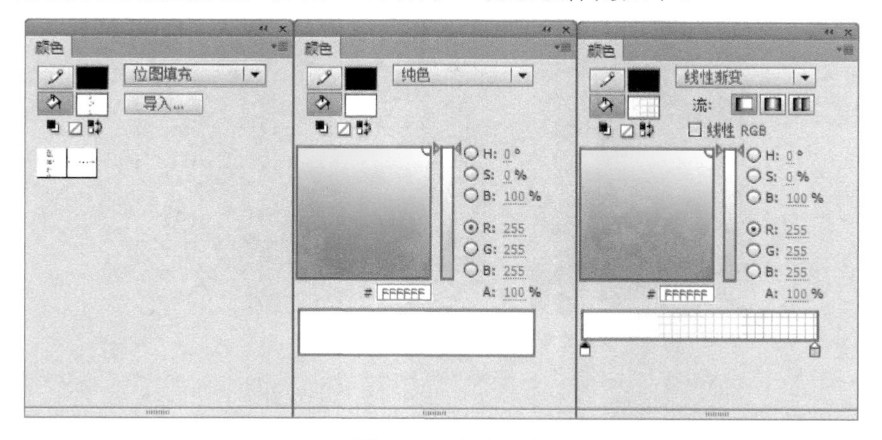

图 1-11　颜色面板

- “无”填充样式：删除填充。
- “纯色”填充样式：提供一种纯色的填充单色。
- “线性渐变”填充样式：产生沿线性轨迹变化的渐变色。

- “径向渐变”填充样式：用从焦点沿环形轨迹的渐变色填充。
- “位图”填充样式：用位图平铺填充区域。

（2）颜色栏按钮：“颜色”（线性渐变）面板如图 1-12 所示。“填充颜色”按钮和工具箱中的“颜色”栏及“属性”面板中的“填充颜色”按钮作用一样，单击它可以弹出颜色面板，如图 1-13 所示。单击颜色面板中的某一个色块，或在左上角的文本框中输入十六进制代码，都可以给填充设置颜色。还可以在 Alpha 文本框中输入 Alpha 值，以调整填充的不透明度。

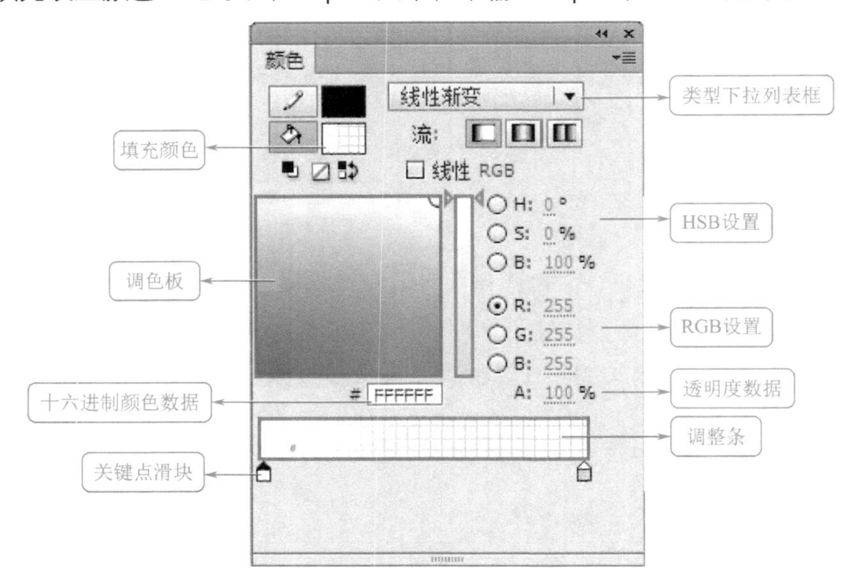

图 1-12 “线性渐变”颜色面板

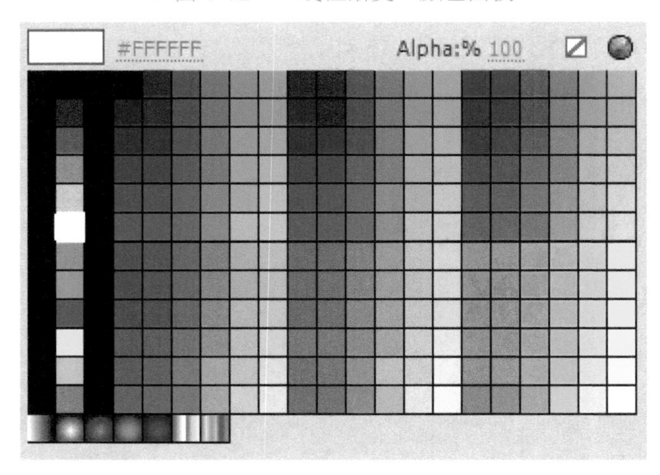

图 1-13 颜色面板

2. 笔触的设置

笔触设置就是线属性的设置，它包括笔触样式、笔触粗细和笔触颜色等的设置。笔触设置可以利用“属性”面板来进行。单击工具箱内的矩形工具按钮后的属性面板如图 1-14 所示，选中线条工具和钢笔工具等工具后的“属性”面板与图 1-11 所示基本一样。各选项作用如下。

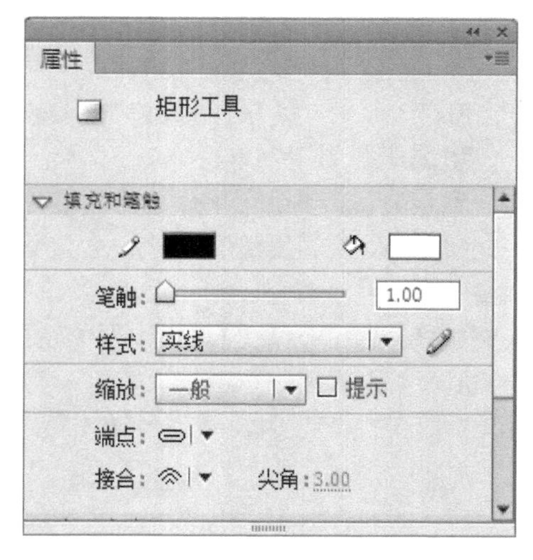

图 1-14　笔触的属性面板

（1）笔触粗细：输入线粗细的数值（数值在 0.1～200 之间，单位为 pts），或单击箭头按钮左右拖曳来改变线的粗细。

（2）笔触样式下拉列表框：用来设置笔触的样式，包括极细线、实线、虚线、点状线、锯齿线、点刻线、斑马线 7 种类型。单击“笔触样式”按钮后，可打开“笔触样式”对话框。选择不同笔触类型时，对话框中的属性选择不同。

（3）笔触颜色按钮：单击该按钮可以弹出颜色面板，用来设置笔触颜色。

利用“颜色”面板也可以设置笔触，即笔触颜色、线透明度、线性渐变色、径向渐变色和位图图像，与设置填充色方法一样。

（4）缩放下拉列表框：用来设置限制播放器 Flash Player 中笔触的缩放特点，包括一般、水平、垂直、无。

（5）笔触提示复选框：选中该复选框后，启用笔触提示。笔触提示可在全 px 下调整直线锚记点和曲线锚记点，防止出现模糊的垂直或水平线。

（6）端点按钮：用来设置线段（路径）终点的样式，如图 1-15 所示。

- “无”选项：对齐线段终点。
- “圆角”选项：线段终点为圆形，添加一个超出线段端点半个笔触宽度的圆头端点。
- “方形”选项：线段终点超出线段半个笔触宽度，添加一个超出线段半个笔触宽度的方头端点。

（7）接合按钮：用于设置两条线段的相接方式。可以选择“尖角”、“圆角”和“斜角”三种效果，如图 1-16 所示。在选择“尖角”选项时，面板内的“尖角”文本框变为有效，用于输入一个尖角限制值。

图 1-15　“笔触”端点　　图 1-16　“尖角”、“圆角”、“斜角”端点

动手做 3　合并和对象绘制——Flash 的两种绘图模式

Flash CS6 有两种绘制模式，一种是“合并”模式，另一种是“对象绘制”模式。Flash 动画主要由矢量图形组成，矢量图形的组成要素为线条和填充，它们都是分散的，这样有利于方便地调整图形的形状。但是分散的图形不利于对图形整体进行操作，图形之间很容易粘在一起。单击对象绘制按钮后，绘制出的图形是一个整体，单击选择工具按钮后，双击图形就可以对图形进行编辑了。

（1）合并模式：此时绘制的图形都是分散的，如果两个图形相交，则先画的图形会被后画的覆盖掉，移动一个图形会永久改变另一个图形，如图 1-17 所示。采用此种绘图模式，选中某种工具（如矩形工具、钢笔工具等）时，要通过单击使“对象绘制”按钮处于弹起状态。

图 1-17　合并模式下绘制的图形

（2）对象绘制模式：此时绘制的图形被选中，图形周边有一个浅蓝色矩形框。在该模式下，允许将图形绘制成独立的对象，且在叠加时不会自动合并，分开图形时也不会改变其外形，如图 1-18 所示。采用此种绘图模式，选中某种工具时，要通过单击使“对象绘制”按钮处于按下状态。

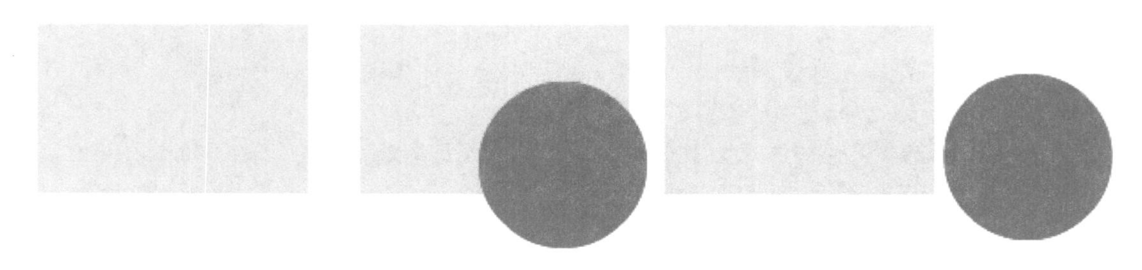

图 1-18　对象绘制模式下绘制的图形

动手做 4　添加和替换颜色样本

样本面板如图 1-19 所示，“样本”面板与“颜色”面板基本一样，利用“样本”面板可以设置笔触和填充的颜色。单击“样本”面板右上角的按钮，会打开一个样本面板菜单，如图 1-20 所示。

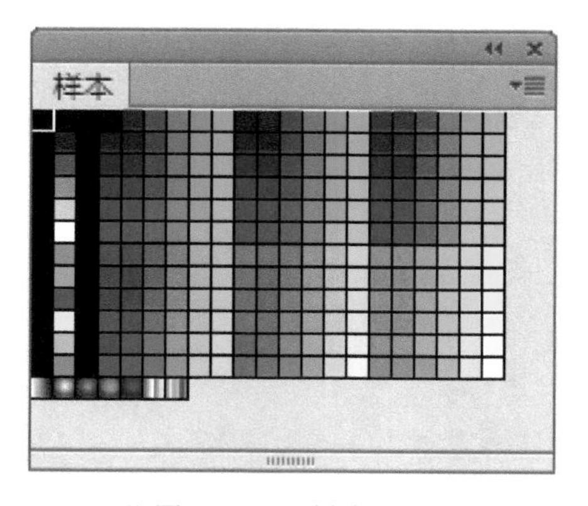

图 1-19 “样本”面板

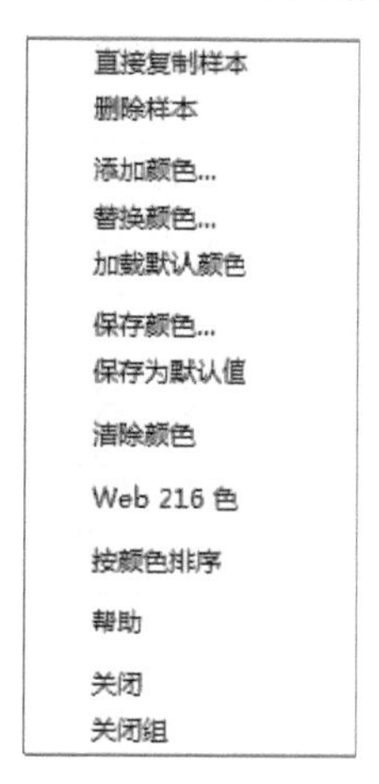

图 1-20 样本面板菜单

- “直接复制样本”：选中色块或渐变效果，再选择该命令，即可在样本面板的相应栏中复制样本。
- “删除样本”：选中样本，再选择该命令，即可删除选定的样本。
- “添加颜色”：选择该命令，即可打开“导入颜色样本”对话框，可以导入 Flash 的颜色样本文件（扩展名为.clr）、颜色表（扩展名为.act）、GIF 格式图像的颜色样本等，并将导入的颜色样本追加到当前颜色样本的后边。
- “替换颜色”：选择该命令，即可打开“导入颜色样本”对话框，可以导入颜色样本，替换当前的颜色样本。
- “加载默认颜色”：选择该命令，即可加载默认的颜色样本。
- “保存颜色”：选择该命令，即可打开“导出颜色样本”，可以将当前颜色面板以扩展名为“.clr”或“.act”存储为 Flash 颜色样本文件，以便将来使用。
- “保存为默认值”：选择该命令，即可打开一个提示框，提示“是否要将当前颜色设置保存为默认值”，单击“是”即保存为默认的颜色样本。
- “清除颜色”：选择该命令，即可清楚颜色面板中的所有颜色样本。
- “Web 216 色”：选择该命令，可导入 Web 安全 216 颜色样本。
- “按颜色排序”：选择该命令，可将颜色样本中的色块按照色相顺序排列。

动手做 5 图层和直接复制——制作简单的按钮图形

在 Flash 动画中，图层的作用就像许多透明的胶片，每一张胶片上面可以制作不同的对象，将这些胶片重叠在一起就能组成一幅完整的画面。位于最上面胶片中的内容，可以遮住下面胶片中对应位置的内容，如果上面的胶片没有任何内容，就可以透过它看到下面胶片中的对象。

在 Flash 中，每个图层都是彼此独立的，拥有单独的时间轴，包含独立的帧，可以在不同的图层上编辑不同的动画而互不影响。下面根据一个实例——简单按钮的制作，介绍图层的基本操作，效果图如图 1-21 所示。

操作步骤：

（1）选择文件→新建菜单选项，选择“ActionScript 3.0”选项，新建一个 Flash 文档，命名为“简单按钮”。

(2) 绘制背景图片，选择工具箱内的矩形工具按钮，单击工具箱“颜色”栏内的“笔触颜色”按钮，将“笔触颜色”设为无色，使得绘制的矩形没有轮廓线。单击工具箱“颜色”栏内的“填充色”按钮，打开颜色面板，选择填充色#9FABD7。绘制一个和舞台大小相同的矩形，如图 1-22（a）所示。双击图层 1 的图标，修改图层名称为“背景”，然后单击图层上的按钮，暂时锁定该图层。

图 1-21 “简单按钮”最终效果图

提示

单击图层上的按钮下方对应的小圆点，可以暂时锁定该图层，就是看得到却不能修改，这样做可以避免对图层的误操作，再次单击可以解除锁定；单击图层上的按钮下方对应的小圆点，可以暂时隐藏该图层，再次单击可以显示。为了方便绘制图形，要多次运用这两个按钮。

(3) 在“背景”图层上方新建一个图层，命名为“按钮底部”。选择椭圆工具，将“笔触颜色”设为无色、“填充颜色”设为径向渐变，设置两个渐变色分别为#D2D8EC、#9FABD7，绘制一个椭圆，效果如图 1-22（b）所示。

(4) 在“按钮底部”图层上方新建一个图层，命名为“按钮投影”。选择“按钮底部”图层，单击鼠标右键，选择复制菜单命令或按组合键 Ctrl+C，直接复制一个按钮底部的图形。再次选中“按钮投影”图层，在舞台工作区空白处单击鼠标右键或按组合键 Ctrl+V 粘贴到舞台，如图 1-22（c）所示。锁定“按钮底部”图层。

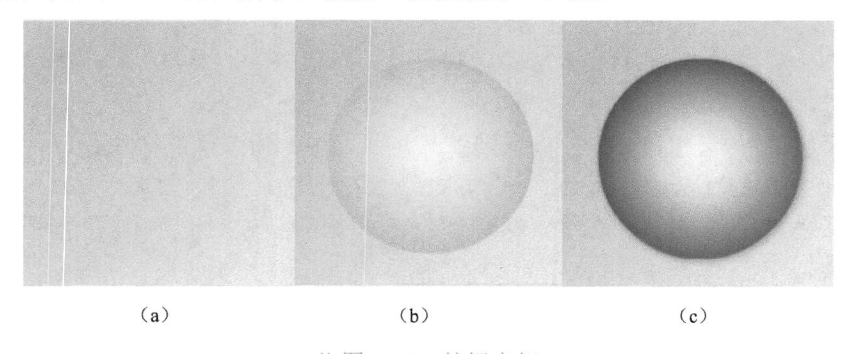

(a) (b) (c)

图 1-22 按钮底部

提示

选中图层：单击图层控制区的相应图层行。选中的图层，其图层控制区的图层行呈蓝底色，图层名字的右边出现一个笔状图标。另外，在舞台工作区，单击选中一个对象，该对象所在的图层就会同时被选中。

(5) 选择“按钮投影”图层中的图形，单击鼠标右键或按 F8 键将其转换为“影片剪辑”元件。在属性面板中设置滤镜选项，添加投影，如图 1-23 所示。将图形拖放到“按钮底部”上方重合，锁定图层。

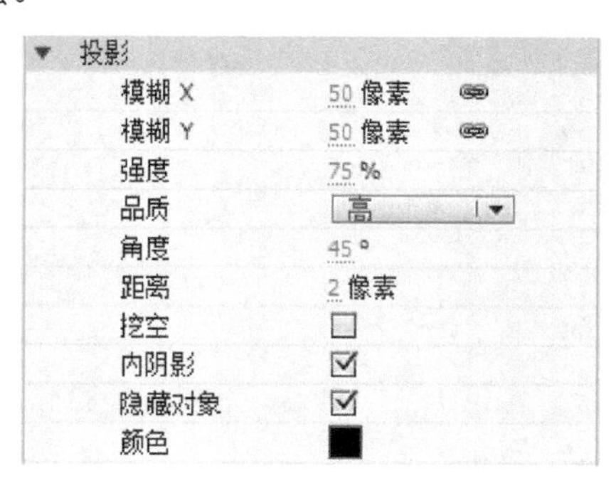

图 1-23 “投影”设置

（6）在“按钮投影”图层上方新建一个图层，命名为“播放”。选择线条工具，绘制一个三角形。选择颜料桶工具，设置填充色为#999999，填充三角形，将其拖放到中心位置，锁定图层，效果如图 1-24 所示。

（7）在“播放”图层上方新建一个图层，命名为“透明色块”。选择椭圆工具，将“笔触颜色”设为无色、“填充颜色”设为线性渐变，设置两个渐变色均为#FFFFFF，将 Alpha 透明度分别设置为 75%、10。绘制一个椭圆，效果如图 1-25 所示。

提示

按组合键 Ctrl+C 可以快速复制对象；组合键 Ctrl+X 可以剪切对象；组合键 Ctrl+V 可以粘贴对象到舞台中心；组合键 Ctrl+Shift+V 可以粘贴对象到当前位置。

（8）至此，案例就完成了，图层如图 1-26 所示，最终效果如图 1-21 所示，按组合键 Ctrl+S 保存文件。

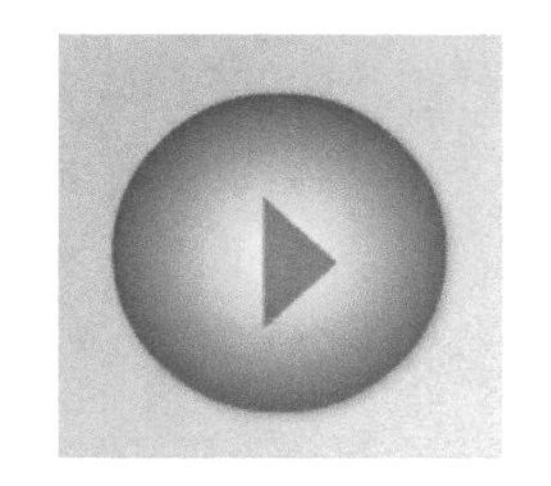

图 1-24 “播放”图形

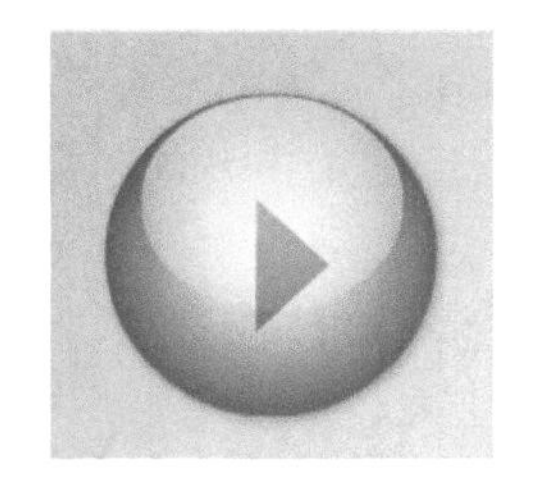

图 1-25 简单按钮

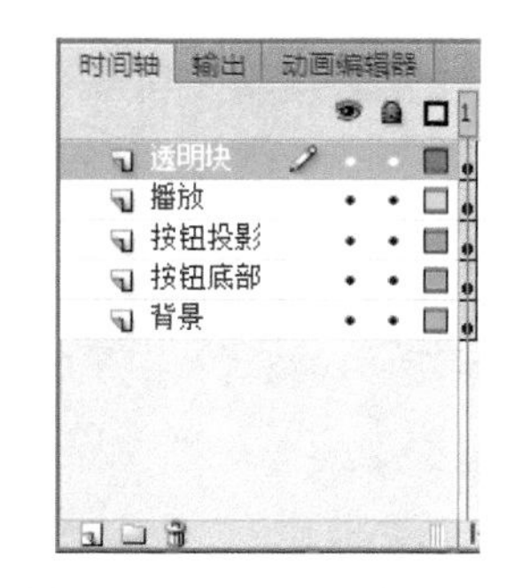

图 1-26 “简单按钮”图层

动手做 6 显示与隐藏网格

在舞台中使用网格线，可以方便地绘制图形或者把对象放到指定的位置，这对合理布局动画元素非常有用。

显示或隐藏网格，可执行视图→网格→显示网格菜单命令，效果如图 1-27 所示。如果要修改网格线的颜色、网格间距以及对象是否紧贴网格对齐等，可执行视图→网格→编辑网格菜单命令，打开“网格”对话框，如图 1-28 所示。

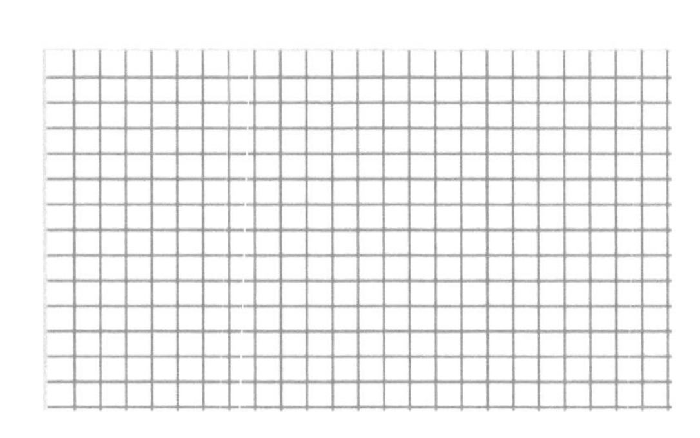

图 1-27 “网格”显示效果

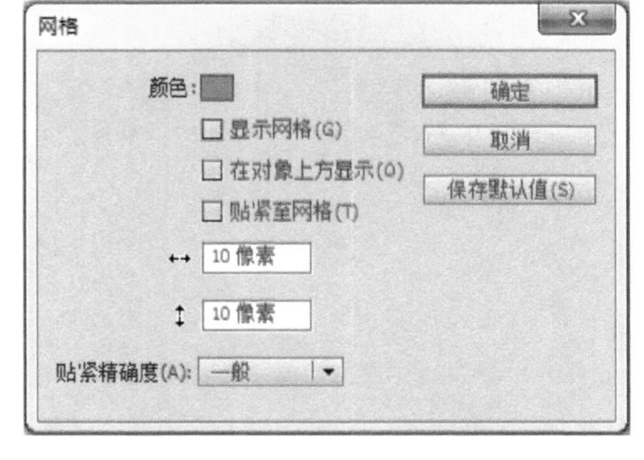

图 1-28 “网格”对话框

动手做 7 辅助线——使用辅助线制作动画相框

辅助线作用与网格线类似。执行视图→标尺菜单命令，在舞台上方和左边将显示标尺。将鼠标移动到上标尺，单击并向下拖曳，可以拉出一条水平辅助线，重复该操作可拉出多条水平辅助线。用同样的方法单击并拖曳左标尺可以拉出竖直的辅助线。拉出辅助线后，对象放置在辅助线处，会自动贴近辅助线。如果要移动已有的辅助线，可直接用鼠标拖曳辅助线。下面以一个实例——制作动画相框，介绍辅助线的具体使用。

操作步骤：

（1）选择文件→新建菜单选项，选择“ActionScript 3.0”选项，新建一个 Flash 文档，命名为“1-相框”。

（2）选择视图→标尺菜单命令，在舞台工作区添加标尺，从左标尺拉出两条竖直的辅助线，再从上标尺拉出两条水平辅助线，围成宽为 400px、高为 300px 的矩形，如图 1-29 所示，用于给矩形图形定位。

（3）单击工具箱内的矩形工具按钮，将笔触颜色设为无色，使得绘制的矩形没有轮廓线。单击工具箱颜色栏内的填充色按钮，打开颜色面板，设置矩形的填充色为棕黄色。

（4）使工具箱选项栏中的对象绘制按钮处于弹起状态，绘制一个棕黄色矩形图形，如图 1-30 所示。

（5）单击工具箱内的矩形工具按钮，更换填充色，沿着棕黄色矩形内部的 4 条辅助线拖曳，绘制一个矩形，如图 1-31 所示。选中绘制的矩形，按 Delete 键，将其删除，形成棕黄色矩形相框，如图 1-32 所示。

图 1-29 4 条辅助线

图 1-30 矩形图形

图 1-31　内部框架

图 1-32　矩形相框

项目任务 1-4　Flash 动画制作基础工具使用

制作 Flash 动画，绘制矢量图是其中的基础。Flash CS6 提供了一套完整的基础绘图工具和菜单命令，可以供用户绘制各种形状、线条以及填充颜色。

动手做 1　对图形使用对齐命令

使用对齐面板，可以将多个对象以某种方式（垂直、水平、大小、相对位置）排列整齐，具体操作方法是先选中要参与排列的所有对象，再进行下面操作中的一项操作，效果如图 1-33 所示。执行窗口→对齐菜单命令，或者按组合键 Ctrl+K 可以打开对齐面板，如图 1-34 所示。

图 1-33　图形对齐效果

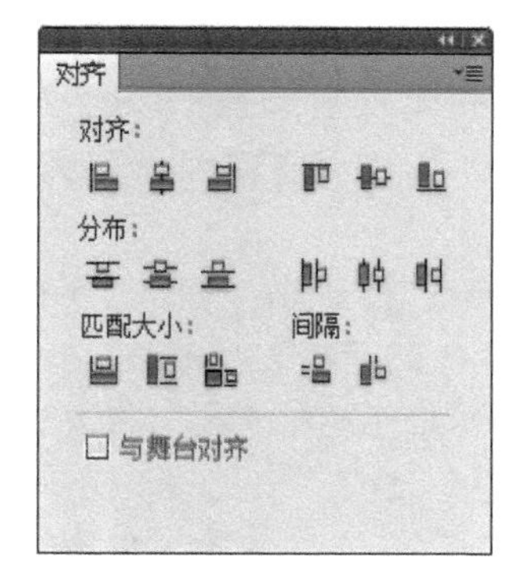

图 1-34　“对齐”面板

“对齐”面板中各组按钮的作用介绍如下。

- 与舞台对齐：单击勾选该按钮时，以整个舞台为基准调整对象的位置；未选中时，则以选中对象的所在区域为基准，进行排列对齐。
- 对齐栏：在水平方向的 3 个按钮，分别选择左对齐、水平中齐和右对齐；在垂直方向的 3 个按钮，分别选择顶对齐、垂直中齐和底对齐。
- 分布栏：在水平方向的 3 个按钮，分别选择顶部分布、垂直居中分布和底部分布，即以对象或边界为基准在水平方向上间距相等；在垂直方向的 3 个按钮，分别选择左侧分布、水平居中分布和右侧分布，即以对象或边界为基准在垂直方向上间距相等。

- 匹配大小栏：可以选择使对象的宽度相等、高度相等或宽高均相等。
- 间隔栏：可以选择对象在垂直方向或水平方向距离相等。

提示

使用“分布”和“间隔”栏的按钮时，必须选中 3 个或 3 个以上的对象。

动手做 2　将对象转换为元件

元件在 Flash 中是很重要的一个概念，甚至可以说 Flash 动画就是“遮罩+补间动画+逐帧动画”与元件（主要是影片剪辑）的混合物，通过这些元素的不同组合，可以创建千变万化的动画效果。

在 Flash 中主要包括 3 类元件：图形元件、影片剪辑元件和按钮元件，这 3 类元件的特点和应用场合如下。

（1）图形元件：它可以是矢量图形、图像、声音或动画，主要应用于项目中需要重复使用的静态图像，不具有交互性。其特点是图形元件不能独立于主时间轴播放，必须放进主时间轴的帧中，才能显示此元件。

（2）影片剪辑元件：用于制作独立于主时间轴的动画，影片剪辑元件拥有它们独立于主时间轴的多帧时间轴。它可以包括交互性控制、声音甚至其他影片剪辑的实例，还可以放进其他元件中。

（3）按钮元件：用于创建响应鼠标单击、滑过或者其他动作的交互式按钮。按钮元件规定为 4 帧，分别称为“弹起”、“指针经过”、“按下”和“点击”4 种状态。

- 创建新元件：选择插入→新建元件菜单命令，或按组合键 Ctrl+F8，打开“创建新元件”对话框，如图 1-35 所示，在“名称”文本框内输入元件名称，在“类型”下拉列表框选择元件类型，单击“确定”按钮即可进入元件编辑状态。创建好的元件都在“库”面板中存放，使用时直接拖曳到舞台即可，此时舞台中的该对象称为“实例”，即元件复制的样品。
- 转换为元件：选中舞台工作区中的对象，选择修改→转换为元件或按 F8 键，打开“转换为元件”对话框，如图 1-35 所示。输入元件名称，选择元件类型，单击“对齐”中的小方块，调整元件的中心，单击“确定”按钮，即将选中的对象转换为元件，同时选中的对象会变为实例。

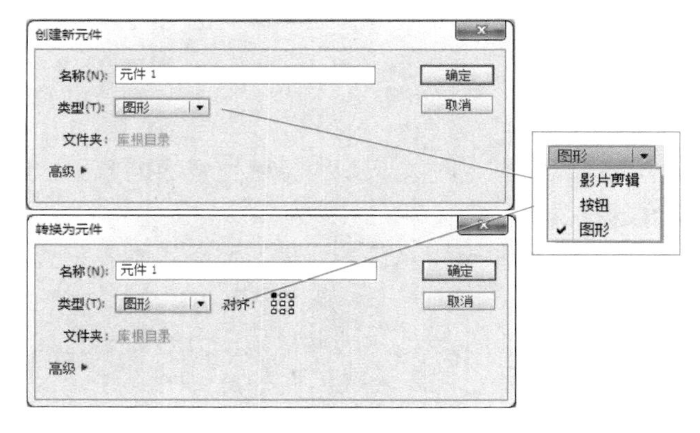

图 1-35　“创建新元件”对话框

动手做 3　多角星形与选择工具——绘制卡通花朵

在 Flash 中，选择工具是最常用的工具。使用该工具可以选择、移动舞台上的对象，还可以调整图形的形状，进入对象内部进行操作或退出，主要分为选择对象和移动复制对象两类。

1）选择舞台上的对象

对舞台上的对象进行移动、复制、对齐、属性设置等操作时，都要选中对象。使用选择工具可以方便地选择舞台上的对象作为整体的对象，如绘制对象、群组、文本和元件实例等，也可以选择分散的矢量图形，如线条、填充、部分或整个图形。

（1）选取线条：单击矢量图形的线条，可以选取某一线条；双击线条，可以选择连接的所有属性相同的线条。

（2）选取填充：在矢量图形填充区域中单击可选中某个填充。

（3）拖曳选取：在需要选择的对象上拖曳出一个区域，则被该区域覆盖的部分对象都被选中。

（4）选取整体对象：若要选取整体对象，只需用鼠标将要选取的舞台用矩形框选即可。

（5）选取多个对象：按住 Shift 键依次单击对象，可以选中多个对象，或者采用拖曳选取的方式。按组合键 Ctrl+A 可以选中舞台上的所有对象。

2）移动和复制对象

制作动画时经常需要移动和复制舞台上的对象。移动对象时，单击“选择工具”按钮，选择要移动的对象，拖曳该对象到要放置的位置即可。复制对象时，选中对象按住 Alt 键拖曳对象，可以复制对象，多次拖曳可以多次复制。

下面利用多角星形工具和选择工具制作卡通花朵，效果如图 1-36 所示，具体步骤如下。

图 1-36　“卡通花朵”效果图

（1）选择文件→新建菜单选项，选择“ActionScript 3.0”选项，新建一个 Flash 文档，命名为“卡通花朵”。

（2）选择多角星形工具，设置“笔触颜色”为黑色，“填充颜色”为无色，在属性面板中设置“样式”为星形，“边数”为 6，在舞台中绘制六角星形，如图 1-37（a）所示。

（3）选择椭圆工具，设置“笔触颜色”为黑色，“填充颜色”为无色，按住 Shift 键在多角星形内部绘制小圆形花蕊，如图 1-37（b）所示。

提示

使用椭圆工具或矩形工具时，按住 Shift 键可绘制出正方形和正圆形。

（4）单击工具箱内的选择工具，将鼠标指针移动到轮廓线的边缘处，鼠标指针右下角会出现一个小弧线（指向线边处时），或小直角线（指向线端或折点处时），此时用鼠标拖曳线，线的形状会发生变化，绘制出花瓣效果，如图 1-37（c）所示。

（5）单击工具箱内的颜料桶工具，将填充设置为草绿色，单击花瓣内部，为花瓣着色，花蕊同理着色，如图 1-37（d）所示。

（6）选择制作好的花朵，按 F8 键，将其转换为图形元件，命名为花朵。

（7）使用相同方法，制作出“三叶草花朵”图形，如图 1-37（e）、（f）所示。

（8）在库面板中，拖出多个花朵元件，分别放置在不同的位置，调整角度即可，最终效果如图 1-36 所示。

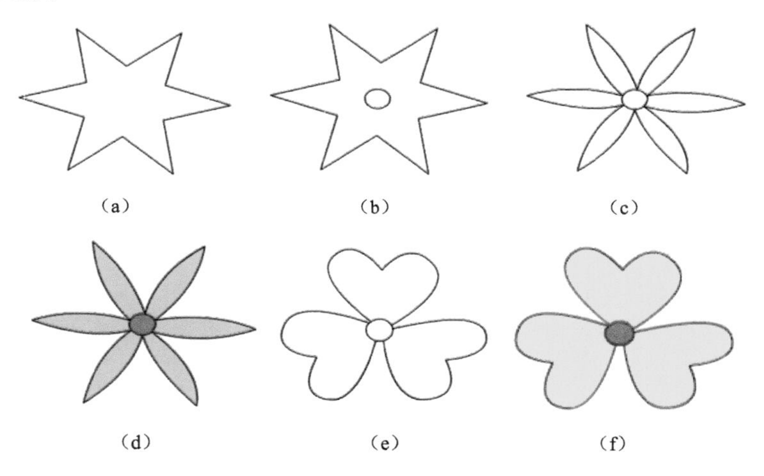

图 1-37　卡通花朵

动手做 4　对象绘制——使用椭圆工具绘制云朵

椭圆工具可以绘制椭圆和正圆，单击“椭圆工具”按钮后，在舞台上单击并拖曳，就可以绘制出一个椭圆。

如果要绘制扇形、半圆形或其他创意图形，可以单击“椭圆工具”按钮后，修改“属性”面板中的“开始角度”和“结束角度”，用来指定椭圆的开始点和结束点的角度。如果选中了“闭合路径”复选框，在绘制扇形时就不会有填充色。“椭圆工具”的属性面板如图 1-38 所示。

使用“椭圆工具”绘制云朵，效果如图 1-39 所示，具体操作步骤如下。

图 1-38 “椭圆工具”的属性面板

图 1-39 “卡通云朵”效果图

（1）选择文件→新建菜单选项，选择“ActionScript 3.0”选项，新建一个 Flash 文档，命名为“1-云朵”。

（2）单击工具箱内的椭圆工具按钮，将“笔触颜色”设置为#99CDDA，笔触粗细设置为 5，“填充颜色”设置为白色，在舞台上拖曳出大小不一的椭圆形，如图 1-40（a）所示。

（3）单击工具箱内的选择工具按钮，删除“云朵”内部的线条和填充，效果如图 1-40（b）所示。

图 1-40 卡通云朵

（4）在舞台中选中“云朵”，直接复制粘贴到当前位置，利用上下左右四个方向键移动位置，产生轮廓粗细不一的效果。

（5）新建图层，利用椭圆工具画出大小、颜色不一的圆形背景点缀。

动手做 5 对图形使用“变形”操作

在 Flash 中，使用任意变形工具可以缩放、旋转、倾斜舞台上被选中的对象。使用变形面板也能达到类似的功能，但通过“变形”面板可以精确地设置缩放比例、旋转和倾斜的角度。执行窗口→变形菜单命令或按组合键 Ctrl+T 可以打开“变形”面板，如图 1-41 所示。

● 缩放对象：在“缩放宽度”和“缩放高度”文本框中输入缩放比例，效果如图 1-42 所示。

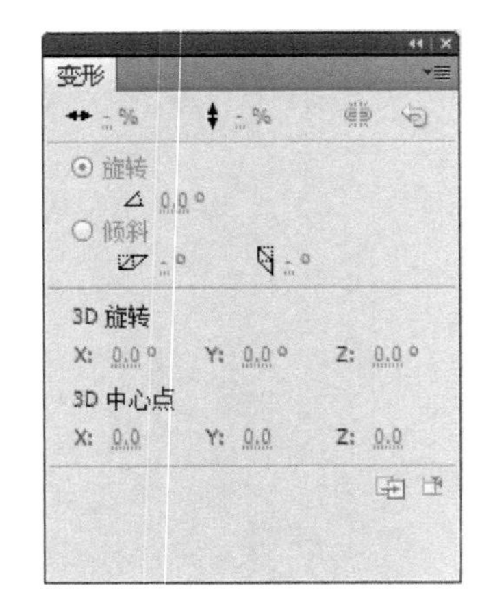

图 1-41 “变形”面板

图 1-42 图形缩放、旋转、倾斜效果

● 旋转对象：选中“旋转”单选按钮，在文本框中输入旋转角度或按住鼠标左右拖曳。

● 倾斜对象：选中“倾斜”单选按钮，设置水平、垂直倾斜的角度。

● 重置选区和变形：选中要复制变形的对象，设置缩放比例或旋转角度等，单击重置选取和变形按钮，单击几次即复制几个变形图形。

● 撤销变形：单击取消变形按钮，可撤销最近一步的变形操作。

课后练习与指导

一、选择题

1. Flash 是一款（　　）软件。
   A. 文字编辑排版
   B. 交互式矢量动画编辑
   C. 三维动画创作
   D. 平面图像处理
2. 下列关于工作区、舞台的说法不正确的是（　　）。
   A. 舞台是编辑动画的地方
   B. 影片生成发布后，观众看到的内容只局限于舞台上的内容
   C. 工作区和舞台上的内容，在影片发布后均可见
   D. 工作区是指舞台周围的区域
3. Flash 作品之所以在 Internet 上广为流传，是因为采用了（　　）技术。
   A. 矢量图形和流式播放　　B. 音乐、动画、声效、交互
   C. 多图层混合　　D. 多任务
4. 下列关于元件和元件库的叙述不正确的是（　　）。
   A. Flash 中的元件有 3 种类型
   B. 元件从元件库拖到工作区就成了实例，实例可以进行复制、缩放等各种操作

C．对实例的操作，元件库中的元件会同步变更

D．对元件的修改，舞台上的实例会同步变更

5．Flash 源文件和影片文件的扩展名分别为（　　）。

A．*.FLA、*.FLV　　B．*.FLA、*.SWF

C．*.FLV、*.SWF　　D．*.DOC、*.GIF

二、填空题

1．Flash 是________图形编辑和________创作专业软件。

2．绘制椭圆时，在拖曳鼠标时按住 ________键，可以绘制出一个正圆。

3．设置 Flash 的测试环境主要包括________、发布版本的设置、可用设备的设置。

4．总体创作流程大致分为三大步骤：________、________、________。

5．________是 Flash 内置的一种快捷的动画生成器，通过在对话框中输入参数来控制动画效果。

三、简答题

1．Flash 动画有什么特点？

2．Flash 动画的基本组成元素有哪些？

3．Flash CS6 常用的面板有哪些？

4．动画制作的基本原理是什么？

5．制作 Flash 动画的基本流程是什么？

四、实践题

练习 1：创建新元件。

练习 2：利用辅助线制作动画相框，如图 1-32 所示。

练习 3：运用“变形”等工具面板。

练习 4：绘制卡通花朵，如图 1-36 所示。

练习 5：制作天空中飘动的白云，如图 1-39 所示。

模块 02 Flash 强大的绘图功能

你知道吗

组成 Flash 动画的基本元素是图形和文字，制作一个高品质的动画离不开创作者高超的绘图能力和审美水平。Flash 提供了强大的绘图功能，可以使作者轻松地绘制出所需要的任何图形，其中主要包括基本绘图工具、选择工具、修改图形工具、文本工具四类。

学习目标

- 熟练运用 Flash 工具箱
- 掌握绘图工具的分类
- 掌握 Flash 绘图的基本操作
- 掌握常用绘图技巧
- 初步了解动画制作方法

项目任务 2-1 基本绘图工具

Flash CS6 提供了强大的标准绘图工具，使用这些工具可以绘制出一些标准的几何图形，主要包括矩形工具、椭圆工具和多角星形工具。

动手做 1　了解 Flash 绘图工具分类

Flash 提供的主要绘图工具分为以下四大类。

1. 基本绘图工具

Flash 提供的基本绘图工具可分为两组：几何形状绘图工具（“线条工具”、“椭圆工具”、“矩形工具”和“多角星形工具”）和徒手绘制工具（“铅笔工具”、“钢笔工具”、“刷子工具”、“橡皮擦工具”）。基本绘图工具可以通过名称直观地了解其作用，但是，这些工具还有很多选项和设置，后面将通过案例逐步深入介绍。

2. 选择工具

Flash 提供的选择工具包括“部分选取工具”、“套索工具”和“选择工具”。利用这些工具，可以在舞台上选择元素，调整线条或填充局部形状。

3. 修改图形工具

Flash 提供的修改图形工具也可以分为两组：填充工具（“滴管工具”、“颜料桶工具”、“墨水瓶工具”、“颜色”面板）和变形工具（“渐变变形工具”和“任意变形工具”）。前者用于给图形填充颜色，后者用于改变线条和填充效果。

4. 文本工具

Flash 专门提供了“文本工具”，用于在图形中输入和编辑文字，并可以随时随处在动画中按照用户的需要显示不同效果的文字，达到图文并茂的效果，后面会通过专门的章节介绍“文本工具”。

动手做 2　矩形工具、部分选取工具和颜料桶工具——绘制卡通铅笔

矩形工具可以绘制矩形、正方形和圆角矩形。如果要绘制有圆角的矩形，可以在单击矩形工具按钮后，修改“属性”面板中圆角的大小，数值越大，圆角的半径越大。4 个圆角的大小在默认情况下是相同的，也可以单独设置为 4 个圆角不同，“矩形工具”的“属性”面板如图 2-1 所示。

本案例通过卡通铅笔的绘制过程，讲解如何使用基本的绘图工具在 Flash 中绘制出简单的卡通小物件。最终效果如图 2-2 所示，具体操作步骤如下。

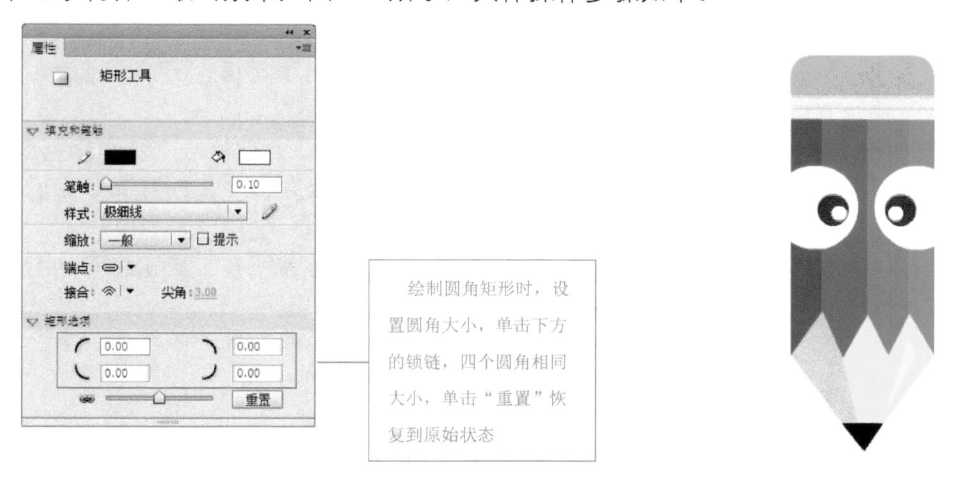

图 2-1　“矩形工具”的“属性”面板

图 2-2　卡通铅笔效果图

（1）选择文件→新建菜单选项，选择“ActionScript 3.0”选项，新建一个 Flash 文档，命名为“卡通铅笔”。

（2）选择插入→新建元件菜单命令或按组合键 Ctrl+F8，创建一个图形元件，命名为“卡通铅笔”，单击“确定”按钮，进入元件编辑状态。

（3）单击工具箱内的矩形工具按钮，将笔触设置为无色，填充为黑色，在舞台中绘制一个矩形，如图 2-3（a）所示。选择部分选取工具按钮，此时矩形外部会显示路径以及锚点，单击工具箱中钢笔工具下拉列表框中的添加锚点工具，在矩形底部添加 5 个锚点。利用部分选取工具拖曳锚点，绘制出铅笔底部的锯齿状，如图 2-3（b）所示。

（4）单击工具箱内的线条工具按钮，在锚点节点处添加线条，如图 2-3（c）所示。选择颜料桶工具，在颜色面板中确定填充色，单击需要填充的区域，着色完成后删除多余线条，如图 2-3（d）所示。

（5）新建图层 2，同样使用矩形工具、部分选取工具和添加锚点工具绘制出底部的铅笔芯，如图 2-3（e）所示。将图层 2 拖曳至图层 1 的下方。

（6）新建图层 3，绘制卡通铅笔的眼睛。单击工具箱内的椭圆工具按钮，设置笔触

为无色，填充为白色，在铅笔中部绘制圆形眼睛，复制粘贴 3 个大小不一的圆形，调整到合适的位置，效果如图 2-3（f）所示。

（7）新建图层 4，单击工具箱内的矩形工具按钮，在“属性”面板中设置矩形选项，圆角为 9，在“颜色”面板设置笔触为无色，填充橘黄色，绘制铅笔头部，如图 2-3（g）所示。卡通铅笔即制作完成。

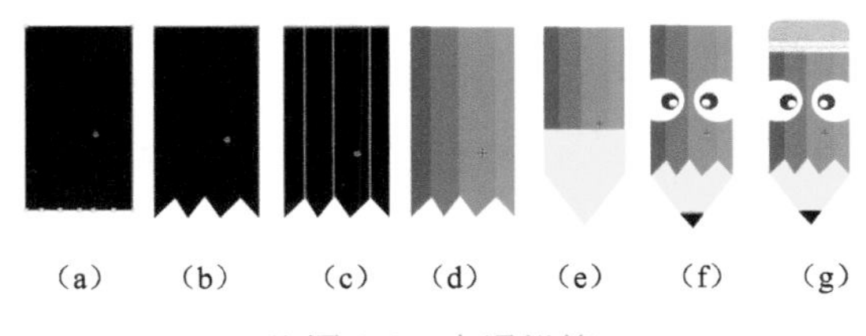

（a）（b）（c）（d）（e）（f）（g）

图 2-3 卡通铅笔

知识拓展

部分选取工具可以改变路径和矢量图形的形状。单击工具箱内的部分选取工具，选择舞台上需要修改的对象，会显示矢量曲线的锚点和锚点切线。

关于路径和锚点：在 Flash 中绘制线条、图形或形状时，会创建一个名为路径的线条，路径由一条或多条直线路径段或曲线路径段组成。路径的起点和终点都有锚点标记，锚点也称节点。路径可以是闭合的，也可以是开放的。

颜料桶工具用来对填充属性进行修改，一般在使用各种线条工具和几何绘图工具绘制好图形的轮廓后，使用其填充颜色。填充的属性包括纯色填充、渐变色填充和位图填充。单击“颜料桶工具”按钮后，“选项区”会出现两个按钮和，单击第一个按钮会产生下拉列表框，如图 2-4 所示。在填充渐变色和位图时使用。

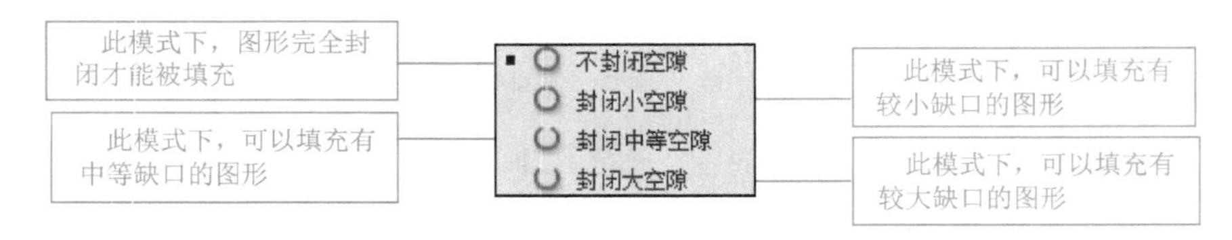

图 2-4 “颜料桶工具”选项区

在填充渐变色或者位图时，单击填充锁定按钮，则渐变色或位图将以舞台大小为基准来填充，否则将以填充区的大小为基准进行填充。以矩形填充为例，分别在锁定和非锁定模式下填充渐变色，效果如图 2-5 所示。

图 2-5 锁定渐变填充与非锁定渐变填充

动手做3 椭圆工具和墨水瓶工具——绘制魔法药水瓶

墨水瓶工具主要用来修改矢量图形的线条，如改变线条的粗细和颜色，也可以为没有轮廓线的填充添加边线，边线的类型可以使用纯色，也可以用渐变色或位图来填充。在“墨水瓶工具”的“属性”面板中设置“笔触粗细”可以修改线条的粗细，方法如下：

- 设置笔触的属性，即设置线条的新属性。
- 单击工具箱中的“墨水瓶工具”按钮，此时将鼠标移动到舞台中的某条线上，单击鼠标左键，即可用新设置的笔触属性修改被单击的线条。
- 如果用鼠标单击一个无轮廓线的填充，则会自动为该填充增加轮廓线。

本案例讲解如何在 Flash 中绘制魔法瓶，主要应用“椭圆工具”和“矩形工具”绘制瓶体，再使用“选择工具”对所绘制的图形进行调整，最后通过渐变填充，使所绘制的魔法瓶更具真实感。最终效果如图 2-6 所示，具体操作步骤如下。

图 2-6　魔法瓶效果图

（1）选择文件→新建菜单选项，选择“ActionScript 3.0”选项，新建一个 Flash 文档，命名为“魔法药水瓶”。

（2）选择插入→新建元件菜单命令或按组合键 Ctrl+F8，创建一个图形元件，命名为“紫色药水瓶”，单击“确定”按钮，进入元件编辑状态。

（3）单击工具箱中的椭圆工具按钮，修改“笔触颜色”为无，“填充颜色”为灰色，按住 Shift 键在舞台中绘制一个正圆。单击矩形工具按钮，在正圆上方拖曳出三个逐步增大的长方形，如图 2-7（a）所示。

（4）单击工具箱中的选择工具按钮，鼠标移动到图形轮廓处出现小弧线或折线时，修改边框形状，绘制魔法瓶的基本轮廓形状，效果如图 2-7（b）所示。

（5）选中绘制好的魔法瓶，在颜色面板修改“填充颜色”为线性渐变，分别为#FAE6FD、#CE6AFF。单击工具箱中的墨水瓶工具按钮，在属性面板中，设置“笔触颜色”为#9933CC，笔触粗细为 3，为魔法瓶添加轮廓，效果如图 2-7（c）所示。

（6）新建图层 2，单击工具箱中的椭圆工具按钮，设置“笔触颜色”为无，“填充颜色”为线性渐变，分别为#A00EB6、#FD3CE6。在魔法瓶中心绘制一个正圆——药水。选择矩形工具，在药水圆上方拖曳出一个方形，在舞台其他空白区域释放鼠标，删除方形，即可形成一个半圆的药水图形。再次选择椭圆工具，设置“笔触颜色”为无，“填充颜色”为#9900CC。在半圆药水上绘制椭圆，药水就画好了，如图 2-7（d）所示。

（7）新建图层 3，单击椭圆工具按钮，“笔触颜色”为无，“填充颜色”为白色，设置 Alpha 值为 70，按住 Shift 键，在药水周围绘制两个正圆气泡，如图 2-7（e）所示。

（8）新建图层 4，删除魔法瓶顶部的轮廓线，单击矩形工具按钮，在属性面板中将矩形选项设置为 9，“笔触颜色”为无，“填充颜色”为线性渐变，分别为#EE9500、#895501、#E79500。画一个矩形的塞子，将塞子中部删除，利用线条工具补充紫色轮廓线。单击墨水瓶工具按钮，“笔触颜色”为红色，为塞子添加轮廓线，最终效果如图 2-7（f）所示。

（9）图形元件“紫色药水瓶”绘制完成。在库面板中选择元件，单击鼠标右键会弹出如图 2-8 所示菜单，选择“直接复制”菜单命令，复制出两个图形元件，分别为“蓝色药水瓶”、“绿色药水瓶”，进入元件编辑状态，修改颜色，拖曳到舞台即可。

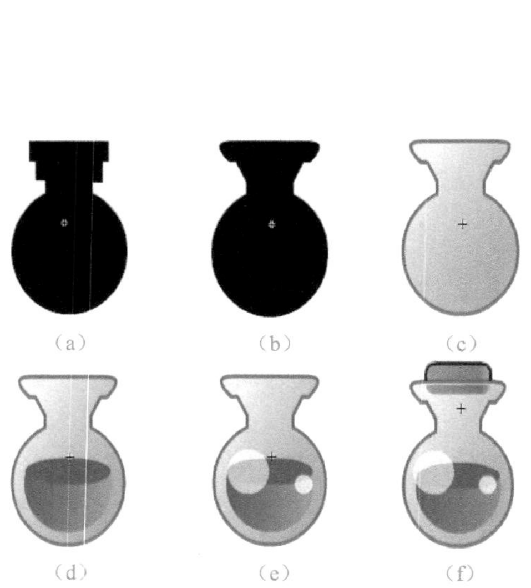

图 2-7　魔法瓶

图 2-8　“库”面板右键菜单

动手做 4　椭圆工具、线条工具和铅笔工具——绘制卡通小狗

线条工具主要用于绘制直线，利用它的“属性”面板设置线条的样式、颜色和粗细等，与设置笔触一致。按住 Shift 键，在舞台上拖曳鼠标，可以绘制出水平、垂直和 45°角线条。

铅笔工具顾名思义，和人们现实生活中使用铅笔画图一样，可以绘制出任意形状的曲线矢量图形。“铅笔工具”有三种绘图模式：“直线化”、“平滑”、“墨水”，如图 2-9 所示。

图 2-9　“铅笔工具”的绘图模式

- 伸直：直线化绘图模式是规则的，适用于绘制规则的线条，并且绘制的线条会分段转换为直线、圆、椭圆、矩形等规则线条中最接近的一种线条。
- 平滑：平滑模式会自动将绘制的曲线转换为平滑的曲线。
- 墨水：墨水模式即徒手模式，适用于绘制接近徒手画出的线条。

本案例讲述如何绘制卡通小动物，主要应用于卡通动物角色中。使用椭圆工具绘制头部、身体及其他部位，使用线条工具和铅笔工具完善细节处。卡通小狗的最终效果如图 2-10 所示，具体操作步骤如下。

（1）选择文件→新建菜单选项，选择“ActionScript 3.0”选项，新建一个 Flash 文档，命名为“卡通小狗”。

（2）为了便于编辑图形的不同位置，在绘制较为复杂的对象时，通常会创建图形元件，卡通小狗的图形元件如图 2-11 所示，按组合键 Ctrl+F8 新建图形元件“头部”，进入元件编辑状态。

图 2-10 卡通小狗的最终效果　　图 2-11 卡通小狗的图形元件

（3）单击工具箱中的椭圆工具按钮，选择橘色填充色，笔触为无色，绘制小狗头部的椭圆，单击选择工具调整头部线条，如图 2-12（a）所示。同理，在不同的图层分别绘制出眼睛和嘴巴的轮廓，如图 2-12（b）所示。绘制小狗眼睛内部的椭圆时，在颜色面板中将 Alpha 透明度设置为 20，如图 2-12（c）所示。单击工具箱中的铅笔工具按钮，在舞台中绘制小狗的两条胡须，调整线条弧度，如图 2-12（d）所示。

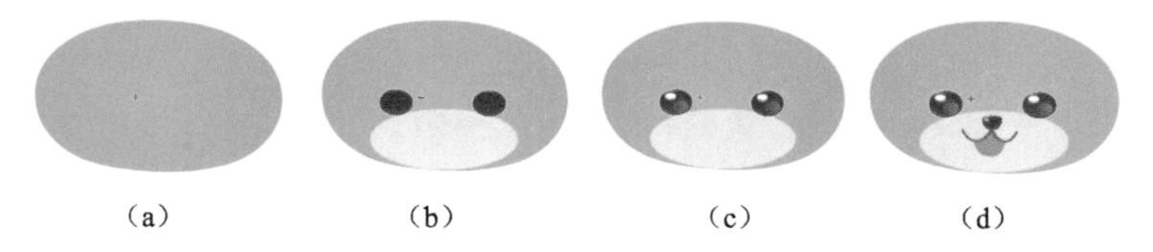

(a)　(b)　(c)　(d)

图 2-12 卡通小狗头部

（4）创建元件“身体”并进入元件编辑状态，选择矩形工具绘制出一个矩形后，单击工具箱中的线条工具按钮，拖曳出 3 条直线，如图 2-13（a）所示。删除多余的线条后，利用选择工具修改线条形状，如图 2-13（b）所示。删除线条内部的填充后，删除线条并调整，卡通小狗腿部的绘制效果如图 2-13（c）所示。新建图层 2，绘制一个矩形，使用选择工具将边线拖曳出不规则形状，如图 2-14（a）所示；将图层 2 拖曳至图层 1 下方，效果如图 2-14（b）所示。新建图层 3，利用椭圆工具绘制两个椭圆，作为小狗的爪子。小狗身体部分的最终效果如图 2-14（c）所示。

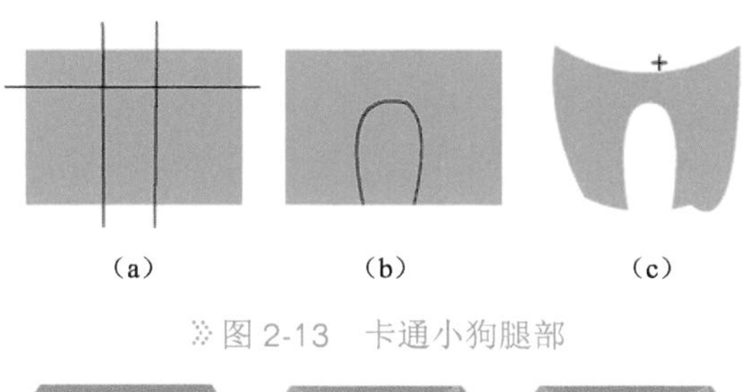

(a)　(b)　(c)

图 2-13 卡通小狗腿部

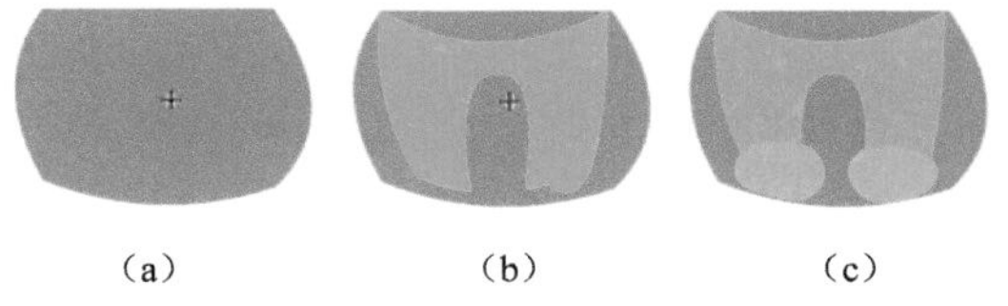

(a)　(b)　(c)

图 2-14 卡通小狗身体

（5）同理，新建元件“耳朵”和“爪子”，利用椭圆工具绘制小狗的耳朵和爪子。新建元件“尾巴”，利用铅笔工具和颜料桶工具绘制小狗的尾巴，如图 2-15 所示。

（6）回到主场景中，在不同的图层中放置绘制好的各个元件，图层面板如图 2-16 所示。最终效果如图 2-10 所示。

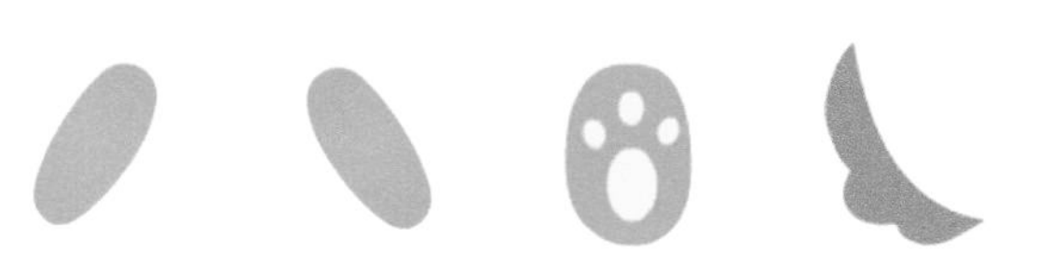

图 2-15　卡通小狗的耳朵、爪子和尾巴

图 2-16　卡通小狗“时间轴”面板

项目任务 2-2　基本绘图工具和修改图形工具

Flash 图形对象绘制完毕后，可以对已经绘制好的图形进行移动、复制、排列、组合等基本操作，还可以对图形对象进行旋转、缩放和扭曲等变形操作。

动手做 1　钢笔工具、渐变填充——绘制卡通圣诞老人

钢笔工具常用于绘制比较复杂、精确的曲线路径。渐变变形工具与任意变形工具在同一个工具组内，使用“渐变变形工具”对渐变填充或位图填充进行变形操作。

本案例讲解如何绘制卡通圣诞老人，主要应用于卡通人物角色中。最终效果如图 2-17 所示，具体操作步骤如下。

（1）选择文件→新建菜单选项，选择“ActionScript 3.0”选项，新建一个 Flash 文档，命名为“卡通圣诞老人”。

（2）创建图形元件“邮筒”并进入元件编辑状态，单击工具箱中的钢笔工具按钮，绘制出信箱的轮廓，如图 2-18 所示。利用颜料桶工具分别为不同部位填充颜色，着色完成后删除线条轮廓。同理，绘制出信封。

图 2-17　圣诞老人效果图

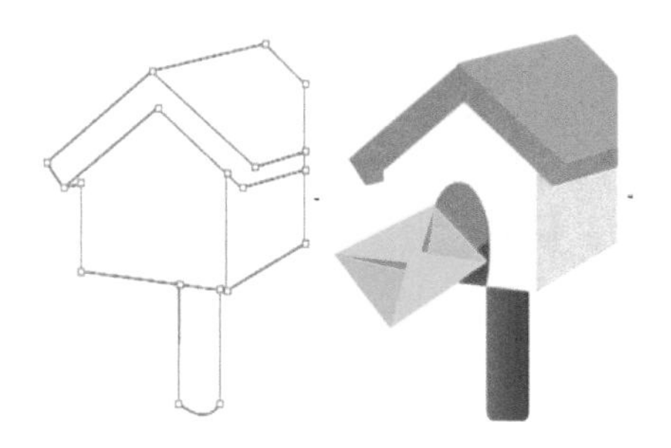

图 2-18　圣诞老人的信箱

（3）创建图形元件“头部”，单击工具箱中的椭圆工具按钮，在“颜色”面板中设置填充颜色为径向渐变，分别为#EFD8B7、#FEBD9F，绘制圣诞老人的脸部，如图 2-19（a）所示。利用椭圆工具和线条工具分别绘制出眉毛、眼睛、鼻子、嘴巴和胡子，如图 2-19（b）所示。绘制胡子时，可利用第 1 章中使用“椭圆工具”绘制云朵的方法，如图 2-19（c）所示。只需绘制一个白色胡子，新建图层后，直接复制，选择“任意变形工具”等比例扩大，填充不同颜色即可，如图 2-19（d）、（e）所示。

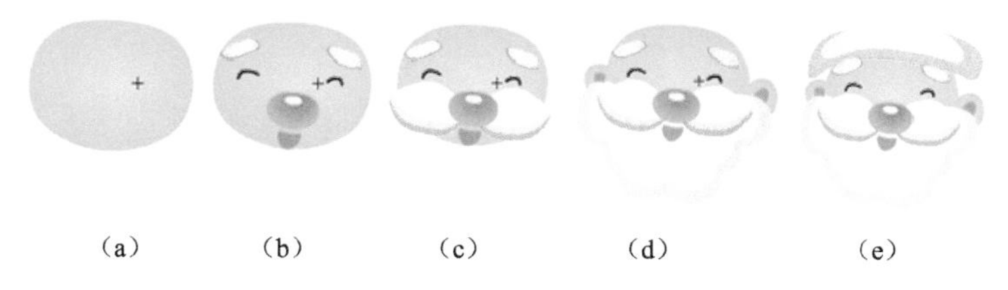

图 2-19　圣诞老人头部

（4）创建图形元件“身体”，单击钢笔工具，按住鼠标拖曳出曲线，绘制出圣诞老人衣服的轮廓，填充颜色后删除线条。新建图层，绘制圣诞老人的手臂，复制粘贴一个后，选择任意变形工具或变形面板，旋转 180°，调整到相应位置，如图 2-20 所示。

图 2-20　圣诞老人身体与手臂

（5）创建图形元件“腿部”和“帽子”，分别利用矩形工具和椭圆工具绘制，绘制鞋子时，利用“颜色”面板将填充颜色设置为径向渐变，分别为白色和黑色。效果如图 2-21 所示。

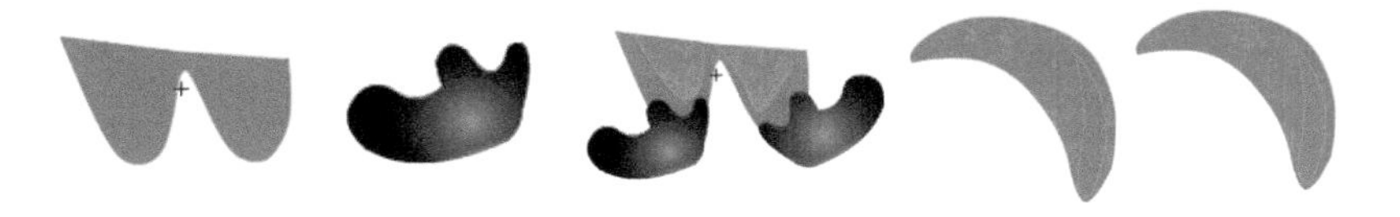

图 2-21　圣诞老人腿部与帽子

知识拓展

利用钢笔工具可以绘制精确的矢量直线和曲线。使用“钢笔工具”绘制时要创建锚点，锚点决定了线的长度和方向，可以通过调节锚点来修改和编辑直线与曲线。

（1）绘制直线：简单地移动鼠标并连续单击就可以画出一系列直线段，如图 2-22 所示即可绘制一个简单的三角形。单击“钢笔工具”按钮后，单击鼠标即可绘制一个个锚点，如果要绘制闭合路径，可将钢笔工具指针移动到路径起始锚点上，光标下方出现一个小圆圈时，即可形成封闭图形。

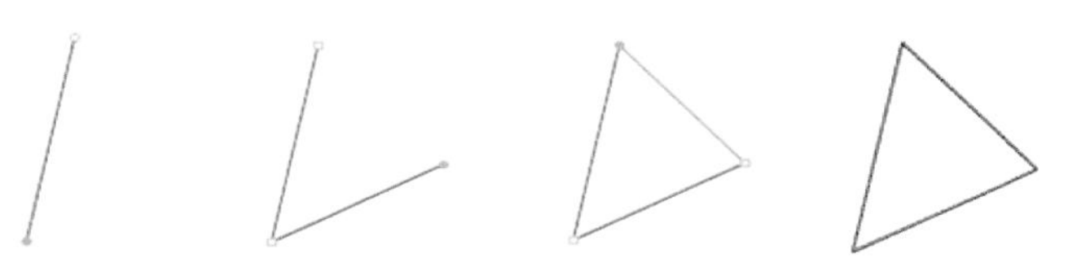

图 2-22　“钢笔工具”绘制直线

（2）绘制曲线：单击“钢笔工具”按钮，在舞台中单击但不松开鼠标左键时，会出现两个控制点和它们之间的绿色曲线（称为控制手柄），如图 2-23 所示，控制手柄即为曲线的切线，再拖曳鼠标，可改变切线的位置，以确定曲线的形状。

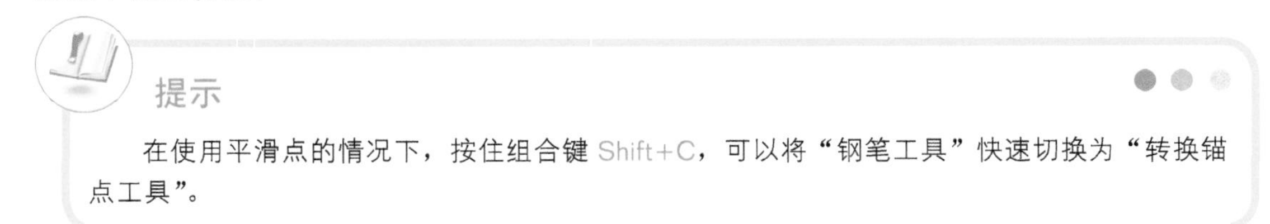

图 2-23 “钢笔工具”绘制曲线

（3）“钢笔工具”的下拉菜单分别为“增加锚点工具”、“删除锚点工具”和“转换锚点工具”。使用部分选取工具，再选中“转换锚点工具”，单击锚点，可在平滑点锚点和角点锚点中相互转换。

提示

在使用平滑点的情况下，按住组合键 Shift+C，可以将“钢笔工具”快速切换为“转换锚点工具”。

渐变变形工具主要用来调整渐变色填充和位图填充的效果，包括渐变色的范围、方向和角度等。单击“渐变变形工具”按钮，再选择渐变区域，会出现如图 2-24、图 2-25 所示的渐变中心点、渐变方向控制柄和渐变范围控制柄，从而形成不同的渐变效果。

图 2-24 线性渐变　　图 2-25 径向渐变

动手做 2 钢笔工具和任意变形工具——绘制卡通楼房

制作 Flash 动画时，除了需要动画角色参与外，常常还需要漂亮丰富的场景参与其中。好的场景动画可以更好地烘托意境，使得动画效果更加丰富，层次更加明确。本案例讲解如何绘制卡通楼房，对 Flash 制作时常见的场景进行分解制作，最终效果如图 2-26 所示，具体操作步骤如下。

（1）选择文件→新建菜单选项，选择“ActionScript 3.0”选项，新建一个 Flash 文档，命名为“卡通楼房”。

（2）单击工具箱中的钢笔工具按钮，在舞台中单击拖曳出直线，绘制出卡通楼房的轮廓，如图 2-27 所示。在绘制阳台等小物件时，可以使用对象绘制模式，直接复制即可，需要修改细节时再按组合键 Ctrl+B 打散图形即可。由于视觉远近的不同，阳台和窗户位置不同时，大小和角度也不同，单击工具箱中的任意变形工具按钮，缩放和旋转对象，放置到合适的位置即可。

图 2-26　卡通楼房

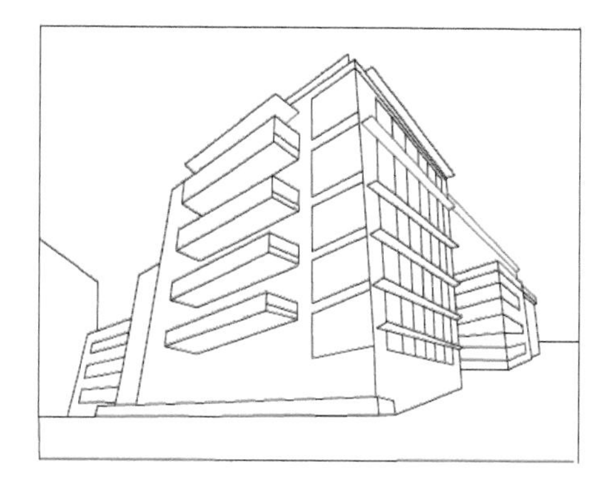

图 2-27　卡通楼房轮廓

（3）新建图层，使用铅笔工具绘制草丛轮廓，如图 2-28 所示，分别设置草绿色和深绿色。

图 2-28　草丛轮廓

（4）根据视觉角度，在主场景中的不同图层放置绘制好的图形部件。

知识拓展

任意变形工具可以对矢量图进行缩放、旋转、倾斜和封套等变形，也可以对元件、文本和位图等执行这些操作，下面以“窗子”为例来介绍这些功能。

缩放对象：选中变形对象后，光标会出现不同方向箭头，沿箭头方向拖曳可放大或缩小对象，如果希望等比例缩放可按住 Shift 键，如图 2-29 所示。

倾斜对象：选择对象后，鼠标在边界上变为左右、上下形状时，可沿箭头方向水平或垂直倾斜对象，如图 2-30 所示。

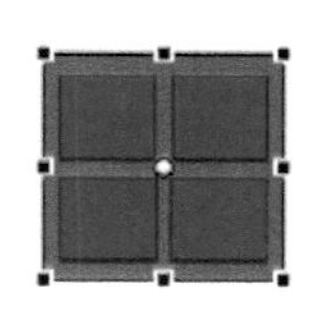

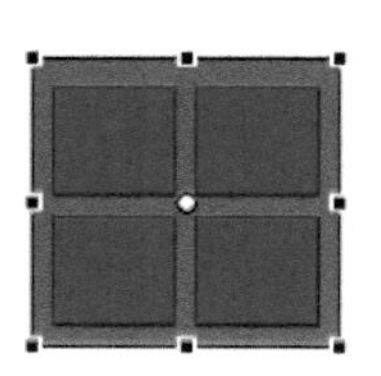

图 2-29　缩放对象

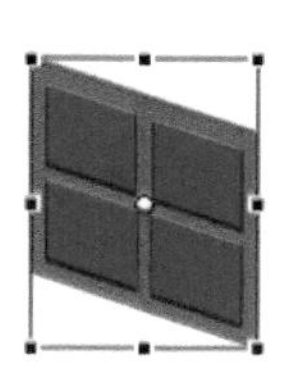

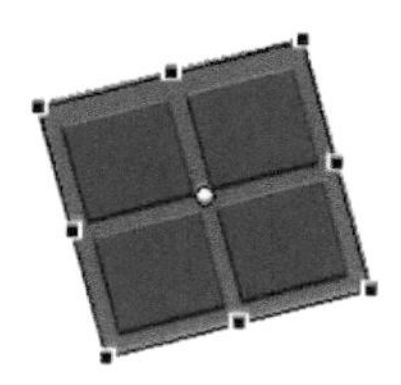

图 2-30　倾斜对象

旋转对象：选中对象后，将鼠标指针放在 4 个顶点处，鼠标指针会出现旋转形状，单击并旋转可以以变形中心为中心来旋转对象，按住 Shift 键可以 45°角为增量进行旋转。

扭曲图形：单击工具箱中的“任意变形工具”后，“选项”区会出现“扭曲”的按钮，但只有散件可以使用。单击“扭曲”按钮后，鼠标形状变为指针时，可以把图形向任意方向拉伸，如图 2-31 所示。

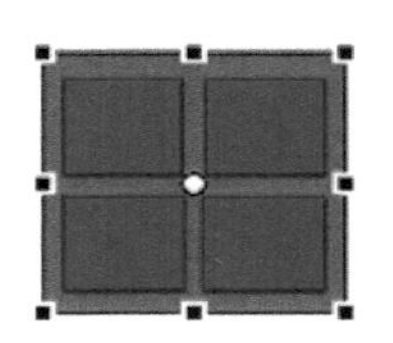 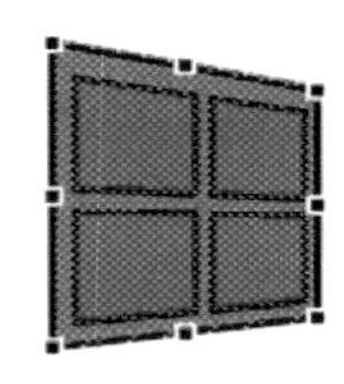 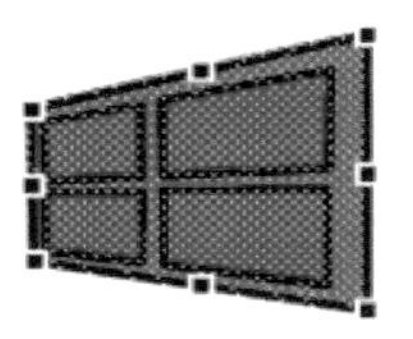

图 2-31　扭曲图形

封套对象：该功能与“扭曲”类似，在“选项”区单击“封套”按钮后，图形周围会出现 8 个控制柄和 16 个切线手柄，把鼠标放在控制柄上，可对图形进行微调。

调整对象变形中心：变形中心一般位于图形中点处，所有的旋转、缩放和倾斜等操作都是围绕变形中心进行的，单击并拖曳变形中心可更改变形中心的位置。

动手做 3　综合绘图工具——绘制闹钟图形

本案例通过绘制卡通闹钟，让读者了解综合基本绘图工具绘制动画元素的方法，掌握如何制作立体层次感的图形效果。卡通闹钟的最终效果如图 2-32 所示，具体操作步骤如下。

（1）选择文件→新建菜单选项，选择“ActionScript 3.0”选项，新建一个 Flash 文档，命名为“闹钟”。

（2）单击工具箱中的椭圆工具按钮，设置笔触为无色，填充为黑色，在舞台中绘制一个椭圆形，选中选择工具，修改边框形状，绘制闹钟腿的基本轮廓形状。新建图层，选中绘制好的椭圆，按 Ctrl+C 键复制，Ctrl+V 键粘贴。在工具箱的“填充颜色”中将其修改为紫色，单击任意变形工具，按住 Shift 键调整其大小，使其保持宽高比例变形。最终效果如图 2-33 所示。

图 2-32　卡通闹钟的最终效果

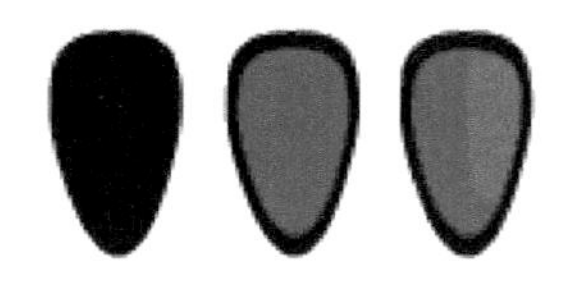

图 2-33　闹钟腿部

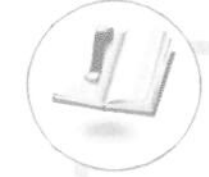

提示

使用图层时，为避免误操作，建议锁定不需要操作的图层。

（3）新建图层，单击工具箱中的椭圆工具按钮，设置笔触为无色，填充为#1A6A24，在舞台拖曳出闹钟身体的椭圆形 1，复制椭圆形 1。新建图层，按组合键 Ctrl+Shift+V 粘贴到原位置 2，利用方向键调整位置，选择颜料桶工具将填充修改为#B3DC1D，复制椭圆形 1。新建图层，粘贴到当前位置 3，与前一个椭圆 2 重合。单击椭圆工具按钮，修改填充色为黑色，在椭圆 3 左上方拖曳出一个椭圆 4，如图 2-34 所示。在舞台空白处释放鼠标，删除椭圆 4，得到如图 2-35 所示的效果。

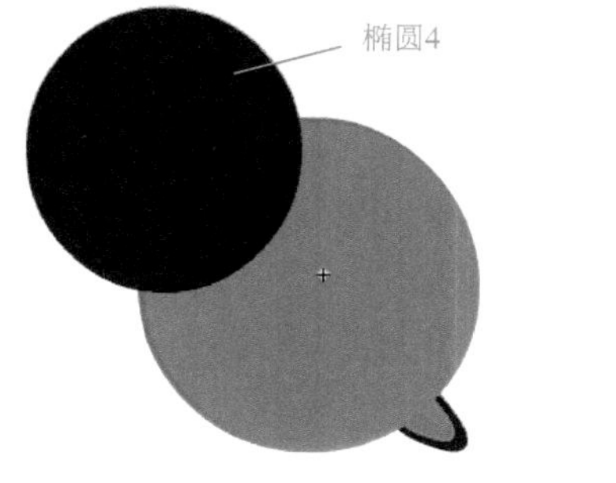

图 2-34　闹钟身体（1）

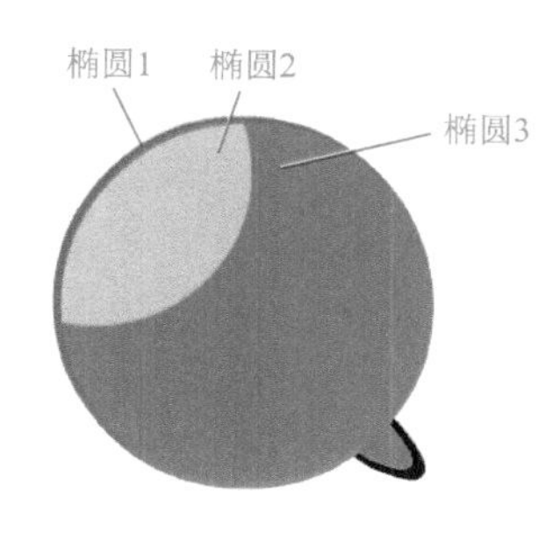

图 2-35　闹钟身体（2）

（4）新建图层，利用步骤（3）的方法绘制出闹钟的整体形状，如图 2-36（a）、（b）所示。

（5）新建图层，单击工具箱中的椭圆工具按钮，绘制闹钟表盘指针，如图 2-36（c）、（d）所示。

（6）新建图层，选择铅笔工具，画出 1～12 共 12 个数字，调整大小和角度，放置到合适的位置，如图 2-36（e）所示。

（7）新建图层，使用椭圆工具绘制闹钟按钮，如图 2-36（f）所示。

（8）新建图层，同样，利用步骤（3）的方法绘制闹钟铃铛，最终效果如图 2-32 所示。

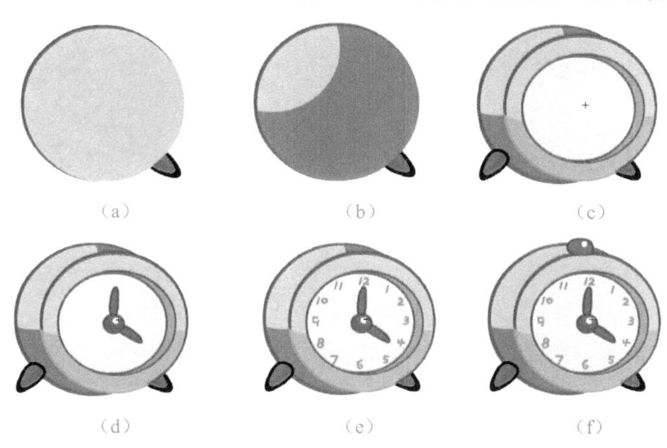

图 2-36　卡通闹钟

项目任务 2-3　综合运用

绘制图形是创作 Flash 动画的基础，在制作 Flash 动画之前，需要对 Flash 动画中的物体、场景、角色进行设计和制作，结合 Flash 的四类主要绘图工具，搭配上 Flash 的常用工作面板，即可绘制出栩栩如生的动画角色和场景。

动手做 1　综合运用——绘制卡通娃娃

本实例中使用 Flash 标准的绘图工具绘制一个卡通娃娃。卡通角色的绘制直接影响到后期动画的制作，所以在绘制时要对元件将来制作动画的流程有所规划，将元件的各个部分都单独绘制会有利于动画制作。绘制卡通娃娃，最终效果如图 2-37 所示，具体操作步骤如下。

图 2-37　卡通娃娃

（1）选择文件→新建菜单选项，选择“ActionScript 3.0”选项，新建一个 Flash 文档，命名为“卡通娃娃”。

（2）创建图形元件“头部”并进入元件编辑状态，单击工具箱中的椭圆工具按钮，在“颜色”面板设置笔触颜色为黑色，粗细为 1，填充颜色为草绿色，如图 2-38（a）所示。在舞台绘制娃娃头部，单击选择工具按钮改变形状轮廓。

（3）新建图层，单击矩形工具按钮，设置笔触颜色和填充颜色，在属性面板设置矩形圆角角度，删除矩形顶部线条，绘制娃娃的脸部，如图 2-38（b）所示。

（4）新建图层，单击多角星形工具按钮，选择“样式”为多边形，边数为 5，绘制娃娃的头饰。绘制一个白色小椭圆，放置在娃娃头发中部，作为光照点，如图 2-38（c）所示。

（5）新建图层，选择钢笔工具，拖曳曲线，调节控制手柄，绘制娃娃的脸蛋，复制一个调整角度放置在另一侧。单击铅笔工具按钮，画出娃娃的眼睛和睫毛，如图 2-38（d）所示。

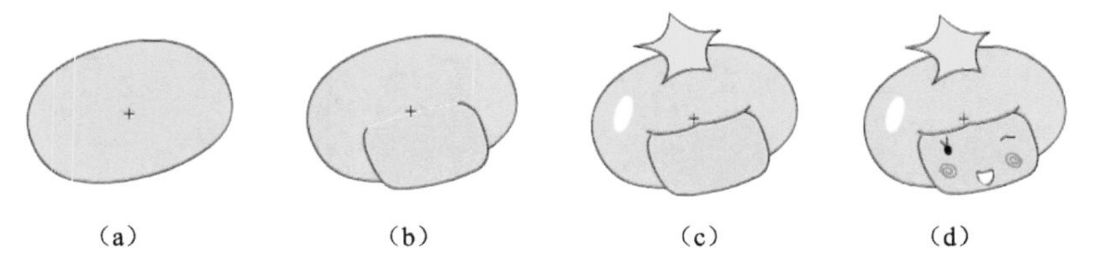

图 2-38　“卡通娃娃”头部

提示

利用“钢笔工具”绘制曲线时，单击锚点，可删除半边控制手柄。按住 Alt 键，可只调节一边的控制手柄。

（6）创建元件“身体”，进入元件编辑区。利用几何绘图工具绘制出娃娃的身体部分，如图 2-39（a）、（b）、（c）所示。创建元件“心”并进入元件编辑区，利用椭圆工具画出心形，如图 2-39（d）所示。利用“钢笔工具”或“铅笔工具”绘制出其他线条。

图 2-39　“卡通娃娃”身体

（7）返回主场景，新建两个图层分别放置“头部”元件和“身体”元件，其中，“头部”

元件位于上方，最终效果如图 2-37 所示。

动手做 2　综合运用——绘制卡通形象

图 2-40　卡通形象

本案例讲解如何绘制卡通形象，注意学习图形的调整方法，以及图形质感的表现方法。最终效果如图 2-40 所示，具体操作步骤如下。

（1）选择文件→新建菜单选项，选择“ActionScript 3.0”选项，新建一个 Flash 文档，命名为“卡通形象”。

（2）创建图形元件“头发”，进入元件编辑状态。单击工具箱中的钢笔工具按钮，绘制出卡通人物的头发轮廓，如图 2-41（a）所示。选择颜料桶工具，设置好填充颜色，单击头发轮廓内部，着色完成后删除头发轮廓的线条，如图 2-41（b）所示。

（3）新建图层，利用步骤（2）的方法，绘制不同颜色的头发线条，使得头发具有层次感，如图 2-41（c）所示。新建图层，使用矩形工具绘制发带，将图层拖曳至两个头发图层的中间，如图 2-41（d）所示。

图 2-41　“卡通形象”头发部分

（4）创建图形元件“头部”，进入元件编辑状态，绘制卡通人物的脸部。单击工具箱中的椭圆工具按钮，在不同图层中绘制脸部，如图 2-42 所示。新建图层，绘制卡通人物的眼睛，如图 2-43 所示。单击刷子工具按钮，在“选项”栏中选择椭圆长形的刷子形状，绘制出人物的眉毛。

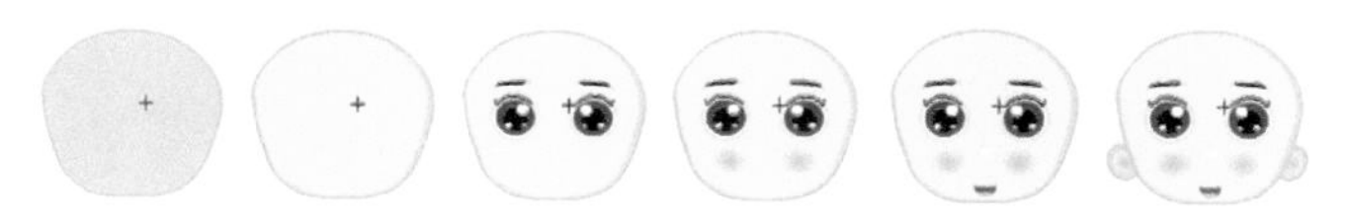

图 2-42　“卡通形象”脸部部分

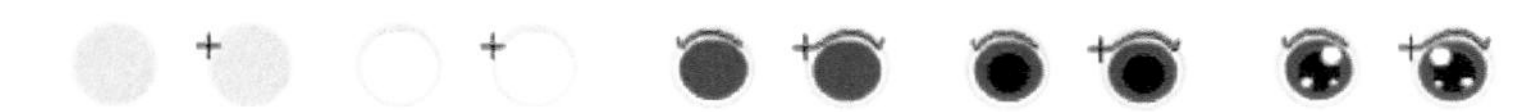

图 2-43　“卡通形象”眼睛部分

图 2-44　“卡通形象”身体部分

（5）同理，可绘制出人物的“身体”元件，效果如图 2-44 所示。

刷子工具可以绘制任意形状、大小和颜色的填充区域。单击工具箱中的刷子工具按钮后，“选项”栏内会出现 5 个按钮，如图 2-45 所示，除了“对象绘制”按钮用于设置绘图模式外，其他按钮均用于设置刷子工具的参数。

- 锁定填空：针对位图和渐变色填充，效果对比图见卡通铅笔部分的“知识拓展”。

- 刷子模式：单击按钮后如图 2-46 所示，有 5 种绘图模式。
- 刷子大小：单击会打开不同的宽度示意图，共有 8 种。
- 刷子形状：刷子形状共有 9 种，包括圆头、方头等。

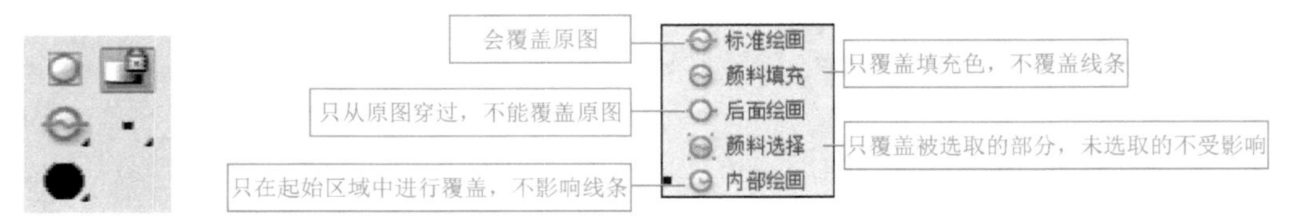

图 2-45 “刷子工具”选项栏

图 2-46 刷子模式

动手做 3 综合运用——绘制小马车

本案例综合运用绘图工具，绘制卡通小马车，制作时使用不同颜色表现物体的立体感和空间感，并通过调整工具将图形的外形进行卡通类的变形以达到较好的场景效果，这些操作在实际工作中的应用非常频繁。小马车最终效果如图 2-47 所示，具体操作步骤如下。

（1）选择文件→新建菜单选项，选择“ActionScript 3.0”选项，新建一个 Flash 文档，命名为“小马车”。

（2）新建图形元件“小马车”，进入元件编辑区。单击矩形工具，绘制马车头部轮廓，选择线条工具，在矩形右边拖曳出四条相交的直线，如图 2-48（a）所示，作为马车嘴的轮廓。删除多余线条后，使用选择工具修改形状，如图 2-48（b）所示。用相同的方法绘制马车耳朵，最终形成马车头部轮廓，如图 2-48（c）所示。使用颜料桶工具为其添加填充颜色，如图 2-48（d）所示。

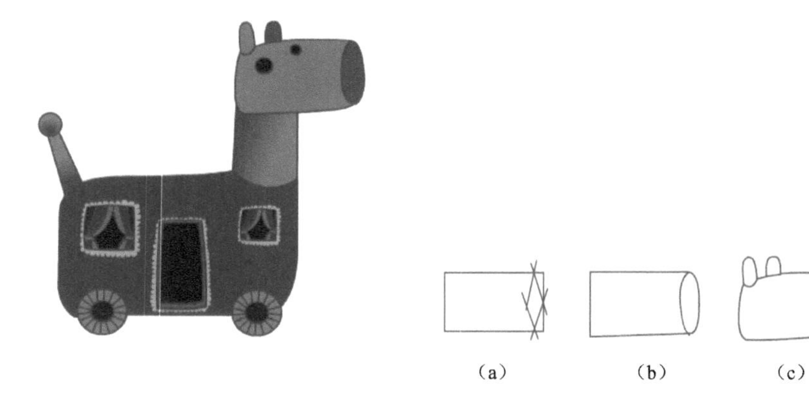

图 2-47 小马车最终效果

图 2-48 “小马车”头部

（3）同理，新建图层并绘制出马车的脖子、身体和尾巴的部分，组合成马车的大体轮廓，如图 2-49 所示。

（4）创建图形元件“车轮”并进入元件编辑区，选择椭圆工具，在舞台中绘制一个正圆，复制一个，选择任意变形工具进行等比例缩放，套入正圆中。单击线条工具按钮，在两个正圆中间拉出多条直线，删除多余线条，如图 2-50（a）所示。选择颜料桶工具设置填充颜色即可完成，如图 2-50（b）所示。

》图 2-49 “小马车”身体部分

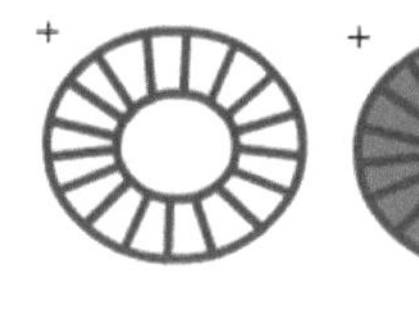
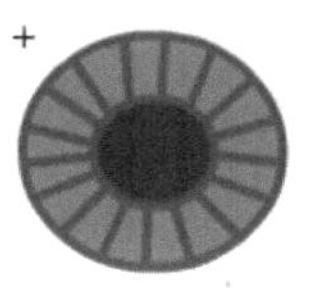

（a） （b）

》图 2-50 “小马车”车轮部分

（5）创建图形元件“窗户”并进入元件编辑区，单击矩形工具绘制好窗户轮廓，如图 2-51（a）所示。选择铅笔工具绘制窗户的花边，在“选项区”选择“平滑”模式，细致地绘制出花边，如图 2-51（b）所示。单击钢笔工具在窗户轮廓内部绘制窗帘，如图 2-51（c）所示。最后一步填充颜色，效果如图 2-51（d）、（e）所示。

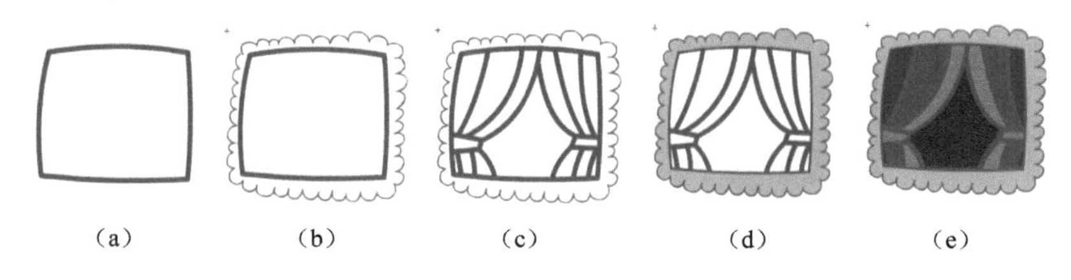

》图 2-51 “小马车”窗户部分

（6）创建图形元件“门”，同步骤（5）绘制窗户的方法绘制出元件“门”。

（7）返回图形元件“小马车”，在不同图层放置好元件“车轮”、“窗户”和“门”，最终效果如图 2-47 所示。

课后练习与指导

一、选择题

1．在 Flash 中，要绘制基本的几何形状，可以使用的绘图工具是（　　）。

A．直线　　B．椭圆　　C．圆　　D．矩形

2．在使用直线工具绘制直线时，若同时按住（　　）键，可以画出水平方向、垂直方向、45° 角和 135° 角等特殊角度的直线。

A．Alt　　B．Ctrl　　C．Shift　　D．Esc

3．矢量图形用来描述图像的是（　　）。

A．直线　　B．曲线　　C．色块　　D．px 点

4．以下（　　）工具都可以对图形进行变形操作。

A．选择　　B．部分选取

C．橡皮擦　　D．任意变形

5．若要使用铅笔工具绘制平滑的线条，应选择（　　）模式。

A．直线化　　B．平滑　　C．墨水瓶　　D．Alpha 通道

6．在工具箱中不用于编辑外形的工具有（　　）。

A．箭头工具　　B．钢笔工具　　C．橡皮工具　　D．贝兹选取工具

二、填空题

1．绘制椭圆时，在拖曳鼠标时按住____________键，可以绘制出一个正圆。

2．在绘制直线时按住____________键，可以绘制出与水平成 45° 角的线段。

三、简答题

1．Flash 绘图工具分为哪几类？

2．锁定填充与非锁定填充的区别是什么？

3．铅笔工具的三种绘图模式是什么？

4．渐变变形工具中线性渐变和径向渐变手柄的区别是什么？

四、实践题

练习 1：制作卡通香蕉，如图 2-52 所示。

练习 2：绘制卡通星星，如图 2-53 所示。

练习 3：制作卡通苹果，如图 2-54 所示。

练习 4：利用椭圆工具等绘制卡通小猪，如图 2-55 所示。

图 2-52　卡通香蕉

图 2-53　卡通星星

图 2-54　卡通苹果

图 2-55　卡通小猪

练习 5：制作卡通校园，如图 2-56 所示。

图 2-56　卡通校园

模块 03 基本动画类型的制作

你知道吗

Flash 动画分为逐帧动画和补间动画。其中，逐帧动画是一种常见的动画形式，它在“连续的关键帧”中分解动画动作，也就是每一帧中的内容不同，连续播放形成动画。而补间动画是整个 Flash 动画设计的核心，也是 Flash 动画的最大优点，它有补间动画、补间形状和传统补间 3 种类型，这 3 种类型实质上大同小异，但在动画的制作过程中使用不同的补间动画，可以实现不同的效果，给人意想不到的感受。

学习目标

- 了解 Flash 基本动画类型的分类
- 掌握逐帧动画的制作
- 掌握传统补间的制作
- 掌握补间动画的制作
- 掌握形状补间动画的制作

项目任务 3-1 逐帧动画

由第 1 章介绍的 Flash 制作动画的基本原理可知，组成动画的元素都位于帧上。在 Flash 中帧主要分为关键帧（包括空白关键帧）和普通帧，对帧的操作在“时间轴”上完成。

逐帧动画，又称为帧帧动画，每一帧都由制作者确定，而不是由 Flash 通过计算机得到，然后连续依次播放这些画面，即可生成动画效果。逐帧动画是 Flash 中最基本的动画形式，由于每一帧都是独一无二的，所以适用于制作非常复杂精细的动画，如人物的面部表情、动物的奔跑等。但由于每一帧都是关键帧，所以工作量很大，生成的文件也很大。

此外，含有少量帧的逐帧动画还可以用“影片剪辑”元件来做重复效果，如小球上下弹跳、翅膀震动等就是应用对象在舞台上的位置差的关键帧来实现的。

动手做 1 逐帧效果——小鸟展翅

动画概述：“小鸟展翅”的动画播放后，如图 3-1 所示，可以看到，天空中的小鸟在不停地扇动翅膀，在空中飞翔。本实例使用 8 张基本图像，分别放置在时间轴的 8 帧上，即完成了逐帧动画的制作。在已有逐帧图片的前提下，读者可以使用帧和关键帧来制作动画。

操作步骤：

（1）选择文件→新建菜单选项，选择“ActionScript 3.0”选项，新建一个 Flash 文档，命名为“小鸟振翅”。

（2）将动画素材、如图 3-2 所示的“小鸟拍动翅膀”逐帧的动画图片和背景图片导入库中，选择文件→导入→导入到库菜单命令，打开“导入到库”对话框。利用该对话框，选择图像等文件，再单击“打开”按钮，即可将选中的图形或图形序列导入到“库”。当文件名是按照类似阿拉伯数字依次命名时，会弹出如图 3-3 所示对话框，单击“是”按钮可一次全部导入，导入后的库面板如图 3-4 所示。

图 3-1 “小鸟展翅”动画

图 3-2 “小鸟”逐帧图

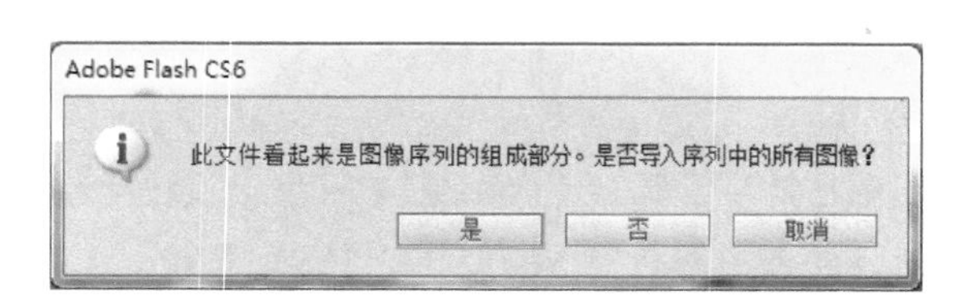

图 3-3 导入位图对话框

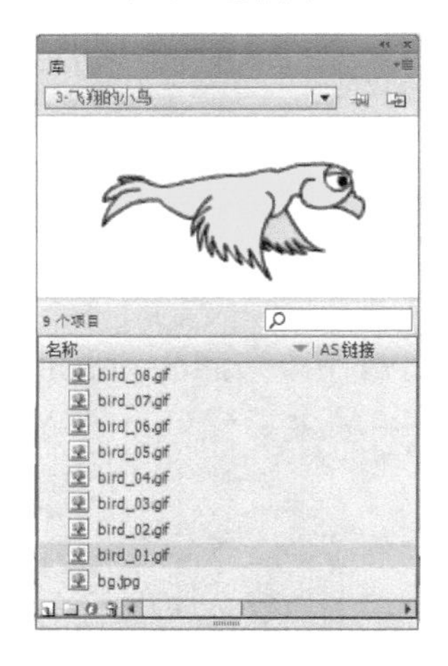

图 3-4 位图按序列导入

（3）从库面板中将背景图片拖入舞台中，在属性面板设置图片大小为 550×400，和舞台大小一致。选中背景图片，在“对齐”面板中将图片与舞台对齐，锁定图层。

（4）新建图层，依次在第 1、5、10、15、20、25、30、35 帧插入关键帧，分别放置 8 幅小鸟的图片。其中的 2～4、11～14 等都属于普通帧，普通帧的作用是延续关键帧的内容，不做改变。在某一帧上插入关键帧，前一个关键帧的内容会自动延续到插入的关键帧上，两个关键帧之间会自动生成普通帧；不需要自动延续时，选择“插入空白关键帧”即可。

提示

按 F6 快捷键可插入一个关键帧，按 F7 快捷键可插入一个空白关键帧，按 F5 快捷键可插入普通帧，也就是延续帧。

（5）按组合键 Ctrl+S 保存文件，按 Enter 键可测试动画在时间轴上的播放效果，按 Ctrl+Enter 组合键打开 Flash Player 播放影片，小鸟会开始展翅飞翔。

知识拓展

本例导入的位图需要使用“套索工具”进行选取和切割等操作。“套索工具”用于选择图形中的不规则形状区域，被选定的区域可以作为一个单独的对象进行移动、旋转或变形。选择“套索工具”后，工具箱“选项”区域会显示 3 个功能按钮，分别为“魔术棒”、“魔术棒设置”和“多边形模式”。

- 魔术棒：用于选取相近颜色的区域，效果如图 3-5 所示。按组合键 Ctrl+B 将导入的位图打散，选择魔术棒单击位图背景区域，将其擦除，不能选中的区域，选中后删除。

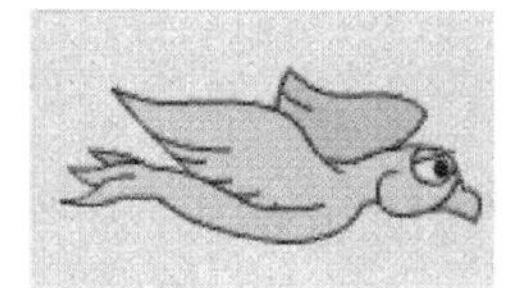
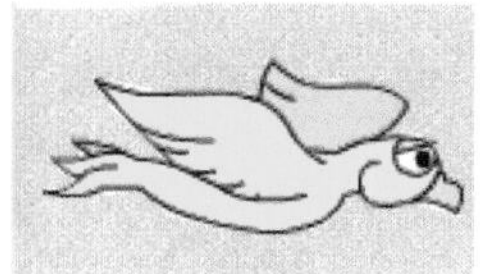

图 3-5　魔术棒效果

- 魔术棒设置：如图 3-6 所示，可以设置“阈值”和“平滑”两个选项。“阈值”为魔术棒选项包含的相邻颜色值的色宽范围，允许输入的值为 0～200，越大颜色范围越广；“平滑”用来设置选定区域的边缘平滑程度。

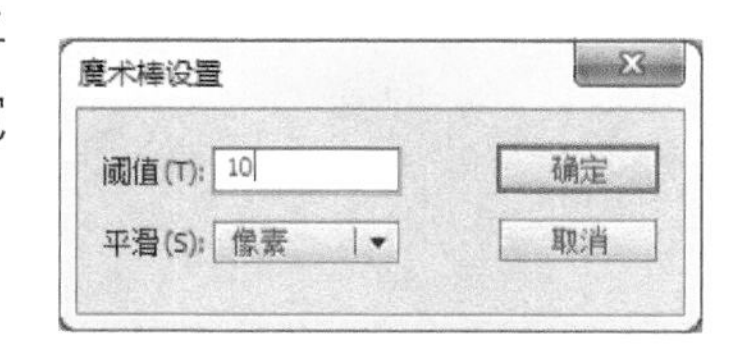

图 3-6　魔术棒设置

- 多边形模式：用直线精确勾画选择区域，在这种模式下，“套索工具”绘出的是直线，每单击一次即绘制一条直线，双击鼠标则选中区域。

动手做 2　逐帧动画——生日蛋糕

动画概述：“生日蛋糕”的动画播放后，如图 3-7 所示，可以看到，生日蛋糕上的蜡烛燃烧、火苗跳跃的效果。本案例主要使用 Flash 绘图工具中的修改图形工具，对每一帧上的图片进行微调，达到逐帧播放的动态效果。在类似的翅膀拍动、眨眼和树叶飘动的场景中可类比应用。

图 3-7　生日蛋糕

操作步骤：

（1）选择文件→新建菜单选项，选择“ActionScript 3.0”选项，新建一个 Flash 文档，命名为“生日蛋糕”。

（2）按组合键 Ctrl+F8 新建图形元件“蛋糕”，进入元件编辑状态。单击工具箱中的钢笔工具按钮，绘制出蛋糕外侧的轮廓，如图 3-8（a）所示。使用颜料桶工具填充颜色后，删除轮廓，如图 3-8（b）、（c）所示。依次绘制蛋糕其他部分，最终效果如图 3-8（d）所示。

（3）在主场景中拖入“蛋糕”图形元件，在“属性”面板中修改背景色为淡粉色，双击图层名称，修改为“蛋糕”，锁定图层。新建图层 2，修改名称为“火苗”。

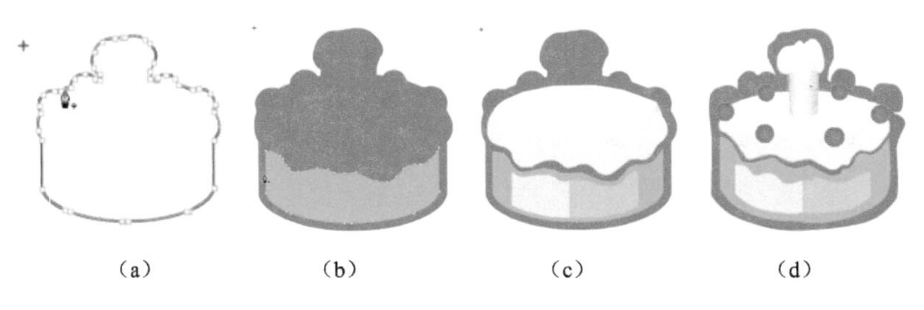

图 3-8　“生日蛋糕”绘制过程

（4）在“火苗”图层的第一帧中画出火苗形状，到 12 帧为止，后面的每一帧中，按 F6 键“转换为关键帧”，前一帧的内容会延续下来，即火苗。每一帧中都使用“选择工具”、“任意变形工具”或“部分选取工具”对火苗形状稍作修改，效果如图 3-9 所示，其中时间轴面板如图 3-10 所示。

（5）按 Enter 键测试动画在时间轴上的播放效果，保存文件后，按 Ctrl+Enter 组合键打开 Flash Player 播放影片，即可看到生日蛋糕上蜡烛燃烧（火苗跳跃）的效果。

图 3-9　“生日蛋糕”火苗形状

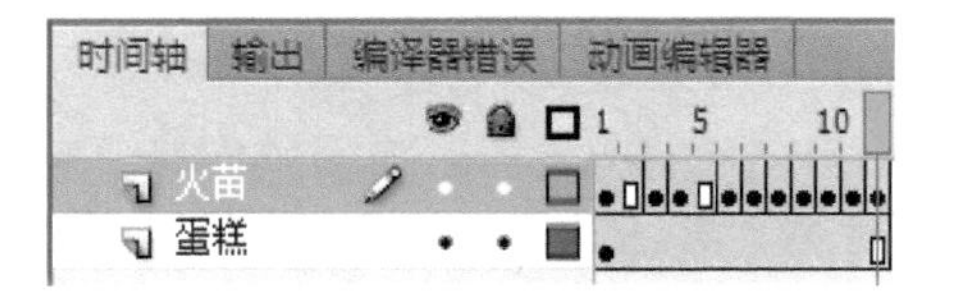

图 3-10　“生日蛋糕”时间轴

动手做 3　逐帧效果——打字机效果

动画概述：“打字机效果”的动画播放后，如图 3-11 所示，可以看到，文字逐个输出，如同打字机打印出来的一样。

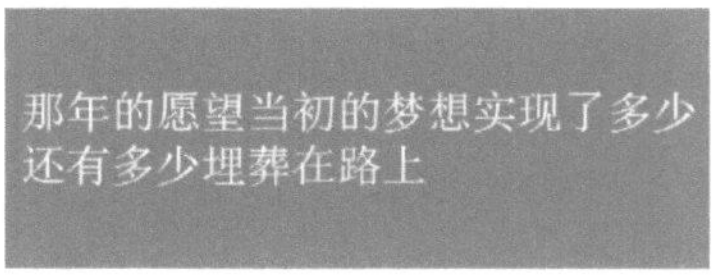

那年的愿望当初的梦想实现了多少
还有多少埋葬在路上

图 3-11　“打字机效果”

操作步骤：

（1）选择文件→新建菜单选项，选择“ActionScript 3.0”选项，新建一个 Flash 文档，命名为“打字机效果”。

（2）在舞台的属性面板中修改背景颜色为紫色。单击工具箱中的钢笔工具按钮，在第一帧中画出一个光标的小直线，使用白色笔触。直接复制第 1 帧～第 5 帧和第 10 帧，实现光标闪烁的效果。复制帧时，源帧上所有的对象都会被复制到目标帧上，且在舞台中的位置也相同。

提示

复制帧的三种方法：①执行“编辑”→“复制”菜单命令，选择目标帧，执行“编辑”→“粘贴到当前位置”菜单命令；②选择要复制的帧，按 Alt 键，单击选中的帧拖曳到目标位置即可；③单击鼠标右键，在快捷菜单中选择“复制帧”，再在目标位置单击鼠标右键选择“粘贴帧”选项。

（3）新建图层 2，命名为“文字”。在第 15 帧插入空白关键帧，在“文字”图层中选择文本工具T，在工具箱的“填充颜色”或文本工具的属性面板中修改文字颜色为白色，打出第一个文字“那”；在第 17 帧按 F6 键“转换为关键帧”，修改文字为“那年”；以此类推，每增加一个文字即添加一帧，直到所有文字结束。

（4）修改图层 1 名字为“光标”，同样，在第 15 帧插入关键帧，把光标移动到文字后一位的位置，如图 3-12 所示，光标与文字同步帧数。

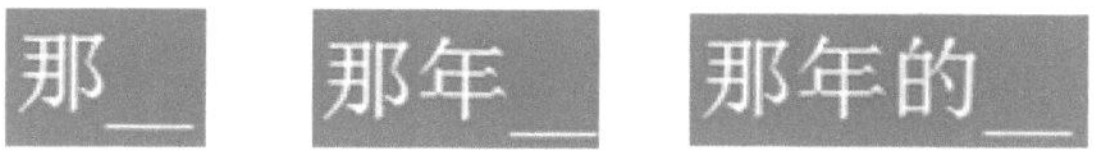

那_　那年_　那年的_

图 3-12　“打字机效果”添加文字

（5）文字与光标均制作结束后，在“光标”图层中间隔地插入关键帧，制作出第二步中的光标闪烁的效果，时间轴面板如图 3-13 所示。

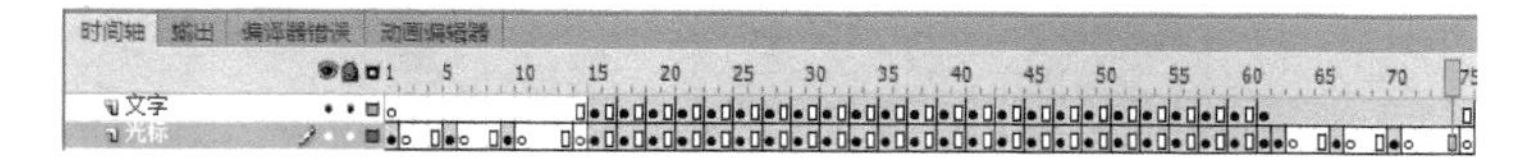

图 3-13　“打字机效果”时间轴

（6）测试影片后，保存影片，按 Ctrl+Enter 组合键打开 Flash Player 播放影片，即可看到动画效果。

项目任务 3-2　传统补间动画

补间动画，也称过渡动画，是 Flash 提供的一种最有效的动画形式。无论是创建角色动画或是动作动画，甚至是最基本的按钮效果，补间都是必不可少的。用户可以建立两个关键帧，一个作为开始点，另一个作为结束点，并且只对这些点绘制图片或关键对象，然后用补间来产生两个关键帧之间的过渡图像。补间可以使对象沿直线或曲线运动，变换大小、形状和颜色，以中心为圆点自转，产生淡入或淡出效果等。

动手做 1　认识补间动画

Flash 可以产生两类补间：传统补间和形状补间，如图 3-14 所示。两类补间的应用场

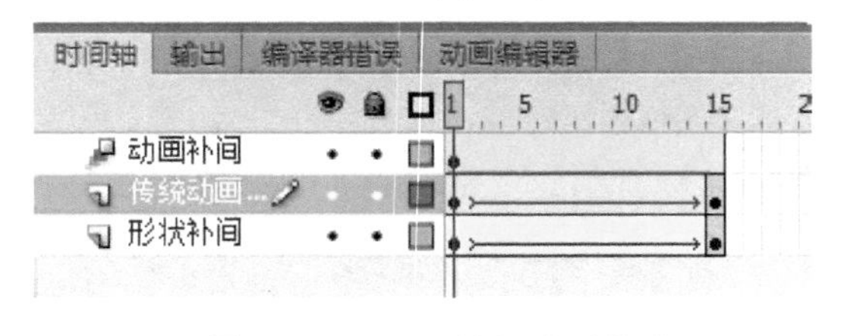

图 3-14 Flash 补间动画类型

合与表现形式都不相同。

（1）传统补间动画：应用于把对象由一个位置移动到另一个位置的情况，也可应用于形成对象的缩放、倾斜或者旋转的动画，还可应用于形成元件的颜色和透明度变化的动画。传统补间动画对于元件和可编辑的文字形成动画很有用，然而它不能用于基本形状变化的动画。传统补间动画用位于时间轴上动画的开始帧与结束帧之间区域的一个蓝色连续箭头表示。

（2）形状补间动画：应用于基本形状的变化，它是某一个对象在一定时间内其形状发生过渡型渐变的动画。例如，动画中的矩形变化为圆形。在创建形状补间动画时，参与动画制作的对象必须为分散的图形对象，而不是"图形"、"按钮"和"影片剪辑"等元件。形状补间动画用位于时间轴上动画的开始帧与结束帧之间区域的一个绿色连续箭头表示。

（3）创建补间动画：创建补间动画，需要将图形转换为元件或影片剪辑。创建好元件后，选择要创建补间的图层单击鼠标右键，在弹出的菜单中选择"创建补间动画"，这时图层会变为淡蓝色，时间轴自动添加关键帧。

动手做 2　传统补间动画——星球登入

动画概述："星球登入"的动画播放后，如图 3-15 所示，可以看到，一颗星球从云朵中缓缓升起，星球上的建筑群由无到有慢慢显现的效果。制作过程中需要创建传统补间动画，使用工具箱中的"套索工具"等。

图 3-15　星球登入

操作步骤：

（1）选择文件→新建菜单选项，选择"ActionScript 3.0"选项，新建一个 Flash 文档，命名为"星球登入"。

（2）选择文件→导入命令，将背景图片导入到舞台中，匹配舞台与背景图片大小，在"变形"面板中将图片与舞台对齐，将图层命名为"背景"。

（3）新建图层，命名为"云朵"。单击工具箱中的套索工具按钮，把背景图片的第一层云朵和后面的背景图分离，选择编辑→剪切菜单命令，或按组合键 Ctrl+X 剪切，在“云朵”图层按组合键 Ctrl+Shift+V 原位置粘贴。

（4）新建图层，命名为“星球”，将其拖曳至“背景”和“云朵”图层中间。新建“影片剪辑”元件“登入动画”，进入元件编辑状态。

（5）在“登入动画”元件中，图层 1 的第一帧导入星球图片素材，第 15 帧将图片向上移动一段距离，在第 1～15 帧中的任意一帧单击鼠标右键，弹出的快捷菜单如图 3-16 所示，选择“创建传统补间”，为星球图片添加补间动画，这里实现的是星球缓缓上升的动画。

（6）新建图层 2，在第 16 帧的位置插入空白关键帧，导入建筑素材，将建筑素材的图片转换为图形元件，调整其位置及大小。分别在第 16、20、25 帧的位置插入关键帧，使用任意变形工具改变其大小，如图 3-17 所示，创建传统补间后产生房屋由小变大的效果。

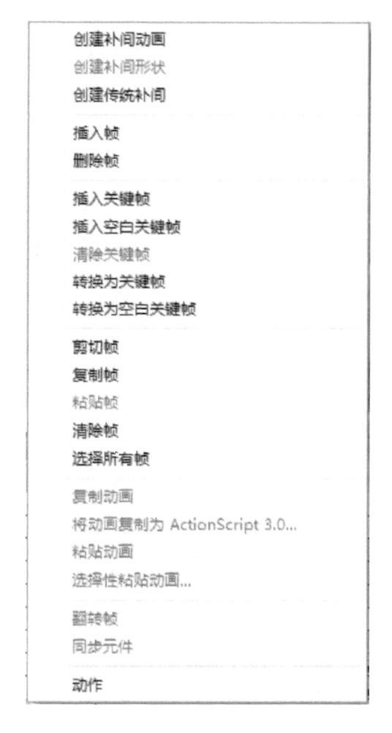

图 3-16 “帧”右键快捷菜单

图 3-17 “小房子”关键帧图

（7）按照步骤（6）的方法，分别为其他建筑制作相同的补间效果。需要注意的是，树木应该隐藏在建筑群的后方，所以应将树木的图层拖曳至建筑下方，时间轴面板如图 3-18 所示。

（8）“星球登入”的影片剪辑元件做好后，返回主场景中。在“星球”图层的第一帧中放入影片剪辑元件，调整好位置即可，时间轴面板如图 3-19 所示。

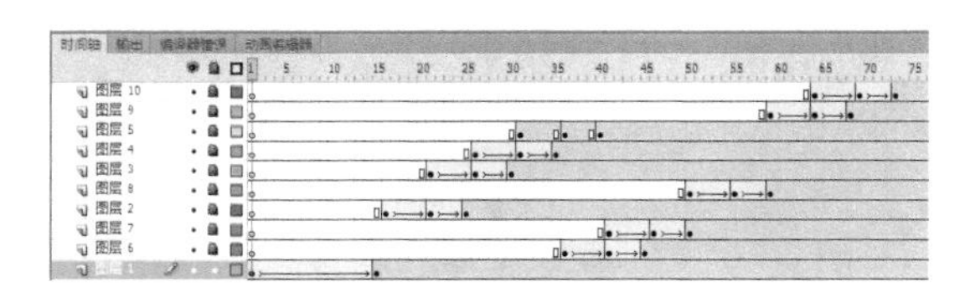

图 3-18 “星球登入”时间轴（1）

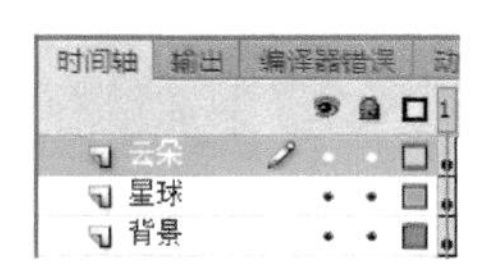

图 3-19 “星球登入”时间轴（2）

（9）测试影片后，保存影片，按 Ctrl+Enter 组合键打开 Flash Player 播放影片，即可看到动画效果。

动手做 3　传统补间动画——Flash 创意文字

动画概述：通过“Flash 创意文字”的制作来介绍传统补间动画中的运动位置变化，动画播放后，如图 3-20 所示，可以看到，F、L、A、S、H 几个字母依次从木板底部升起。本例中将不同的元件分别放置在不同的位置和帧上，再指定元件出场的先后顺序，通过创建传统补间完成动画效果的制作。

操作步骤：

（1）选择文件→新建菜单选项，选择“ActionScript 3.0”选项，新建一个 Flash 文档，命名为“Flash 创意文字”。

（2）在主场景中导入背景图片，在“属性”面板中设置图片大小与舞台一致，在“变形”面板中与舞台匹配位置，锁定图层。

（3）将 F、L、A、S、H 5 个字母的图片素材导入到库中，按组合键 Ctrl+B 打散成图形后，单击套索工具按钮，将文字分离出来，转换为图形元件。

（4）返回主场景中，新建图层 2。在第 1 帧中插入“F”图形元件，分别在第 10、17 帧转换为关键帧。单击第 10 帧，选中“F”对象，按住 Shift 键，此时可沿着水平或竖直方向移动对象，沿着竖直方向将其向上移动一段距离。单击第 17 帧，用同样的方法向上移动一小段距离，比前一帧移动得稍少一点即可。在第 1～10 帧中的任意一帧单击鼠标右键，选择“创建传统补间”；同样，为第 10～17 帧创建传统补间。

（5）使用步骤（4）中的方法，分别制作“L”、“A”、“S”和“H”的传统补间动画，制作完成的时间轴面板如图 3-21 所示。

图 3-20　Flash 创意文字

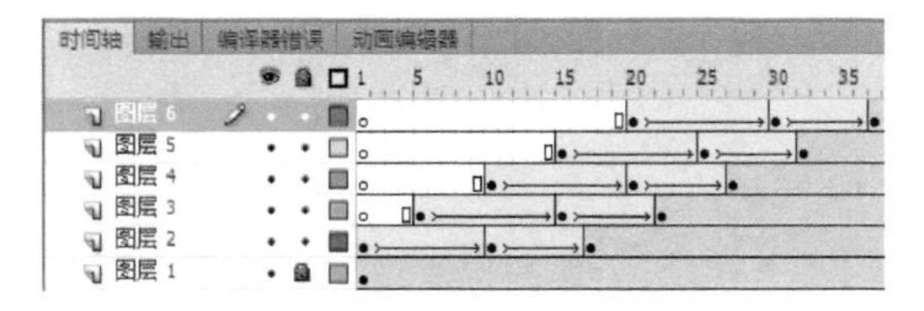

图 3-21　“Flash 创意文字”时间轴

（6）测试影片后，保存影片，按 Ctrl+Enter 组合键打开 Flash Player 播放影片，即可看到动画效果。

项目任务 3-3　补间动画

在 Flash 中，“创建补间动画”是从 Flash CS4 开始新增的功能，Flash CS4 之前的版本在制作动画时，需要设定开始帧、结束帧以及创建动画动作。与传统补间动画相比，补间动画只要在开始位置添加关键帧，然后鼠标在任意一帧场景中操作对象时，时间轴会自动添加关键帧。此时，制作动画的步骤发生改变，为添加开始帧、选中对应帧，改变对象位置。

动手做 1　补间动画——海底总动员

动画概述："海底总动员"的动画播放后，如图 3-22 所示，可以看到，小海豚、海马以及小鱼等动物在海底自由自在地游动。制作过程中需要创建补间动画，创建及编辑元件，导入和操作位图等。

图 3-22　海底总动员

操作步骤：

（1）选择文件→新建菜单选项，选择"ActionScript 3.0"选项，新建一个 Flash 文档，命名为"海底总动员"。

（2）新建"海豚"元件，根据第 2 章中讲述的绘图工具以及工作面板等 Flash 绘图功能，绘制出小海豚的图形元件。然后用相同的方法，分别制作出"海马"、"小鱼"以及"鱼群"的图形元件，如图 3-23 所示。

图 3-23　"海底总动员"的小动物

（3）新建"小海豚动画"的影片剪辑元件，按照逐帧动画的制作原理，在第 1、5、10 帧插入不同的小海豚动作，制作出小海豚游动的场景，如图 3-24 所示。再用相同方法制作出"海马动画"。

图 3-24　"小海豚"的逐帧图

（4）新建“小海豚游动”的影片剪辑元件，在库面板中将“小海豚动画”的影片剪辑元件拖入第 1 帧，在第 100 帧插入帧。单击鼠标右键选择“创建补间动画”，此时创建补间动画的这一层变成了淡蓝色，创建好的元件就可以动起来了。单击第 3 帧，然后在舞台上拖曳“小海豚动画”的元件，改变其位置，此时第 3 帧就多了一个关键帧，这就是程序自动生成的运动轨迹，形成了最简单的补间动画。以此类推，每隔一帧改变小海豚的位置或旋转角度，最终效果如图 3-25 所示，时间轴如图 3-26 所示。然后使用相同的方法创建“小海马游动”和“鱼群游动”的影片剪辑元件。

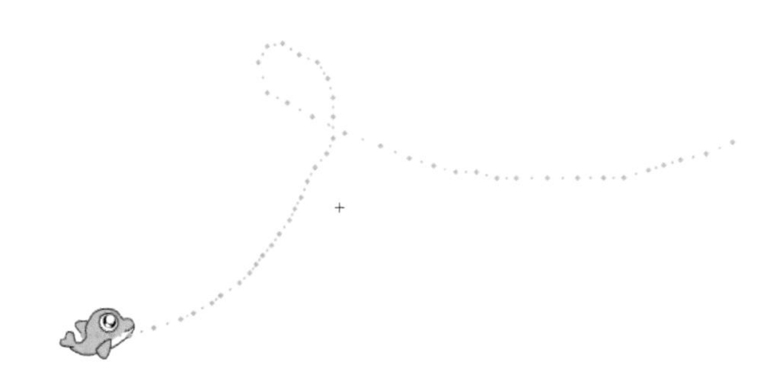

图 3-25 “小海豚”的逐帧图

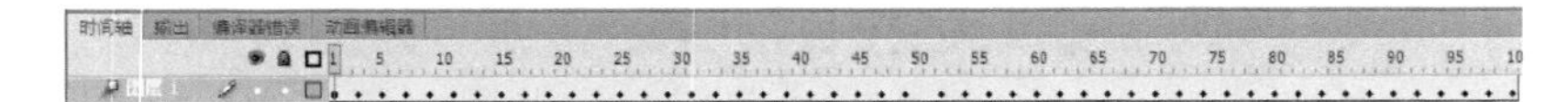

图 3-26 “小海豚游动”时间轴

（5）返回主场景中，导入背景图片，在属性面板中修改其大小，在变形面板中与舞台对齐位置。在不同的图层，根据不同动物出现的先后顺序，在不同帧频插入关键帧，将影片剪辑元件拖入。

（6）按 Ctrl+Enter 组合键打开 Flash Player 测试影片，即可看到动画效果，最后保存动画。

动手做 2 补间动画——蝴蝶飞舞

动画概述：“蝴蝶飞舞”的动画播放后，如图 3-27 所示，可以看到，小蝴蝶在花丛中飞舞盘旋。补间动画主要应用于简单的线性运动动画。

图 3-27 蝴蝶飞舞

操作步骤：

（1）选择文件→新建菜单选项，选择“ActionScript 3.0”选项，新建一个 Flash 文档，命名为“蝴蝶飞舞”。

（2）在主场景中导入背景图片，按组合键 Ctrl+B 打散图形后，删除图片下方多余的部分，按 F8 键将其转换为图形元件，设置好图片大小和位置，锁定图层。

（3）新建图形元件“蝴蝶”，进入元件编辑区，利用钢笔工具绘制出蝴蝶翅膀的轮廓，用颜料桶工具为其填充颜色。按组合键 Ctrl+C 复制一个，单击选择工具按钮选中复制好的蝴蝶翅膀后，选择修改→变形→水平翻转菜单命令，直接绘制出另一半的蝴蝶翅膀。按照相同方法绘制蝴蝶其他部位。

（4）在“库”面板中选中“蝴蝶”元件，单击鼠标右键选择“直接复制”命令，复制一个蝴蝶图形元件，命名为“蝴蝶 2”。在此基础上，修改蝴蝶翅膀的大小和角度，如图 3-28 所示。

（5）新建“蝴蝶动画”的影片剪辑元件，按照逐帧动画的制作方法，逐个插入两个“蝴蝶”元件，产生蝴蝶拍动翅膀的动画效果。

（6）返回主场景中，新建图层 2。在“库”面板中拖入“蝴蝶动画”影片剪辑元件，在第 110 帧插入帧，单击鼠标右键选择“创建补间动画”。每间隔 5 帧，单击选中帧，在舞台中拖曳元件，更改其位置及大小，期间计算机自动生成补间动画。制作完成的蝴蝶飞舞运动轨迹如图 3-29 所示。

图 3-28 “小蝴蝶”扇动翅膀

图 3-29 蝴蝶飞舞运动轨迹

（7）使用相同的方法，新建图层，绘制出另一只蝴蝶飞舞的轨迹。可制作多次，最终产生蝴蝶在花丛中飞舞的动画效果。

（8）按 Ctrl+Enter 组合键打开 Flash Player 测试影片，按组合键 Ctrl+S 保存动画，动画即制作完成。

项目任务 3-4 动画预设

动画预设，是 Flash 中预配置的补间动画，可以将其直接应用于舞台上的对象，以实现指定的动画效果，而无须用户重新设计。Flash 随附的每个动画预设都可以在“动画预设”面板中查看其预览效果，如图 3-30 所示，这样可以了解在将动画应用于对象时所获得的效果。

动手做 1　预览及自定义动画预设

执行窗口→动画预设菜单命令，打开动画预设面板。在“默认预设”（如图 3-31 所示）的列表中单击选择一个动画预设，即可在“预览”窗格中预览效果。如果想要停止播放预览，可以在“动画预设”面板外单击。

用户也可以把一些做好的补间动画保存为模板，并将它应用到其他对象上。选中补间动画后，单击鼠标右键，在弹出的快捷菜单中选择“另存为动画预设”，或在“动画预设”面板中单击将选区另存为预设按钮，即可将补间动画另存为“自定义预设”，如图 3-32 所示。

图 3-31　“动画预设”选项

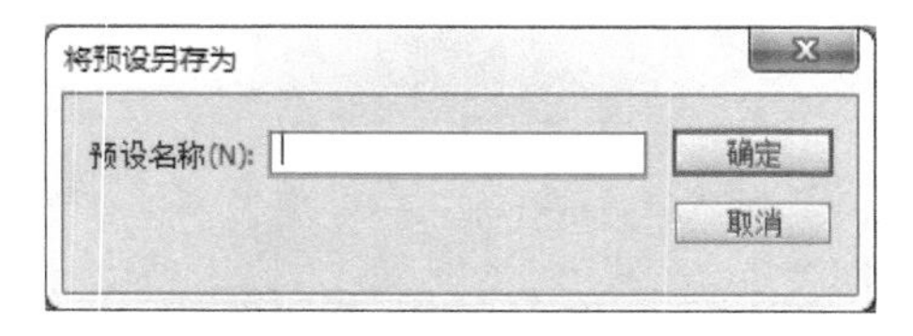

图 3-32　动画预设另存为面板

图 3-30　“动画预设”面板

提示

每个动画预设都包含特定数量的帧，在应用预设时，在时间轴中创建的补间范围将包含此数量的帧。

动手做 2　动画预设——飞船动画

动画概述：通过“飞船动画”制作熟悉动画预设的应用，动画播放后可以看到，飞船应用了“动画预设”中默认预设的“飞入后停顿再飞出”，可以看到飞船飞入宇宙星空后，再迅速飞出画面的动画效果，如图 3-33 所示。

操作步骤：

（1）选择文件→新建菜单选项，选择“ActionScript 3.0”选项，新建一个 Flash 文档，命名为“飞船动画”。

（2）在主场景中导入背景图片，设置好图片大小和位置，与舞台对齐，锁定图层。

（3）新建“飞船”图形元件，使用 Flash 绘图工具绘制出飞船的轮廓，再为飞船设置填充颜色，最终效果如图 3-34 所示。按 F8 键将其转换为影片剪辑元件。

（4）在舞台中选择“飞船”影片剪辑元件，执行窗口→动画预设命令，打开“动画预设”面板，在面板中选择默认预设中的“飞入后停顿再飞出”，单击“应用”按钮 应用 ，应用动画预设后，动画就会在舞台上影片剪辑的当前位置开始。

》图 3-33 飞船动画

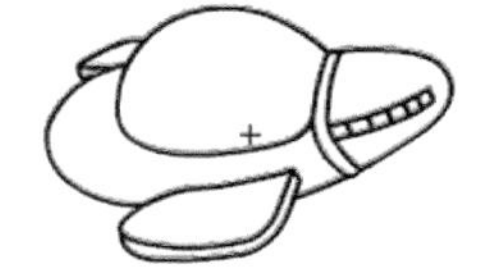

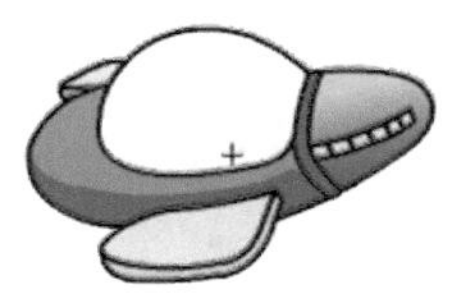

》图 3-34 “飞船”元件

（5）应用“动画预设”后，计算机自动将指定的补间应用于所选对象上，如图 3-35 所示。但对于图形元件，滤镜或 3D 属性等均不支持，影片剪辑元件均可。

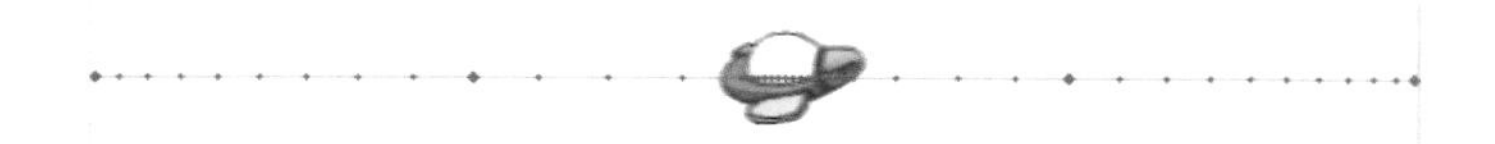

》图 3-35 “飞船”动画预设

（6）按 Ctrl+Enter 组合键打开 Flash Player 测试影片，按组合键 Ctrl+S 保存动画，动画即制作完成。

提示

每个对象只能应用一个预设，如果将第二个预设应用于相同的对象，则第二个预设将替换第一个预设。一旦将预设应用于舞台上的对象后，在时间轴中创建的补间就不再与“动画预设”面板相关联了。

》动手做 3 动画预设——圣诞气氛动画

动画概述：通过“圣诞气氛动画”制作熟悉自定义动画预设的应用，动画播放后可以看到，夜空中烟花绽放，气球飘动，如图 3-36 所示。

》图 3-36 圣诞气氛动画

操作步骤：

（1）选择文件→新建菜单选项，选择“ActionScript 3.0”选项，新建一个 Flash 文档，命名为“圣诞气氛”。

（2）将背景图片导入舞台中，设置图片大小和位置，与舞台对齐，锁定图层。

（3）新建“烟花 1”影片剪辑元件，导入一张烟花的素材图，转换为图形元件。分别在第 10、35 和 75 帧的位置插入关键帧，在第 10 帧和第 75 帧设置 Alpha 值为 0，使用任意变形工具缩放其大小，在第 35 帧修改色调，分别创建传统补间动画，制作出烟花绽放的效果，如图 3-37 所示，使用相同方法再创建几个“烟花”影片剪辑元件。

（4）新建“气球”影片剪辑元件，根据气球飘动的场景，创建补间动画，如图 3-38 所示。完成补间动画的制作后，在“动画预设”面板中单击将选区另存为预设按钮，将气球飘动的补间动画另存为自定义预设，命名为“气球飘动”。

图 3-37　烟花　　图 3-38　气球

（5）新建影片剪辑元件，对不同样式的气球应用“气球飘动”的动画预设。返回主场景后，新建图层，将烟花和气球分别放置在不同的图层中，测试效果。

（6）按 Ctrl+Enter 组合键打开 Flash Player 测试影片，按组合键 Ctrl+S 保存动画，动画即制作完成。

项目任务 3-5　形状补间动画

形状补间动画，常用于形成基本形状，例如，将一个矩形变成圆形，或者通过从一个点到一条线完整线条的补间产生画出一条线的动画。Flash 只能对一些简单的形状进行形状补间，不能对一个组、元件或者可编辑的文字运用形状补间。可以对一层的多帧进行补间，但是出于组织和动画控制的原因，最好把每个形状放到各自独立的图层上，这样方便调整形状补间的速度和长度。

动手做 1　形状补间动画——生日快乐

动画概述：通过制作“生日快乐”动画来介绍形状补间动画的制作，播放后，如图 3-39 所示，出现 4 个小蛋糕，接着 4 个小蛋糕变成“生日快乐”4 个字，稍作停顿后又变成 4 个小蛋糕。

图 3-39 “生日快乐”动画

操作步骤：

（1）选择文件→新建菜单选项，选择“ActionScript 3.0”选项，新建一个 Flash 文档，命名为“生日快乐”。

（2）新建“蛋糕”图形元件，绘制小蛋糕。单击矩形工具按钮，在“属性”面板中设置矩形边角半径为 15，画出一个圆角矩形作为小蛋糕的身体部分。使用钢笔工具画出小蛋糕的头发部分，用椭圆工具画出小蛋糕的橙子装饰品，用颜料桶工具着色，完成“蛋糕”元件的绘制。

（3）新建 4 个图层，分别命名为“生”、“日”、“快”和“乐”。分别在第 20 帧的位置拖入“蛋糕”元件，按 Ctrl+B 组合键将其打散，调整到适当的位置，可以高低起伏不规则排列。

（4）选择“生”图层，在第 40 帧插入关键帧，单击工具箱中的文本工具按钮，设置字体为“迷你简萝卜”，字体大小为“76”，字体颜色为“紫色”。使用“文本工具”输入“生”字，将此汉字摆放在原来小蛋糕的位置。选择文字，按组合键 Ctrl+B 将其打散，选择修改→形状→将线条转换为填充菜单命令。单击墨水瓶工具按钮，设置笔触颜色为黑色，笔触粗细为 1，为文字添加轮廓色，效果如图 3-39 所示。

（5）在其他 3 个图层，使用相同的方法绘制出“日”、“快”和“乐”字。

（6）在这 4 个图层中，均在第 60 帧转换为关键帧。同时选中 4 个图层的第 20 帧，单击鼠标右键，在快捷菜单中选择“复制帧”命令，再单击第 80 帧，右击，在快捷菜单中选择“粘贴帧”命令，将 4 个图层的第 20 帧中的小蛋糕复制到第 80 帧。

（7）同时选中 4 个图层中 20～40 帧中的任意帧，右击，在弹出的快捷菜单中选择“创建补间形状”菜单选项，为小蛋糕和文字之间创建形状补间动画。用同样的方法在第 60～80 帧之间创建形状补间动画，时间轴面板如图 3-40 所示。

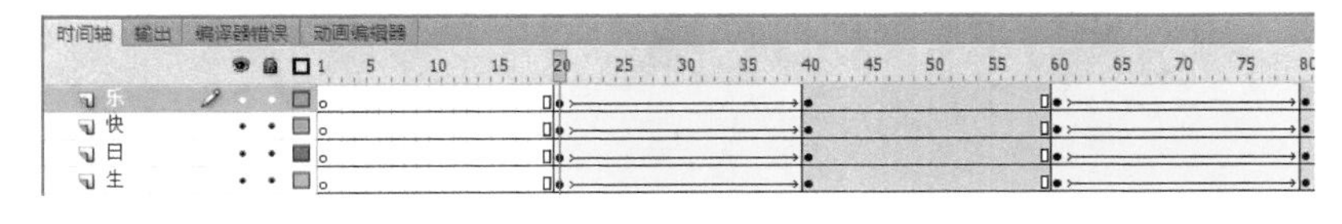

图 3-40 “生日快乐”时间轴

（8）测试影片后，保存影片并导出影片。

动手做 2 形状补间动画——海底水晶球

动画概述：“海底水晶球”的动画播放后，如图 3-41 所示，在鼠标经过水晶球上时，可以看到水晶球在海底反射光芒的效果，光芒从一侧照射到另一侧。

图 3-41　海底水晶球

操作步骤：

（1）选择文件→新建菜单选项，选择“ActionScript 2.0”选项，新建一个 Flash 文档，命名为“海底水晶球”。

（2）执行文件→导入→导入到舞台命令，将海底的背景图片导入到舞台中，更改其大小与主舞台匹配，调整位置后锁定图层。

（3）新建“过光动画”的影片剪辑元件，进入元件编辑状态。将水晶球图片导入到舞台中，使用套索工具将水晶球与外部的背景分离，转换为图形元件，锁定图层。

（4）新建图层 2，在第 20 帧插入关键帧，单击椭圆工具按钮，设置笔触和填充均为白色，按住 Shift 键绘制出稍小于水晶球的正圆形，在“颜色”面板中将其 Alpha 值设为 50。使用“选择工具”修改正圆形为月牙形，如图 3-42 所示。在第 25 帧的位置单击鼠标右键，选择“转换为关键帧”命令或按 F6 键，再次使用选择工具修改形状，并将笔触和填充改为蓝色。同理，在第 30 帧的位置再次修改形状。分别在 3 个关键帧中间，两次单击鼠标右键，选择“创建补间形状”命令，为头尾的 3 个关键帧创建补间动画。可在时间轴上移动播放头，预览动画效果，时间轴面板如图 3-43 所示。

图 3-42　“水晶球”形状变化

（5）新建图层 3，按照步骤（4）中的方法，绘制另一边的过光效果动画。

（6）新建图层 4，单击第 2 帧，在属性面板中为该帧添加一个标签名称“s1”；新建图层 5，单击选中第 1 帧，在动作面板中为其添加一条脚本命令“stop();”。

（7）返回主场景中，选中“过光动画”的影片剪辑元件，在动作面板中添加脚本命令，即鼠标经过时跳转到“s1”帧开始播放，如图 3-44 所示。

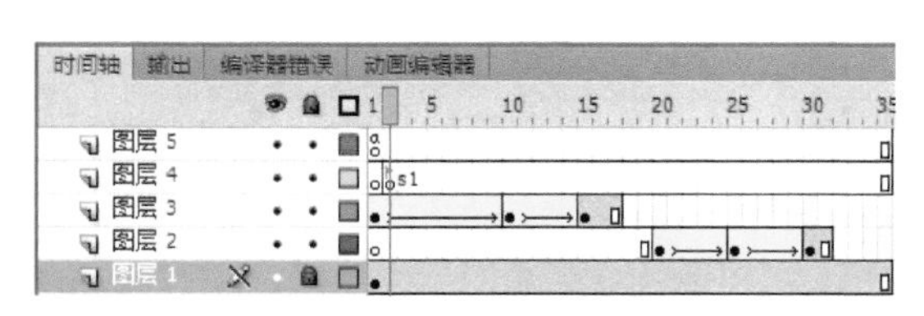

图 3-43 “水晶球”时间轴面板

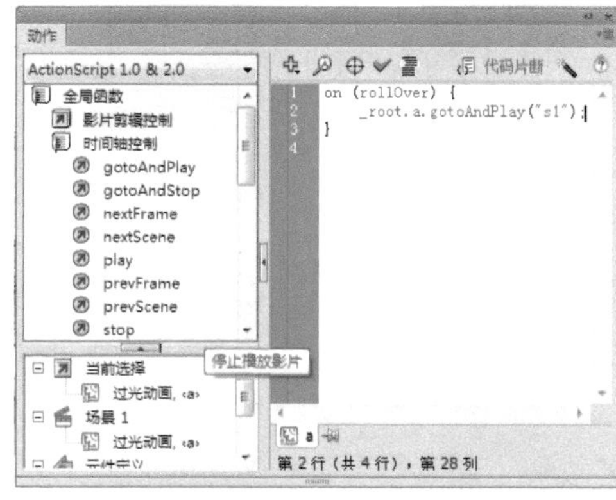

图 3-44 “水晶球”动作面板

（8）按 Ctrl+Enter 组合键打开 Flash Player 测试影片，按组合键 Ctrl+S 保存动画，动画即制作完成。

动手做 3 设置形状提示点——丑小鸭

在创建形状补间动画时，有时计算机生成的变化方式和路径并不是我们理想的方式，这时可以不采用默认的变换，而是给两个关键帧中的图形设置对应的形状提示点，以控制动画的渐变过程。

动画概述：“丑小鸭”的动画播放后，如图 3-45 所示，可以看到丑小鸭蜕变成天鹅的过程。制作过程中需要使用形状提示点控制图形形变的过程，并使用工具箱内的各类工具绘制小河背景。

图 3-45 “丑小鸭”动画

操作步骤：

（1）选择文件→新建菜单选项，选择“ActionScript 3.0”选项，新建一个 Flash 文档，命名为“丑小鸭”。

（2）新建图形元件“背景”，进入元件编辑状态。单击工具箱中的多角星形工具按钮，绘制花朵轮廓，选择椭圆工具，设置好填充和笔触，绘制花蕊。使用相同方法，绘制好背景中的其他组件，按组合键 Ctrl+G 将它们组合。绘制完成后，将元件放置在主场景中，锁定图层。

（3）新建图层 2，在第 1 帧中使用钢笔工具绘制小鸭子，在第 30 帧中插入关键帧，绘制天鹅。需要注意的是，制作形状补间动画时，对象必须为散件，即分散的图形。选择小鸭子，执行修改→形状→添加形状提示菜单命令或按组合键 Ctrl+Shift+H，此时舞台中会出现一个用字母标记的红色小圆圈，即形状提示点，如图 3-46（a）所示。多次执行命令则添加多个形状提示点，它们都按字母顺序标识。

（4）在第 1 帧关键帧的小鸭子形状上确定一个点，用选择工具选择并移动形状提示点，把它放置在动画中需要与最后一帧的天鹅形状匹配的区域。单击第 30 帧时，会发现天鹅形状上出现一个与第 1 帧上的形状提示点相对应的形状提示点，如图 3-46（b）所示，把天鹅的形状提示点匹配到与小鸭子形状对应的位置。此时形状提示点的颜色由红色变为绿色，第 1 帧中的形状提示点由红色变成了黄色，如图 3-46（c）、（d）所示，这表示形状提示点已经在两个图形间建立了正确的链接。

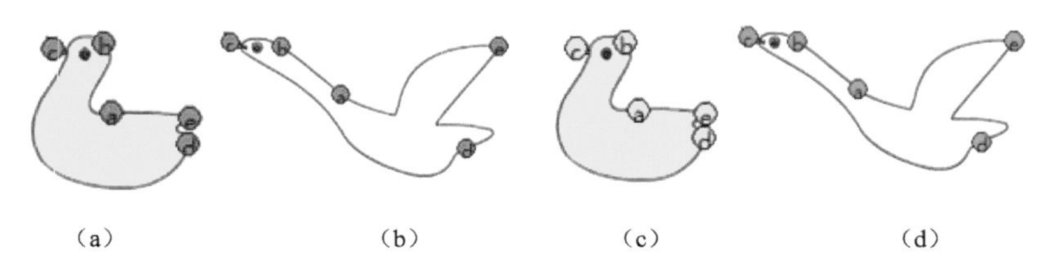

（a）　　（b）　　（c）　　（d）

图 3-46　“丑小鸭”形状提示点

提示

在放置形状提示点时，应该保证提示点被放置在图形的边框线上（在移动形状提示点时，提示点应被捕捉于图形边框线上的点）。在形状提示点上单击鼠标右键，可以通过弹出的快捷菜单对形状提示点进行添加、删除和显示等操作。

（5）在时间轴的任意一帧上按 Enter 键预览动画效果，通过观看新的形变过程，调整或加入新的形状提示点，直到动画产生理想的形变过程。

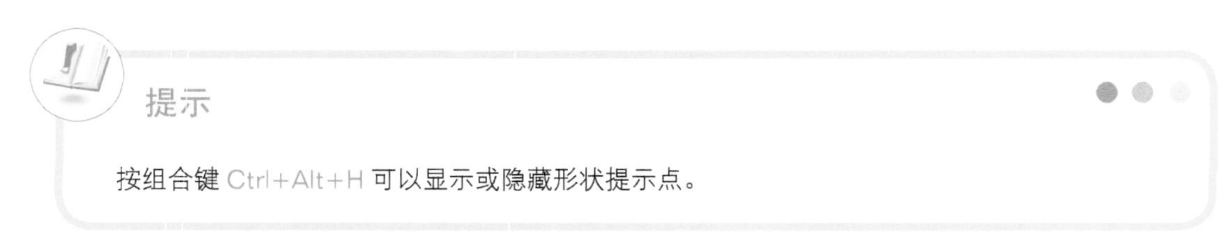

提示

按组合键 Ctrl+Alt+H 可以显示或隐藏形状提示点。

（6）按 Ctrl+Enter 组合键打开 Flash Player 测试影片效果，生成 swf 文件。按组合键 Ctrl+S 保存动画，动画即制作完成。

课后练习与指导

一、选择题

1.（　　）的制作只需给出动画序列中的起始帧和终结帧，中间的过渡帧可通过 Flash 自动生成。

A．逐帧动画　　B．形状补间动画　　C．运动补间动画　　D．蒙板动画

2．常见的动画类型有（　　）。

A．逐帧动画　　B．形状补间动画

C．运动补间动画　　D．蒙板动画和行为动画

3．在时间轴列表中，有许多标记图符代表着不同的意义，下列说法正确的是（　　）。

A．虚线代表在创建补间动画中出了问题

B．当一个小红旗出现在帧上方时,表示此帧为关键帧

C．实线表示补间动画创建成功

D．当一个小写字母“a”出现在帧上时，表示此帧已被指定了某个动作

4．关于运动补间动画，说法正确的是（　　）。

A．运动补间是发生在不同元件的不同实例之间的

B．运动补间是发生在相同元件的不同实例之间的

C．运动补间是发生在打散后的相同元件的实例之间的

D．运动补间是发生在打散后的不同元件的实例之间的

5．Flash 中的形状补间动画和动作补间动画的区别是（　　）。

A．两种动画很相似

B．在现实当中两种动画都不常用

C．形状补间动画比动作补间动画容易

D. 形状补间动画只能对打散的物体进行制作，动作补间动画能对元件的实例进行制作

二、填空题

1．Flash 动画分为________和补间动画，其中补间动画又分为______和______动画。

2．按____________键可创建关键帧，按____________键可创建空白关键帧，按____________键可创建普通帧。

三、简答题

1．Flash 基本动画类型分为哪几类？

2．逐帧动画的特点是什么？

3．简述补间动画的分类。

4．传统补间动画与补间形状动画的区别有哪些？

5．简述动画预设的应用场合。

四、实践题

练习 1：利用逐帧动画制作原理，制作小动物奔跑动画，如图 3-47 所示。

练习 2：制作儿童游乐园传统补间动画，如图 3-48 所示。

图 3-47　小动物奔跑动画

图 3-48　儿童游乐园传统补间动画

练习 3：制作小熊滑冰传统补间动画，如图 3-49 所示。
练习 4：制作飘扬的头发形状补间动画，如图 3-50 所示。

图 3-49　小熊滑冰传统补间动画

图 3-50　飘扬的头发形状补间动画

练习 5：利用动画预设，制作蹦蹦球动画，如图 3-51 所示。

图 3-51　蹦蹦球动画

模 块

04 高级动画类型的制作

你知道吗

在 Flash 中，很多效果丰富的动画都运用了遮罩动画、引导动画和文本动画等动画类型。利用遮罩动画可以方便快捷地制作出层次感丰富的动画效果，而让动画按照规定好的路径运动则称为引导动画，关键是对引导层的使用和理解。好的动画效果一定是图文并茂的，Flash 动画的制作离不开文本，结合遮罩等动画类型，可以制作出漂亮的文字动画效果。

学习目标

- 了解 Flash 高级动画类型
- 掌握遮罩动画的制作
- 掌握 Flash 文本工具的基本操作
- 掌握引导层动画的制作
- 了解遮罩层与被遮罩层、引导层与被引导层之间的联系

项目任务 4-1 遮罩动画

遮罩动画，顾名思义，是选择性地隐藏对象。可是现实生活中，遮罩是隐藏在物体后面的对象，而在 Flash 中相反，遮罩层用来选择后面对象的可视区域。遮罩动画将一个图层设置为遮罩层，此图层中的对象将不被显示，相应地转换为遮罩对象，其他图层可选择为被遮罩层，被遮罩层中的对象只有在遮罩对象屏蔽的区域才可以显示。

动手做 1 遮罩动画

利用遮罩层的特性，可以制作很多特殊效果，如放大镜、卷轴、百叶窗效果，通常有 3 种方法：

（1）在遮罩层内制作对象移动、大小改变、旋转或变形等动画。

（2）在被遮罩层内制作对象移动、大小改变、旋转或变形等动画。

（3）在遮罩层和被遮罩层内制作对象移动、大小改变、旋转或变形等动画。

制作遮罩动画时，需要用到两个图层，即遮罩层和被遮罩层，如图 4-1 所示。播放动画时，遮罩层上的内容不会被显示出来，被遮罩层上位于遮罩层之外的内容也不会被显示。如图 4-2 所示，遮罩层为一个圆形和一个五边形，被遮罩层为一

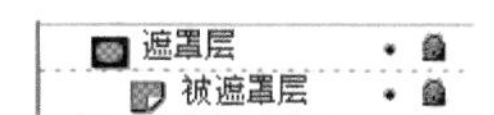

图 4-1 遮罩层与被遮罩层

张风景图片。

图 4-2　遮罩效果

遮罩层上可以创建的对象包括元件实例、矢量图形、位图、文字，但不能是线条，如果是线条，一定要将其转换为填充；被遮罩层上可以创建的对象包括元件实例、矢量图形、位图、文字或线条等。

动手做 2　创建遮罩层——春暖花开动画

动画概述：“春暖花开”的动画播放后，如图 4-3 所示，可以看到，浮云飘动，春意阑珊的景色慢慢出现，由浅入深，越来越清晰的效果。制作过程中需要创建遮罩层，添加补间形状动画。

图 4-3　“春暖花开”动画

操作步骤：

（1）选择文件→新建菜单选项，选择“ActionScript 3.0”选项，新建一个 Flash 文档，命名为“春暖花开”。

（2）单击文件→导入→导入到库菜单命令，将背景图片等素材导入到库中；使用套索工具将天空部分与草地部分分离，并分别转换为图形元件，命名为“蓝天”和“草地”，放置在不同的图层中。

（3）新建图形元件“浮云”，将素材图片中的白云拖曳进来，组成多层云朵的效果。新建“浮云动画”的影片剪辑元件，将“浮云”图形元件放入第 1 帧中，位于舞台左侧，在第 700 帧的位置转换为关键帧，将“浮云”水平拖曳至舞台右侧，为其创建传统补间动画，制作出浮云飘动的动画效果。

（4）新建图层，命名为“遮罩”。单击工具箱中的矩形工具按钮，笔触设置为无，填充可以设置任意颜色，在舞台中拖曳出与“草地”图形元件高度匹配的矩形，置于舞台左侧。在第 35 帧插入帧，选择任意变形工具，将矩形的宽度扩大至舞台的一半，在 1～35 帧中间任意一帧单击鼠标右键，选择“创建补间形状”。在“属性”面板中将“草地”图形元件的 Alpha 值修改为 50。

提示

遮罩层上的图形无论采用何种颜色、位图或者透明度，遮罩效果都相同，播放时不显示。

（5）将“遮罩”图层拖曳至“草地”图层的上方，在“遮罩”图层上单击鼠标右键，在弹出的快捷菜单（如图 4-4 所示）中勾选遮罩层。注意，勾选完成后，遮罩层与被遮罩层会显示特定的图标，并自动锁定图层。用同样的方法，制作“草地”元件的另一半遮罩层，但需要复制一个“草地”图层，作为另一半遮罩层的被遮罩层。

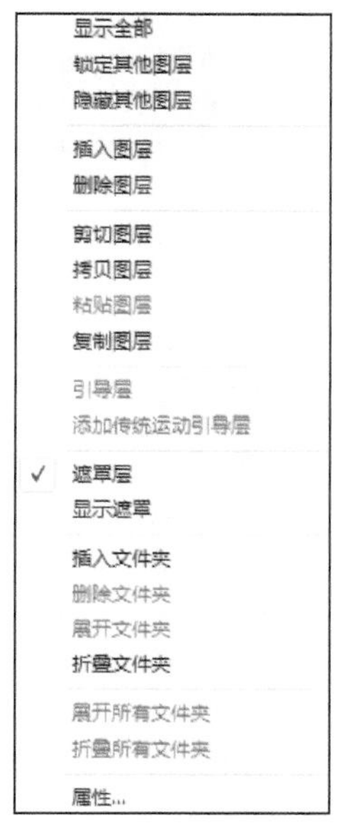

图 4-4　图层快捷菜单

（6）新建图层，作为遮罩层。在第 40 帧处插入空白关键帧，同样绘制矩形，置于舞台中轴线，在第 85 帧处插入关键帧，使用任意变形工具放大矩形宽度，添加补间形状动画。复制“草地”图层，将元件的 Alpha 值设置为 100，作为被遮罩层，创建遮罩动画。使用相同方法制作另一半动画效果。

（7）新建图层，命名为“椅子”。将椅子素材导入库中，转换为图形元件。在第 85 帧处插入空白关键帧，在“库”面板中将“椅子”元件拖入舞台，设置 Alpha 值为 0。在第 105 帧处转换为关键帧，将 Alpha 值设置为 100，创建传统补间动画。

（8）按 Enter 键可测试动画在时间轴上的播放效果。保存文件后，按 Ctrl+Enter 组合键打开 Flash Player 播放影片。

动手做 3　遮罩动画——相片显示

动画概述：“相片显示”的动画播放后，如图 4-5 所示，可以看到相片按椭圆的形状不规则显示的效果。制作过程中主要利用 Flash 的补间形状，制作相片遮罩的动画效果。通过实例的学习，读者要熟练掌握制作遮罩动画中补间形状动画遮罩的应用。

图 4-5　“相片显示”动画

操作步骤：

（1）选择文件→新建菜单选项，选择“ActionScript 3.0”选项，新建一个 Flash 文档，命名为“相片显示”。

（2）将一张素材图片导入“库”中，转换为图形元件，命名为“相片”。在第 100 帧处插入关键帧，控制影片长度。新建图层 2，选择工具栏中的椭圆工具，设置笔触为无，在场景中绘制正圆，如图 4-6（a）所示。在第 5 帧处插入关键帧，使用任意变形工具并按住 Shift 键拖曳鼠标将正圆等比例扩大，如图 4-6（b）、（c）所示。在 1～5 帧间设置“补间形状”，并在“图层 2”的图层名称上单击鼠标右键，在弹出的快捷菜单中选择“遮罩层”命令，“相片显示”的图层如图 4-7 所示。

（a）　（b）　（c）

图 4-6　“相片显示”遮罩效果

（3）新建图层 3，在“库”面板中将“相片”元件拖入场景，在“对齐”面板中将其与舞台对齐。新建图层 4，在第 5 帧处同样绘制正圆的遮罩层，在第 10 帧将正圆等比例扩大，设置补间形状动画，创建遮罩层。

（4）用同样的制作方法，制作出其他图层，完成后的“时间轴”面板如图 4-8 所示。

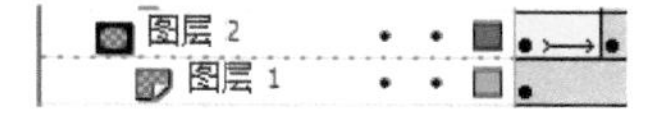

图 4-7　“相片显示”图层

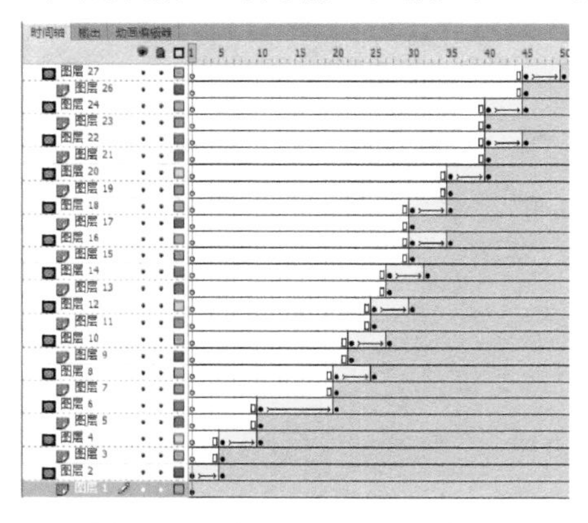

图 4-8　“相片显示”时间轴面板

（5）按 Enter 键可测试动画在时间轴上的播放效果。保存文件后，按 Ctrl+Enter 组合键打开 Flash Player 播放影片。

项目任务 4-2　特殊效果动画制作

Flash 提供了两类特别的工具——Deco 工具和 3D 工具。使用 Deco 工具，可以用任意的图形形状或对象创建复杂的图案；使用 3D 变形工具，可以在 3D 空间对 2D 对象进行动画处理。

动手做 1　使用 Deco 工具——火焰动画

Deco 工具是装饰性绘图工具，如图 4-9 所示，使用该工具可以将创建的图形形状转变为复杂的几何图案。Flash CS6 中一共提供了 13 种绘制效果，包括藤蔓式填充、网格填充、对称刷子、3D 刷子、建筑物刷子、装饰性刷子、火焰动画、火焰刷子、花刷子、闪电刷子、粒子系统、烟动画和树刷子。

动画概述："火焰动画"的动画播放后，如图 4-10 所示，可以看到相片按椭圆的形状不规则显示的效果。

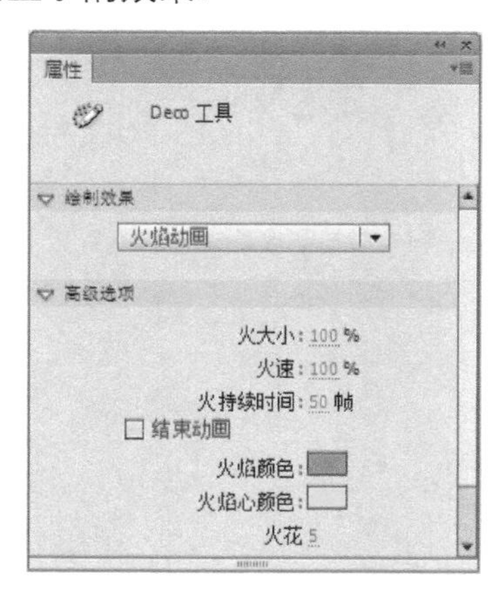

图 4-9 "Deco 工具"面板

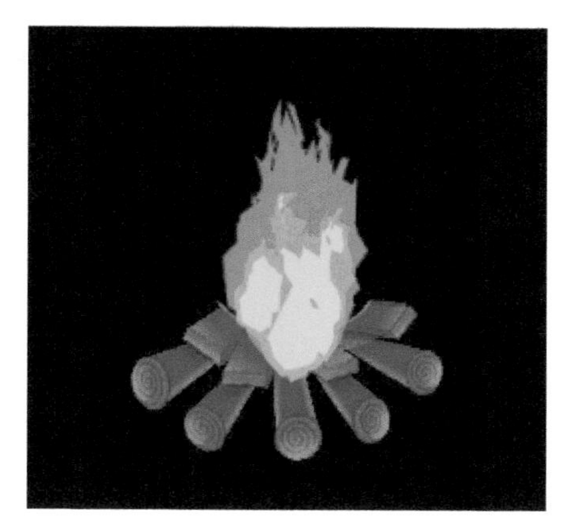

图 4-10 "火焰动画"效果

操作步骤：

（1）选择文件→新建菜单选项，选择"ActionScript 3.0"选项，新建一个 Flash 文档，命名为"火焰动画"。打开"属性"面板，修改舞台大小为 390px×340px，设置"舞台颜色"为黑色。

（2）执行文件→导入→导入到舞台菜单命令，将一张素材图片导入到舞台中，按 F8 键转换为"柴堆"图形元件。使用任意变形工具修改其大小，并调整元件到合适的位置，在第 50 帧按 F5 键延续帧播放长度。

（3）新建"火焰"影片剪辑元件，选择工具箱内的 Deco 工具，在"属性"面板中选择"绘制效果"为"火焰动画"，可以对火焰的各个参数进行设置，此时保持默认设置即可，如图 4-9 所示。在舞台中单击，Flash 会自动生成一个火焰燃烧的逐帧动画效果。

（4）返回主场景中，新建图层 2，在"库"面板中将"火焰"元件拖曳至场景中，调整元件大小和位置，使其与"柴堆"对齐。

（5）保存文件后，按 Ctrl+Enter 组合键打开 Flash Player 测试影片，最终效果如图 4-10 所示。

动手做 2　闪电刷子——制作闪电动画

闪电刷子，顾名思义，Flash 自动生成闪电的动画效果，如图 4-11 所示，具体操作步骤如下。

（1）选择文件→新建菜单选项，选择"ActionScript 3.0"选项，新建一个 Flash 文档，命名为"闪电动画"。打开"属性"面板，修改文档尺寸及背景颜色，单击"确定"按钮。

（2）在工具箱中选择矩形工具，执行窗口→颜色命令，打开"颜色"面板，在"颜色"面板中将填充颜色设置为线性渐变，并修改线性渐变的颜色值为深蓝色到浅蓝色的变换。在场景中绘制一个矩形效果，选择渐变变形工具，对填充效果进行设置。

（3）新建"闪电"影片剪辑元件，选择 Deco 工具，在"属性"面板中选择"绘制效果"为"闪电刷子"，修改闪电的颜色为纯白色，勾选"动画"选项，设置"光束宽度"

为 4px，如图 4-12 所示。在舞台中单击，即自动生成一个闪电的逐帧动画效果。

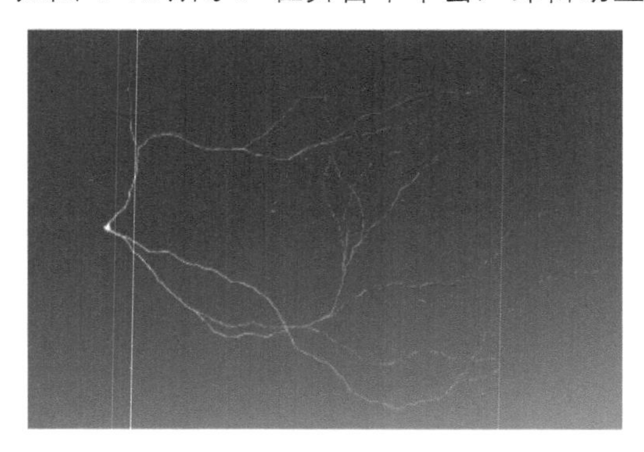

图 4-11　“闪电动画”效果

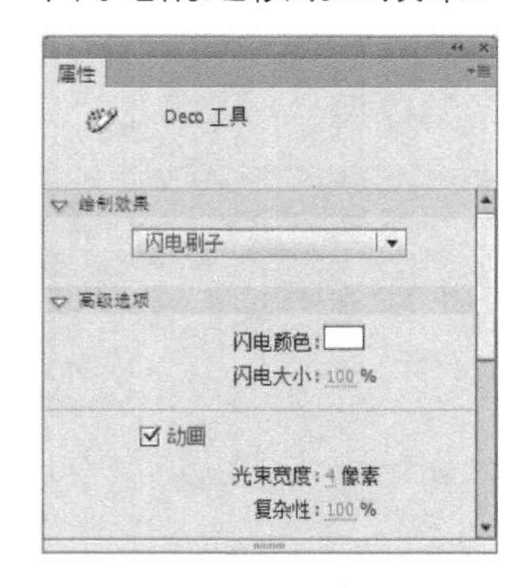

图 4-12　参数设置

（4）返回主场景中，新建图层 2，打开“库”面板，将“闪电”元件拖曳至场景中。

（5）保存文件后，按 Ctrl+Enter 组合键打开 Flash Player 测试影片，效果如图 4-11 所示。

动手做 3　3D 工具——旋转星星

3D 工具在 Flash 工具箱中是一个工具组，包括两个工具：3D 平移工具和 3D 旋转工具。使用“3D 平移工具”，能够在 3D 空间中移动影片剪辑的位置，使得影片剪辑实例获得与观察者的距离感；使用“3D 旋转工具”，可以在 3D 空间中对影片剪辑实例进行旋转，旋转实例可以获得与观察者之间形成一定角度的效果。

操作步骤：

（1）选择文件→新建菜单选项，选择“ActionScript 3.0”选项，新建一个 Flash 文档，命名为“闪电动画”。打开“属性”面板，修改文档尺寸及背景颜色，单击“确定”按钮。

（2）执行文件→导入→导入到舞台菜单命令，将一张素材图片导入到舞台中，与舞台匹配宽高并对齐。新建图层 2，继续导入一张素材图片，调整其大小与位置。

（3）新建“星星”影片剪辑元件，将“星星”素材图拖入舞台中。新建“星星动画”影片剪辑元件，从“库”面板中将“星星”元件拖入，在时间轴第 16 帧位置插入帧，在第 1 帧上单击鼠标右键，在弹出的快捷菜单中选择“创建补间动画”。选择 3D 旋转工具，将播放头移动到第 16 帧位置，如图 4-13 所示。打开“变形”面板，在“变形”面板中直接修改 3D 旋转的 Y 轴角度，可以实现旋转动画的制作，如图 4-14 所示。

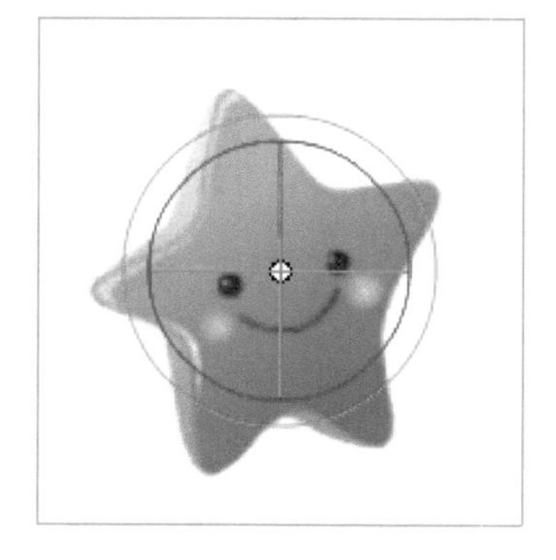
图 4-13　“旋转星星”3D 旋转

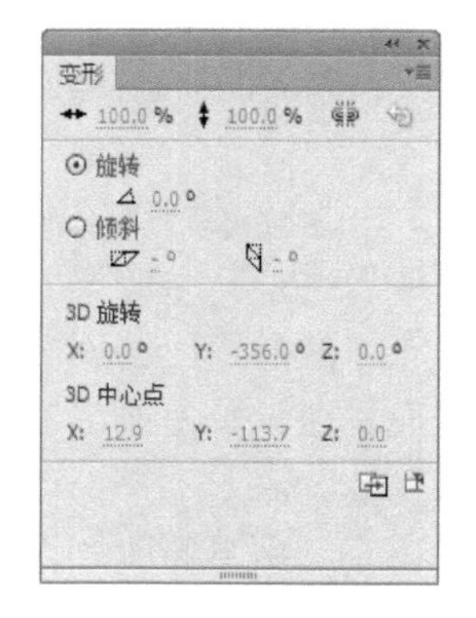

图 4-14　“变形”面板

（4）返回主场景中，新建图层3，在“库”面板中将“星星动画”元件拖入场景中。

（5）保存文件后，按 Ctrl+Enter 组合键打开 Flash Player 测试影片，效果如图 4-15 所示。

图 4-15 “旋转星星”效果

提示

使用“3D 工具”，被操作对象必须是影片剪辑元件。

动手做 4 骨骼动画——小女孩行走

骨骼工具主要用来制作反向运动动画，也称为 IK（Inverse Kinematics）运动动画。所谓反向运动，指的是一个物体在运动的同时会带动另一个物体进行运动，这种关系就称为反向运动。其中，运动的物体称为子对象，被带动的物体称为父对象。骨骼工具可以应用于元件和散件。

绑定工具用来调整对象与骨骼之间的变形关系，可以编辑单个骨骼和形状控制点之间的连接，但只作用于散件。调节关节点的位置，元件可使用任意变形工具，散件可使用部分选择工具。

动画概述：“小女孩行走”的动画运用“骨骼工具”的编辑方法，依据二维动画的运动规律，创建小女孩走路的动作，效果如图 4-16 所示。

图 4-16 “小女孩行走”效果

操作步骤：

（1）选择文件→新建菜单选项，选择“ActionScript 3.0”选项，新建一个 Flash 文档，命名为“小女孩行走”。

（2）添加骨骼。将小女孩的各个部件分散到图层中，选中舞台上的小女孩，单击鼠标右键选择“分散到图层”命令，并根据位置关系调整好图层顺序。

（3）在工具栏中选择骨骼工具，分别为“左手”、“左脚”、“右手”、“右脚”添加骨骼，如图 4-17 所示。添加好“骨骼”后，在对应的图层上会自动生成“骨骼图层”（姿势图层），“时间轴”面板如图 4-18 所示。

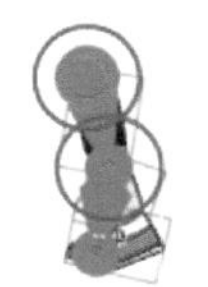
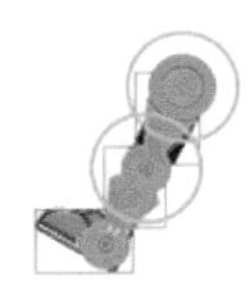

图 4-17 “小女孩行走”骨骼节点

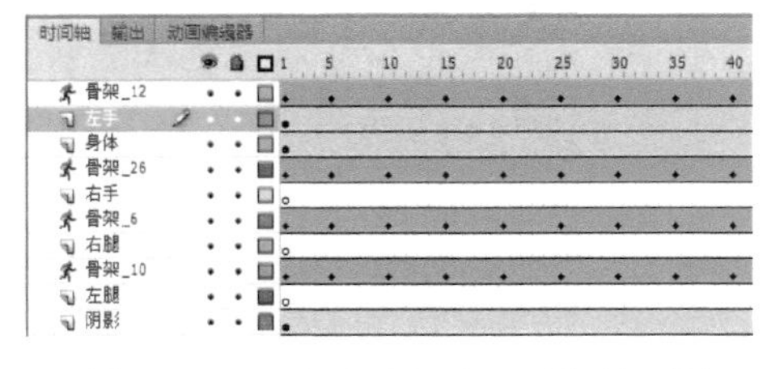

图 4-18 “小女孩行走”时间轴面板

提示

在向实例添加骨骼时，Flash 将每个实例移动到时间轴中的新图层。新图层称为姿势图层，与给定骨架关联的所有骨骼和元件实例都驻留在姿势图层中，每个姿势图层只能包含一个骨架。当某个形状转换为骨骼形状后，它就无法再与除骨骼形状外的其他图形合并了。

（4）按 Shift 键从上至下选中第 50 帧，插入帧，创建补间动画。

（5）按 Shift 键从上至下选中第 5 帧，在工具栏中选择选择工具，分别在 4 个部位按住骨骼末端，根据运动规律调整第 5 帧姿势，即左脚稍向前移，右脚稍向后移，左手稍向后移，右手稍向前移。如图 4-19 所示，为了更好地观察前后张的位置，可以单击绘图纸外观按钮。

图 4-19 “小女孩行走”绘图纸外观

（6）选中第 10 帧，分别在 4 个部位按住骨骼末端，根据运动规律调整第 10 帧姿势，即左脚稍作抬起，右脚稍作后移，左手继续向后，右手向前。

（7）全选第 15 帧，分别选中 4 个部位，根据运动规律调整姿势，即左脚向前移，右脚向后移，此时左、右脚的相对位置发生了变化，左脚位于右脚前方，左手继续向后，右手继续向前。

（8）使用相同方法，分别在第 20、25、30、35 和 40 帧的位置调整运动姿势。一个完整的行走姿势完成后，就形成了一个循环，在 Flash 中将自动返回第 1 帧播放。

（9）测试影片后，按组合键 Ctrl+S 保存文件。

项目任务 4-3 引导层动画

引导层动画是利用引导层制作的一种重要动画，在制作引导动画时会使用到引导层和被引导层，在引导层中绘制线条，便可以让引导层上的对象沿着线条运动。在动画播放时，引导层上的内容不被显示。

引导层上绘制的是引导路径，这些线条可以是使用钢笔工具、铅笔工具、线条工具、椭圆工具、矩形工具或画笔工具绘制出来的。被引导层上可以创建的对象包括元件实例、文字、群组等，也可以是分散的矢量图形。

动手做1 添加传统引导层——汽车行驶动画

动画概述：“汽车行驶”的动画运用遮罩动画和引导层动画，制作汽车沿公路行驶的动画效果，如图4-20所示。本案例主要讲解利用传统运动路径创建简单的引导层动画，读者可以了解与掌握如何在动画中更好地利用传统运动路径，并对引导层动画有更深入的了解。

操作步骤：

（1）选择文件→新建菜单选项，选择“ActionScript 3.0”选项，新建一个Flash文档，命名为“汽车行驶”。

（2）将背景图片导入舞台中，转换为影片剪辑元件。选择“变形”面板，在3D旋转一栏中调整X、Y、Z轴的角度。在第100帧处插入帧，控制影片长度，锁定图层。

（3）新建“汽车行驶”影片剪辑元件，将图层1设置为“引导层”。在“引导层”中绘制引导线，由主场景中进入元件编辑状态，可以将背景延续，单击钢笔工具按钮，按照公路的轮廓绘制引导线，如图4-21所示。

图4-20 “汽车行驶”动画

图4-21 “汽车行驶”引导线

（4）新建图层2，将“小车”影片剪辑元件拖入舞台，在第1帧处将“小车”的变形中心与引导线首端对齐。在第20帧处插入关键帧，将小车的位置移动到公路前方，使用任意变形工具调整“小车”的位置角度与大小，创建传统补间动画。需要注意的是，被引导层上的对象的变形中心一定要位于引导线上，否则无法引导，如果为不规则对象，则可以适当调整其变形中心的位置。另外，单击选中工具箱中的贴近至对象按钮，可以使对象更容易吸附到引导线上。

提示

创建引导层有两种方法：①右击需要转换为引导层的图层，在弹出的菜单中单击“引导层”菜单选项，将图层先转换为“引导层”（此时图标为，并未建立引导关系），然后用鼠标将需要转换为被引导层的图层拖曳到引导层下方，使其向右缩进变为被引导层，当引导层图标转换为时，说明确立引导关系；②在图层名称上直接右击，勾选“添加传统运动引导层”菜单选项。

（5）分别在第25帧和第35帧处插入关键帧，调整“小车”大小和旋转角度，创建传统补间动画。在第37帧和第42帧处插入关键帧，在转弯处调整车头方向，同样创建传统补间动画。在第45帧和第52帧处插入关键帧，其中最后一帧将元件透明度调整为0，形成车辆渐渐远去消失的效果。

（6）返回主场景中，制作开场动画。新建图层，将“小车”影片剪辑元件拖入，在“属性”面板中添加一个“模糊”的滤镜效果，产生小车快速开动的动画效果。在第 20 帧处插入关键帧，去除“模糊”滤镜，调整“小车”位置，创建传统补间动画。用同样方法制作出后面两段小车开动的动画效果。

（7）新建图层，在第 51 帧放入“汽车行驶”影片剪辑元件。新建图层作为其遮罩层，根据背景图片的大小和轮廓绘制遮罩层图形，如图 4-22 所示，创建遮罩层动画，产生小车跳入画面的动画效果。

（8）测试影片后，按组合键 Ctrl+S 保存文件。

动手做 2　路径跟随动画——音符飘动

动画概述：“音符飘动”的动画运用遮罩动画和引导层动画，音符不断飘出，沿着不同的轨道飘扬，效果如图 4-23 所示。

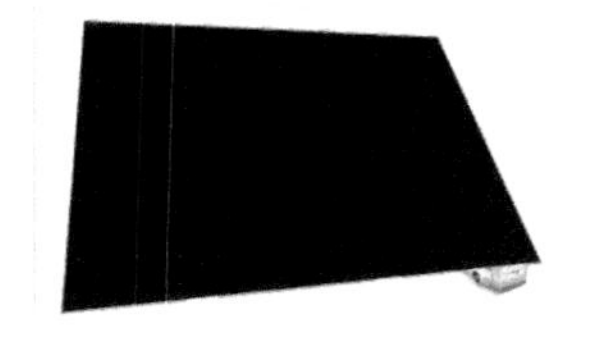

图 4-22　“汽车行驶”遮罩层

图 4-23　“音符飘动”动画

操作步骤：

（1）选择文件→新建菜单选项，选择“ActionScript 3.0”选项，新建一个 Flash 文档，命名为“音符飘动”。

（2）将“五线谱”图片素材导入“库”中。新建“音符动画”影片剪辑元件，将“五线谱”图片拖入第 1 帧中，调整大小。在第 185 帧处插入帧，控制影片长度。

（3）导入音符素材。新建“音符”影片剪辑元件并进入编辑区，绘制单个音符的引导层动画。在图层 1 上单击鼠标右键，选择引导层或添加传统运动引导层菜单选项，添加引导层。单击工具栏中的钢笔工具按钮，绘制引导线，如图 4-24 所示。绘制引导线时应注意平滑和流畅，转折点过多或者转弯过急，线条中断或者交叉重叠，都可能导致引导线不能成功引导。

（4）在被引导层中拖入音符元件。调整被引导层上音符的位置时，首帧上的实例中心点与运动引导线的首端对齐，末帧上的实例中心点与运动引导线的末端对齐，创建补间动画。其中，将首帧处的元件 Alpha 值设置为 0，在第 20 帧处插入关键帧，调整音符到适当位置，更改元件 Alpha 值为 100。按 Enter 键，观察音符是否沿着引导线运动，如果不是，应重新调整音符的位置，直到其沿着引导线运动为止，时间轴面板如图 4-25 所示。

图 4-24　“音符飘动”引导线

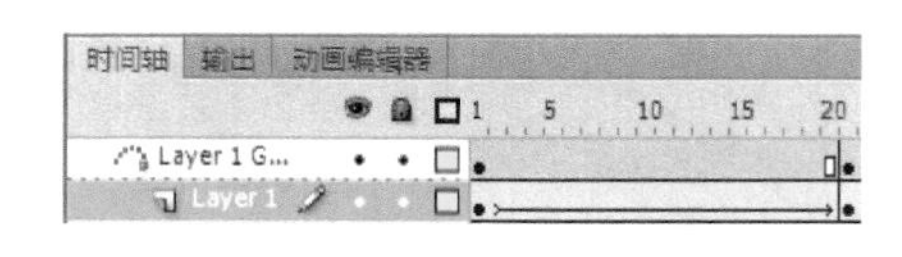

图 4-25　“音符飘动”时间轴面板

（5）采用相同方法，新建影片剪辑元件，制作不同音符元素的引导层动画。

（6）返回“音符动画”影片剪辑元件，根据音符飘出的时间先后顺序和位置，在不同的帧位置插入“音符”元件，可交叉错开摆放。

（7）新建图层，在第 185 帧处插入空白关键帧，添加脚本代码 stop()函数，控制影片播放次数。

（8）按 Enter 键可测试动画在时间轴上的播放效果。保存文件后，按 Ctrl+Enter 组合键打开 Flash Player 播放影片。

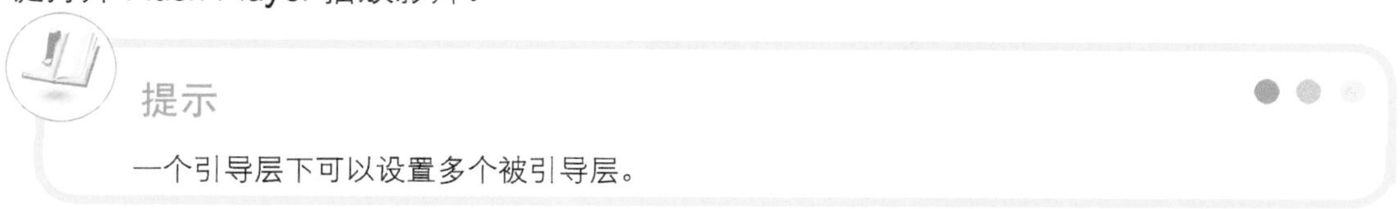

提示

一个引导层下可以设置多个被引导层。

项目任务 4-4 文本动画

在 Flash 中制作出图文并茂的动画，一定离不开文字。文本工具 T 给我们提供了强大的功能，通过结合逐帧、补间和遮罩等动画形式，可以制作出漂亮的文本动画效果。

输入文本：单击工具箱内的“文本工具”，再单击舞台工具区，会出现一个矩形文本框，如图 4-26 所示，文本框右上角有一个小圆控制柄，表示它是延伸文本，随着文字的输入，文本框会自动向右延伸。如果需要换行，按 Enter 键即可。拖曳文本框的小圆控制柄，可改变文本的行宽度，形成固定行宽的文本框，此时文本框的小圆控制柄变为方形控制柄。

图 4-26　文本工具

文本属性设置如图 4-27 所示。

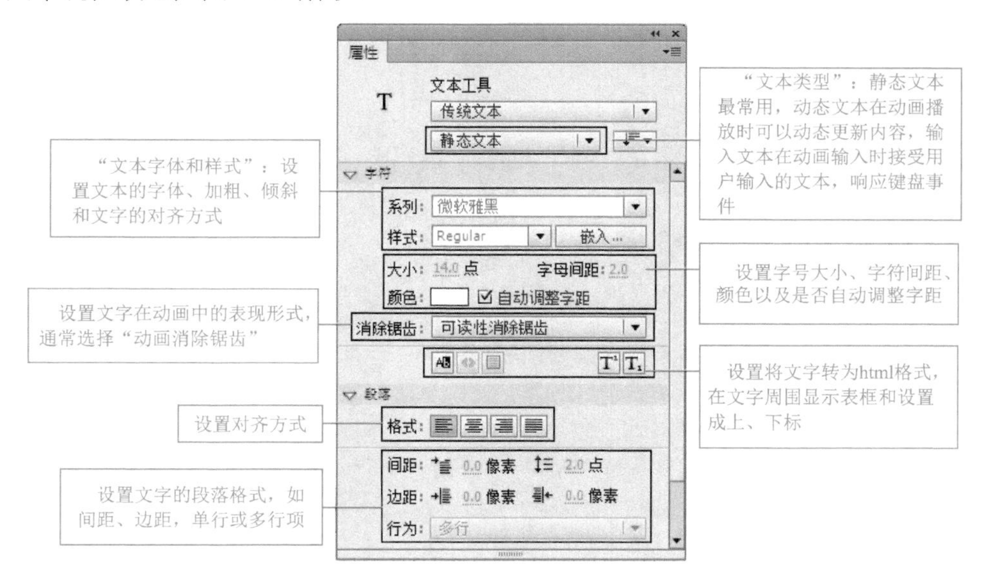

图 4-27　“文本工具”属性面板

动手做 1　文本工具和遮罩层——百叶窗文字

动画概述：“百叶窗文字”运用遮罩层制作百叶窗动画效果，主要在文本动画中应用遮罩动画和“传统补间”制作动画。测试动画效果如图 4-28 所示。

操作步骤：

（1）选择文件→新建菜单选项，选择“ActionScript 3.0”选项，新建一个 Flash 文档，命名为“百叶窗文字”。

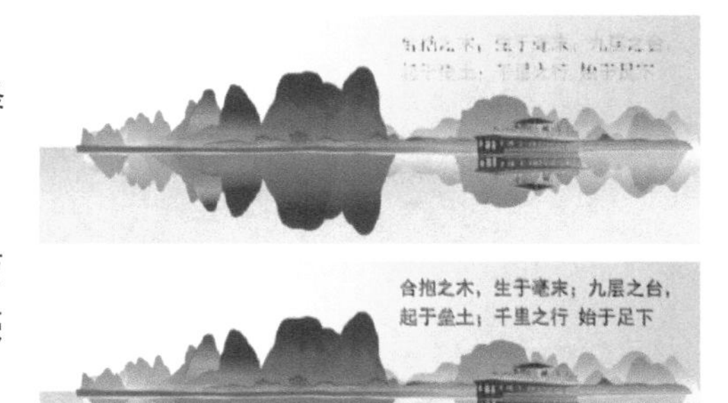

》图 4-28 “百叶窗文字”效果

（2）新建影片剪辑元件“文字”，单击工具箱中的文本工具按钮T，输入“合抱之木，生于毫末；九层之台，起于垒土；千里之行 始于足下”文字。

（3）新建“条集合”影片剪辑元件。使用矩形工具，在场景中绘制宽为 5px、高为 20px 的矩形。用同样的绘制方法，在场景中绘制出多个矩形，完成后的场景效果如图 4-29（a）所示。

（4）新建“文本动画”影片剪辑元件，在第 1 帧拖入“文字”元件，在第 100 帧插入帧，设置第 1 帧中的元件 Alpha 值为 0，创建传统补间动画。新建图层 2，将“文本”元件再次拖入场景中，需要注意的是，图层 1 与图层 2 中的文本位置需要完全一致，可以按组合键 Ctrl+Shift+V 原位置粘贴。

（5）新建图层 3，将“条集合”元件从“库”面板中拖入场景中。在第 100 帧插入关键帧，选择任意变形工具并按住 Shift 键将“条集合”等比例放大，如图 4-29（b）所示，创建“传统补间”动画。将图层 3 设置为“遮罩层”，如图 4-30 所示。

（a）　　（b）

》图 4-29 “百叶窗文字”遮罩

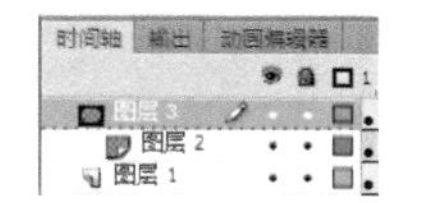

》图 4-30 “百叶窗文字”图层

（6）按 Enter 键可测试动画在时间轴上的播放效果。保存文件后，按 Ctrl+Enter 组合键打开 Flash Player 播放影片。

》动手做 2　形状补间——隐形文字动画

动画概述：“隐形文字”的动画主要利用“矩形工具”绘制矩形，再利用补间形状动画制作矩形的变形动画，最后将制作的矩形动画元件作为遮罩层，从而制作出隐形文字动画效果，如图 4-31 所示。

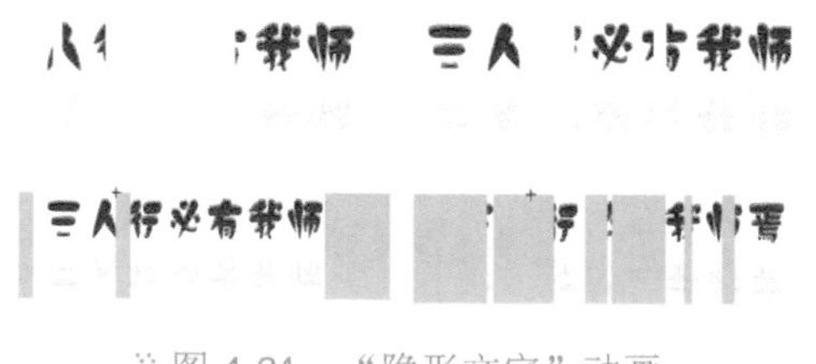

》图 4-31 “隐形文字”动画

操作步骤：

（1）选择文件→新建菜单选项，选择“ActionScript 3.0”选项，新建一个 Flash 文档，

命名为“隐形文字”。

（2）新建名称为“矩形动画”的影片剪辑元件，使用矩形工具，在场景中绘制宽为 10px、高为 90px 的矩形，如图 4-32（a）所示。在第 15 帧插入空白关键帧，同样使用矩形工具在场景中绘制宽度不一、高度为 90px 的多个矩形，如图 4-32（b）所示。在第 30 帧插入空白关键帧，在场景中绘制多个矩形，这些矩形在之后的遮罩动画中作为遮罩层使用。

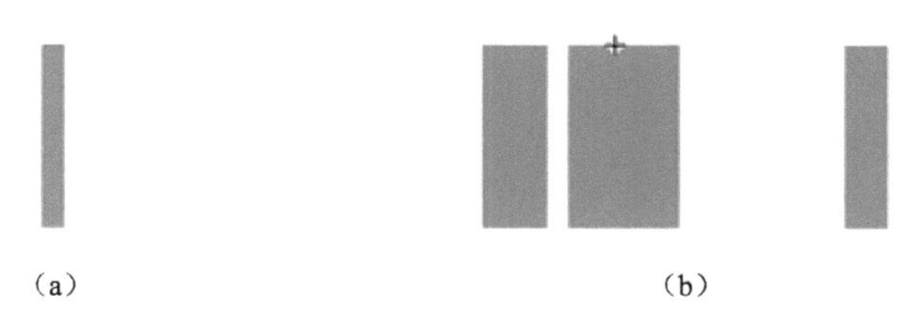

图 4-32　“矩形动画”形变

（3）在第 100 帧插入空白关键帧，在场景中绘制多个矩形。分别创建第 1 帧、第 15 帧、第 30 帧、第 50 帧和第 85 帧上的“补间形状”动画。新建图层 2，根据图层 1 的制作方法，在相应的位置插入空白关键帧，并绘制矩形，完成后的“时间轴”面板如图 4-33 所示。

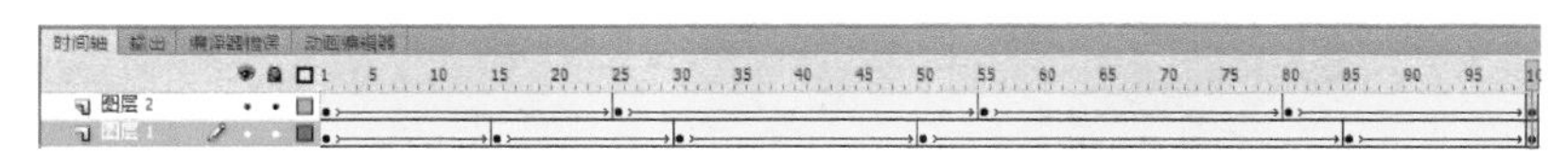

图 4-33　“矩形动画”时间轴面板

（4）新建“隐形文字”影片剪辑元件，单击工具箱中的文本工具按钮，在“属性”面板中设置文字的样式、大小及字间距。输入好文本内容后，执行两次修改→分离菜单命令或按组合键 Ctrl+B 两次，将文本打散成图形，转换为“文本”图形元件。

（5）将“文本”图形元件从“库”面板中拖入场景，执行修改→变形→垂直翻转菜单命令，在“属性”面板设置 Alpha 值为 20，制作出文字的倒影效果，如图 4-31 所示。

（6）新建图层 2，将“矩形动画”影片剪辑元件拖入场景，使用任意变形工具使其与“文本”图形元件宽高匹配，设置“图层 2”为遮罩层。

（7）返回主场景编辑状态，将“隐形文字”元件拖入到场景中，即完成了隐形文字动画的制作，保存文件后测试影片。

知识拓展：文字的分散

选中文字（如“分离的文字”），它是一个整体，即一个对象，选择修改→分离菜单命令，可将它们分散为互相独立的文字，如图 4-34 所示。选中独立的文字，再执行修改→分离菜单命令，即可将它们打碎为图形。

分离的文字　分离的文字　分离的文字

图 4-34　文字的分散

对于没有打散的文字，只能进行缩放、旋转、倾斜和移动的编辑操作。这些可以通过任意变形工具和选择工具实现，或通过变形面板实现。对于打散的文字，可以像编辑操作图形那样，使用选择工具和套索工具进行选取、变形和切割等操作。

动手做 3　脚本的应用——分散式文字动画

动画概述：“分散式文字”的动画主要利用引导层制作小矩形的不规则运动动画，再利用脚本语言复制出多个不同的动画效果，最后的动画效果如图 4-35 所示。

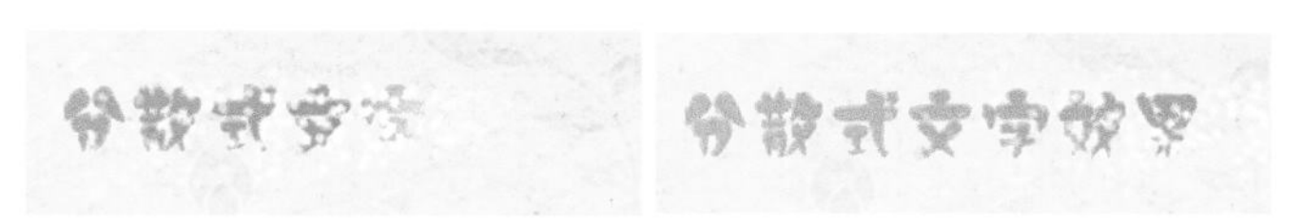

图 4-35　“分散式文字”动画

操作步骤：

（1）选择文件→新建菜单选项，选择“ActionScript 3.0”选项，新建一个 Flash 文档，命名为“分散式文字”，将舞台背景颜色设置为浅紫色。

（2）新建“矩形动画 1”影片剪辑元件，选择工具栏内的矩形工具，设置笔触为无，填充为白色，在场景中绘制宽高均为 4px 的矩形，将其转换为“矩形”图形元件。

（3）新建图层 2，转换为“引导层”，使用钢笔工具在场景中绘制引导线条，如图 4-36 所示。分别在图层 1 的第 10 帧和第 50 帧插入关键帧，设置图层 1 第 1 帧中的元件 Alpha 值为 20。选择第 10 帧上的元件，设置 Alpha 值为 80。分别创建第 1 帧和第 10 帧上的传统补间动画。新建图层 3，在第 50 帧插入关键帧，在“动作”面板输入“stop();”脚本语言，时间轴面板如图 4-37 所示。

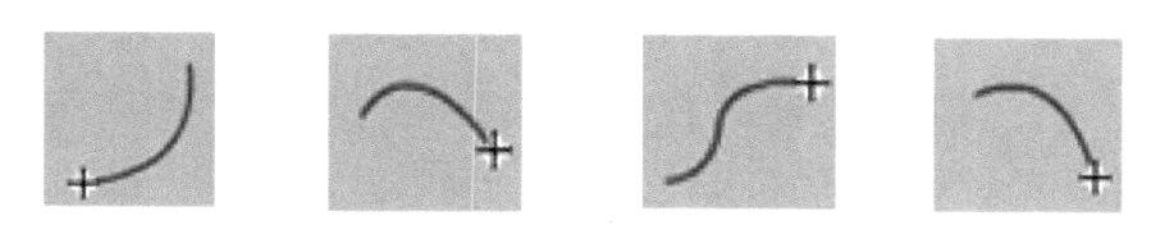

图 4-36　绘制引导线条

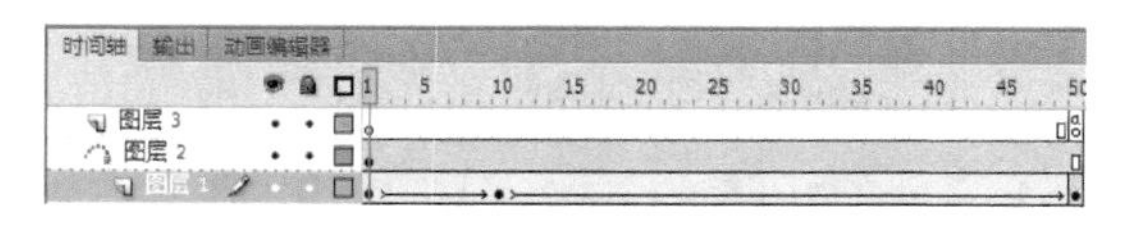

图 4-37　“分散式文字”时间轴面板

（4）根据“矩形动画 1”元件的制作方法，制作出“矩形动画 2”、“矩形动画 3”、“矩形动画 4”和“矩形动画 5”元件，对应地分别改变引导线的方向和凹凸轨迹，使其朝着 5 个不同的方向扩散。

（5）新建“矩形动画”影片剪辑元件，分别新建 5 个图层，放入“矩形动画 1”～“矩形动画 5”5 个元件，摆放其位置如图 4-38 所示，在“属性”面板中设置实例名称为 p1～p5，以便脚本语言调用相应的影片剪辑元件。在第 50 帧插入帧。

（6）返回主场景，导入背景图片。新建图层 2，在第 20 帧插入关键帧，选择文本工具，设置字体样式和大小，输入文本“分散式文字效果”，按两次组合键 Ctrl+B 打散文字为图形。新建图层 3，同样在第 20 帧插入关键帧，单击矩形工具按钮，绘制可以覆盖文本大小的矩形，使用颜料桶工具填充渐变色，效果如图 4-39 所示，将其转换为“渐变矩形”图形元件。

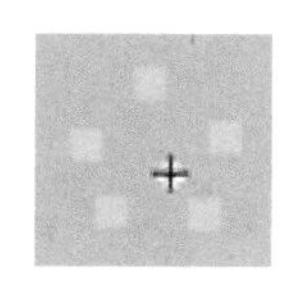

图 4-38 放置“矩形动画”元件

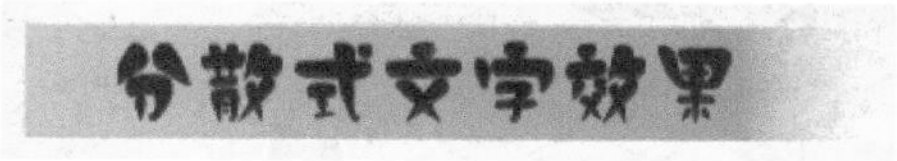

分散式文字效果

图 4-39 “渐变矩形”元件

（7）在第 70 帧插入关键帧，将“渐变矩形”水平向左移动，创建“传统补间”动画。将图层 2 设置为“遮罩层”。新建图层 4，在第 10 帧插入关键帧，将“矩形动画”元件从“库”面板中拖入场景，并在“属性”面板设置实例名称为 pointMc。在第 65 帧插入关键帧，将元件水平向右移动，创建“传统补间”动画。新建图层 5，在第 10 帧插入关键帧，在“动作”面板中输入脚本语言，如图 4-40 所示。

```
1  for (var i = 1; i<=5; i++) {
2      this.pointMc["p"+i]._visible = 1;
3  }
4  this.pointMc.onEnterFrame = function() {
5
6          mc = this.duplicateMovieClip("pointMc"+i, 999+i++);
7          mc._rotation = random(360);
8  };
```

循环复制出的元件可见

在帧播放中复制自身，同时随机元件出现的角度

图 4-40 “矩形动画”动作面板

（8）按 Enter 键可测试动画在时间轴上的播放效果。保存文件后，按 Ctrl+Enter 组合键打开 Flash Player 播放影片。

项目任务 4-5 综合动画——水滴广告

本项目是以“保护水资源、爱护环境”为主题的公益广告，水资源污染一直是人们关心的话题，如何以动画形式展现出来，才能达到警示的目的呢？我们采用一种对比的方式，将污染之前的美好环境与污染之后的环境进行对比，通过鲜明的对比，使人们认识到保护水资源、爱护环境的重要性。

动手做 1 制作片头动画

片头动画分为两个画面：开场画面（如图 4-41 所示）和解说画面（如图 4-42 所示）。

图 4-41 “水滴广告”片头

记忆中的曾经是这样的

图 4-42 “解说 1”画面

（1）选择文件→新建菜单选项，选择“ActionScript 3.0”选项，新建一个 Flash 文档，

命名为“水滴广告”，设置文档大小为 600px×450px，背景颜色为“白色”。

（2）执行文件→导入→导入到舞台菜单命令，将背景图片导入舞台中，在“属性”面板修改其大小，与舞台对齐，修改图层名称为“bg”。

（3）新建“我”图形元件，单击工具箱中的文本工具按钮 T，设置文本字体及大小，在舞台中输入文本“我”。打开“库”面板，选中“我”图形元件，单击鼠标右键，从弹出的快捷菜单中单击“直接复制”菜单选项，将新复制元件命名为“是”。以此类推，连续复制 5 个图形元件，分别是“最”、“后”、“一”、“滴”和“水”。

（4）新建一个名称为“bt”的影片剪辑元件，将图层 1 命名为“我”。首先将“我”图形元件拖入舞台中，在第 9 帧处插入关键帧，在第 42 帧处插入帧。新建一个引导层，命名为“线 1”。用铅笔工具在舞台上画一条带弧度的线。在第 1 层的两个关键帧间创建传统补间，将第 1 帧上的元件移动到弧线的上端，将第 9 帧上的元件移动到弧线的下端，如图 4-43 所示。使用相同方法，制作“是”图形元件的引导层动画，最后的时间轴面板如图 4-44 所示。

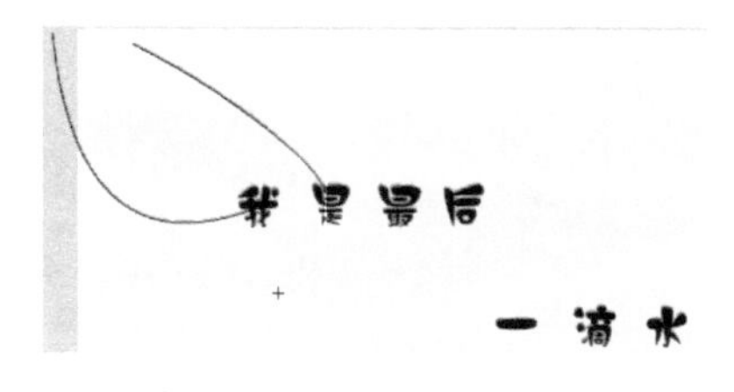

图 4-43 “bt”元件引导线

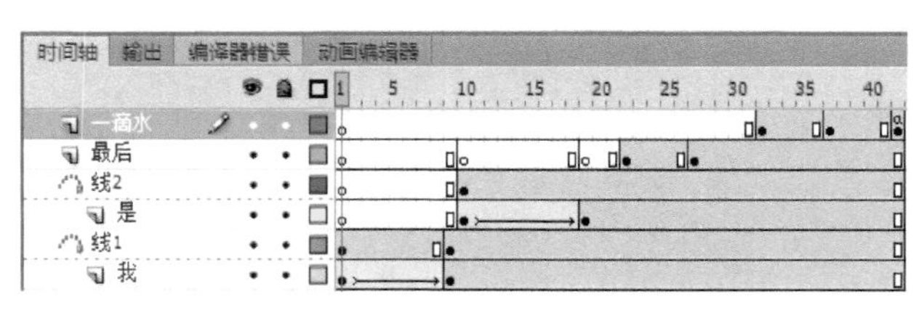

图 4-44 “bt”元件时间轴面板

（5）新建图层，命名为“最后”。在第 22 帧处插入空白关键帧，将“最”元件拖到舞台上，放在“是”元件实例的右侧。接着在第 27 帧处插入关键帧，将“后”元件拖入，放在“最”元件实例的右侧。使用相同方法，制作“一滴水”图层动画效果，在第 42 帧处添加动作脚本“stop();”。

（6）新建“水滴”图形元件，使用 Flash 的绘图功能画出卡通小水滴的形象，如图 4-45 所示。新建“水滴出场”影片剪辑元件，在第 1 帧处将“水滴”元件拖入，并在“属性”面板中将元件 Alpha 值设置为 0。在第 10 帧处插入关键帧，将“水滴”元件向下移动一小段距离，同时在“属性”面板上设置样式为无。

图 4-45 “水滴”元件

（7）新建“播放”按钮元件，使用文本工具 T 输入文字“开始播放”，在“指针经过”帧修改其颜色。

（8）返回主场景中，新建“文字”图层，将“bt”影片剪辑拖入舞台的左上角处。新建“小水滴”图层，在第 50 帧处插入关键帧，将“水滴出场”元件拖入舞台。新建“按钮”图层，在第 60 帧处插入关键帧，拖入“播放”按钮元件，并在“动作”面板中输入停止脚本。同时选中这 3 个图层，在第 79 帧位置插入帧。

（9）新建名称为“解说 1”的影片剪辑元件，在其中制作帧动画，让每隔一帧上出现“记忆中的曾经是这样的”其中的一个字，如图 4-42 所示。在末帧上添加停止脚本，“时间轴”面板如图 4-46 所示。

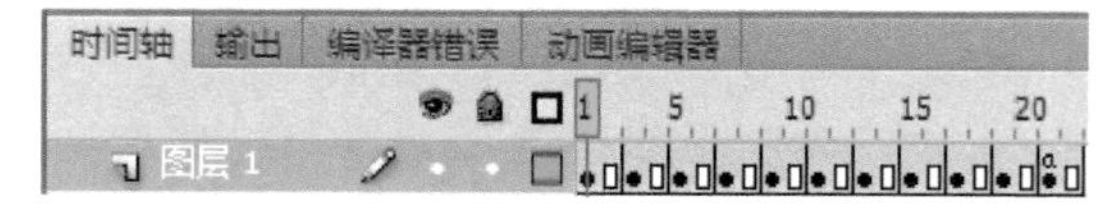

图 4-46 “解说 1”元件时间轴面板

（10）返回主场景中，新建一个名称为“片头解说”的图层，在第 80 帧处插入关键帧后，将“解说 1”影片剪辑元件从“库”中拖放到舞台的中上部，在第 100 帧处插入空白关键帧。

动手做 2　制作水滴玩耍动画

在水资源没有被污染时，小水滴愉快玩耍的动画分为 4 个画面：小水滴行走、小水滴在河流畅游、小水滴与鱼儿嬉闹、小水滴与花朵玩耍。

（1）新建“小水滴行走”影片剪辑元件，利用逐帧动画的制作原理，分别在第 1 帧和第 3 帧位置插入如图 4-47 所示的小水滴形象，制作小水滴行走的动画。

图 4-47　“小水滴”形象

（2）新建“画面 1”影片剪辑元件，将图层 1 更名为 bg，从“库”面板中将“bg1”图形元件拖入舞台，调整大小与位置，使之与舞台对齐。新建图层 2，将“小水滴行走”元件拖入舞台左侧，在第 20 帧位置插入关键帧，将元件右移到河流边，在两个关键帧之间创建传统补间。新建图层 3，在第 21 帧处插入空白关键帧，将“水滴 3”元件拖入舞台，用相同方法制作传统补间动画。新建图层 4，使用逐帧动画制作原理，间隔一帧插入空白关键帧，调整“水滴 3”元件的角度及位置，制作小水滴跳入水中的动画效果。新建图层 5，在第 36 帧处插入关键帧，将“水花”元件拖入小水滴跳入河流的位置。新建图层 6，在第 40 帧位置插入关键帧，打开“动作”面板，输入停止脚本。新建图层 7，将“河流波纹”元件分 3 次拖入舞台中，分布在河流不同部位。“画面 1”最终效果如图 4-48 所示，时间轴面板如图 4-49 所示。

图 4-48　“画面 1”效果

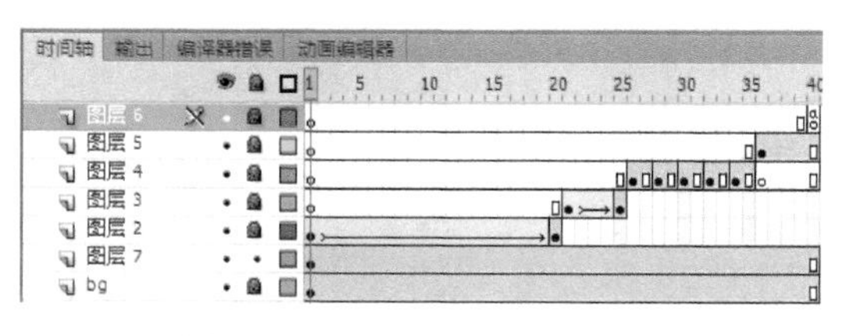

图 4-49　“画面 1”时间轴面板

（3）新建“画面 2”影片剪辑元件，使用相同的制作方法将背景图片拖入舞台中。新建图层 2，将“水滴 4”元件拖入舞台中。新建图层 3，单击工具箱中的钢笔工具按钮，绘制一条沿河流蜿蜒向下的曲线，作为引导线，右击图层 3，在弹出的快捷菜单中选择“引导层”。选择图层 2，将其拖曳至图层 3 下方并缩进，作为被引导层，制作引导层动画。效果如图 4-50 所示，时间轴面板如图 4-51 所示。

图 4-50 “画面 2”效果

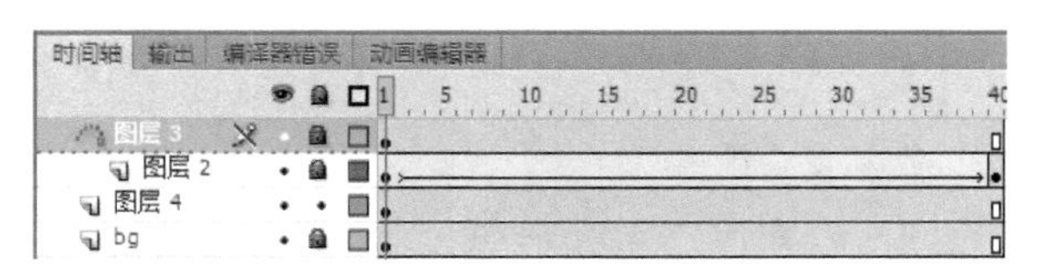

图 4-51 “画面 2”时间轴面板

（4）使用相同的制作方法，制作“画面 3”和“画面 4”影片剪辑元件，制作完成的效果如图 4-52 和图 4-53 所示。

图 4-52 “画面 3”效果

图 4-53 “画面 4”效果

（5）返回主场景中，新建“水滴行走”图层，在第 101 帧位置插入空白关键帧，从“库”面板中将“画面 1”元件拖入并与舞台对齐。在第 106 帧插入关键帧，修改第 101 帧上的实例 Alpha 值为 0，在两个关键帧之间创建传统补间，制作画面淡入的效果。在第 146 帧处插入帧，延续帧播放。

（6）分别新建“水滴漂流”、“水滴与鱼”、“水滴与花”图层，根据画面播放长度，在不同的时间帧上插入空白关键帧，分别拖入“画面 2”～“画面 4”影片剪辑元件。

（7）单击时间轴左下方的“新建文件夹”按钮，新建一个图层文件夹，将 4 个水滴图层拖入其中，方便图层的管理。

动手做 3 制作水资源污染动画

1. 制作“污染现象”画面

（1）新建一个“工厂”图形元件，用直线工具和填充工具绘制出工厂的效果。接着新建一个“废气”图形元件，将对应的素材图片导入舞台中，效果如图 4-54 所示。新建一个“气动”影片剪辑元件，将“废气”图形元件拖到舞台中，在第 50 帧处插入关键帧，在第 1～50 帧之间创建传统补间，并将第 50 帧上的对象放大 2 倍。

（2）新建“烟动”影片剪辑元件，将图层 1 命名为“工厂 1”。将“工厂”图形元件拖到舞台中，在第 25 帧处插入关键帧，在第 1～25 帧之间创建传统补间。将第 1 帧上元件实例的中心点调节到底部后，将高度设为“12”，在第 56 帧处插入帧。新建一个图层，命名为“工厂 2”，在第 22 帧处插入空白关键帧后，将“工厂”元件拖到舞台中，在属性面板中调节“色调”为紫色，接下来的制作与“工厂 1”图层相同。使用相同方法，制作“工厂 3”图层中的动画。最后的时间轴面板如图 4-55 所示。

图 4-54 “污染现象”画面

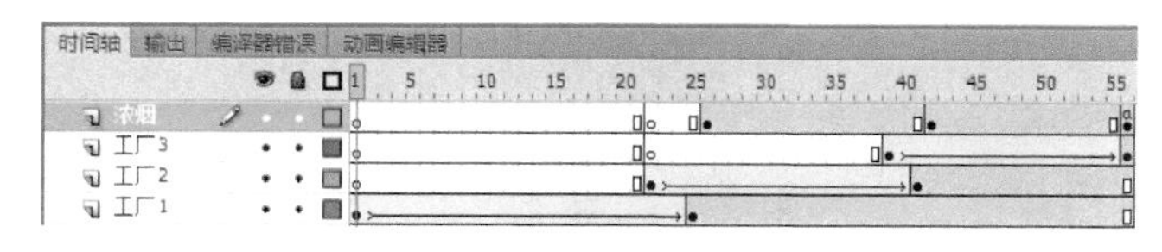

图 4-55 “污染”时间轴面板

（3）新建“浓烟”图层，在第 26 帧处插入空白关键帧，将“气动”影片剪辑拖曳到“工厂 1”元件实例的上方。在第 42 帧处插入关键帧后，将“气动”影片剪辑拖曳到“工厂 2”元件实例的上方。在第 56 帧处插入关键帧后，将“气动”影片剪辑拖曳到“工厂 3”元件实例的上方，并打开动作面板，添加动作脚本“stop();”。

（4）返回主场景中，新建“污染”图层，在第 296 帧处插入空白关键帧，将“烟动”影片剪辑元件拖入舞台中。在第 351 帧处插入帧，延续帧播放。

（5）使用“解说 1”元件的制作方法，制作“解说 2”元件。选择“片头解说”图层，在第 282 帧处插入空白关键帧，将“解说 2”元件拖入舞台中心位置，在第 296 帧位置插入帧，延续帧播放。

2. 制作“河流污染”画面

（1）新建“一条污水”图形元件，用直线工具和填充工具绘制河流污染的效果，再用画笔工具绘制一些碎屑，接着在第 3、5、7、9 帧处分别插入关键帧，并适当改变它们的形状。

（2）新建“污水”影片剪辑元件，将“一条污水”图形元件拖到舞台中，在第 20 帧处插入关键帧，在保持图形左上角不动的情况下，将它向右下角放大一些，在两个关键帧之间创建传统补间。

（3）新建名称为“污染的波纹”的图形元件，绘制一个像云彩一样的灰色波纹，如图 4-56 所示。

（4）返回主场景中，选择“污染”图层，新建一个图层文件夹，命名为“No1”。新建“bg1”图层，在第 352 帧处插入空白关键帧，将“bg1”图形元件拖到舞台上，在第 380 帧处插入关键帧，将元件实例放大到原来的 2 倍，并打开“属性”面板，将其“色调”设置为灰色，在两帧间创建传统补间。在第 400 帧处插入帧，延续帧播放。

（5）新建“污染波纹”图层。在第 352 帧处插入空白关键帧，将“污染波纹”图形元件拖到舞台外边右侧，设置它的色调为“土黄色”，在第 380 帧处插入关键帧，将它向左放大一定比例，覆盖住舞台。在两个关键帧之间创建传统补间。

（6）新建“污水”图层，在第 380 帧处插入空白关键帧，将“污水”影片剪辑元件两次拖入舞台中，摆放在不同的位置，在第 400 帧处插入帧，延续帧播放。最终效果如图 4-57 所示。

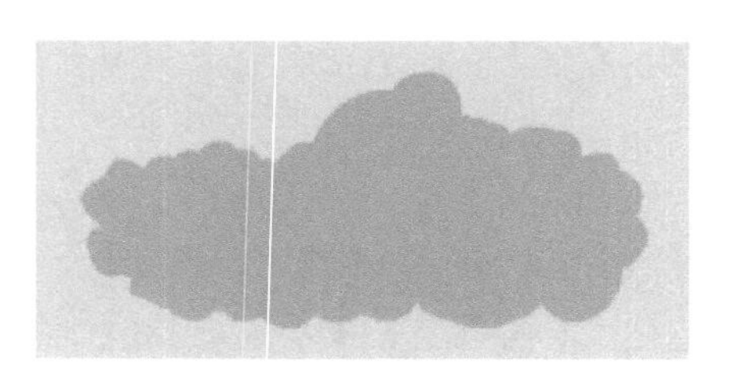

图 4-56 “污染”波纹

图 4-57 河流污染

3. 制作“天空污染”和“花朵污染”画面

（1）制作大雁想飞向天空但飞不上去、最后掉落大海的效果。新建“雁和天空”影片剪辑元件，将“雁落”元件拖到舞台右上侧，在第 11 帧处插入关键帧，将帧上的元件实例向左下侧移动。在第 15 帧处插入关键帧，向下移动约 10px，在第 19 帧处插入关键帧，向上移动约 13px，在第 22 帧处插入关键帧，向下移动到海水下方。选中整个图层，设置创建传统补间，并打开“属性”面板，将第 22 帧上的对象设置 Alpha 值为 0。

（2）使用相同的方法再创建 4 个图层，制作 4 个大雁在飞行中由于受到环境污染而掉到海里的现象，如图 4-58 所示。最后新建图层 6，在第 50 帧处插入空白关键帧，并添加动作脚本“stop();”，最终的时间轴面板如图 4-59 所示。

图 4-58 “雁落”效果

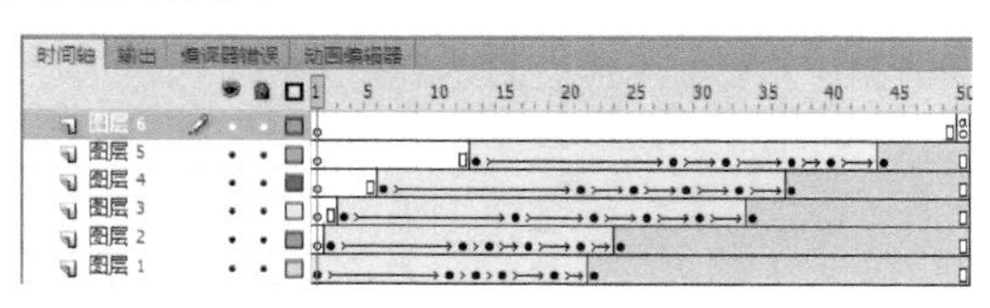

图 4-59 “雁落”时间轴面板

（3）使用和“河流污染”画面相同的制作方法，制作“天空污染”和“花朵污染”画面，效果如图 4-60 和图 4-61 所示。

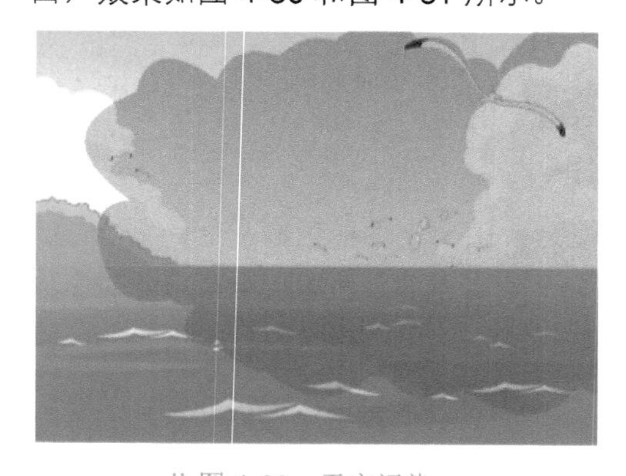

图 4-60 天空污染

图 4-61 花朵污染

4. 制作“水滴哭泣”和“示警”画面

（1）新建“bg”和“水滴”图层，在第 492 帧位置插入空白关键帧，分别将对应的元件拖入舞台中，并调整元件大小与位置，在第 515 帧处插入帧，延续帧播放。“水滴哭泣”效果如图 4-62 所示。

（2）使用相同方法制作“示警”画面，不同的是，新建“解说 3”影片剪辑元件，逐帧显示示警的文字内容——“人类啊，如果你们再不保护水资源，最后一滴水将会是你们的泪水”。新建“文本”图层，在第 516 帧位置插入空白关键帧，将“解说 3”元件拖入舞台左下侧位置，效果如图 4-63 所示。

图 4-62 “水滴哭泣”效果

图 4-63 “示警”效果

5. 制作“水滴掉落”和“标语”画面

（1）新建“bg”图层，在第 571 帧处插入空白关键帧，选择工具箱内的矩形工具，在舞台中拖曳出一个无边框灰色矩形，作为背景。使用“对齐”面板，将其与舞台匹配宽高，并对齐。新建“水滴”图层，同样在第 571 帧处插入空白关键帧，将“水滴掉落”影片剪辑元件拖入舞台中心处，效果如图 4-64 所示。

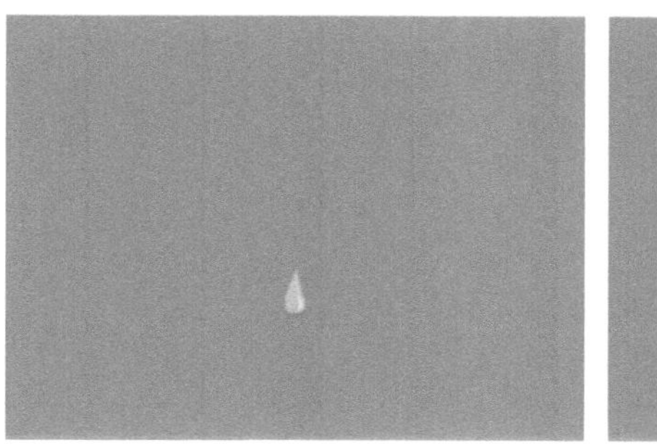

图 4-64 “水滴掉落”效果

（2）新建“标语”图层，将“解说 4”元件拖入舞台中，效果如图 4-65 所示。在第 621 帧处插入空白关键帧，打开“动作”面板，输入停止脚本。

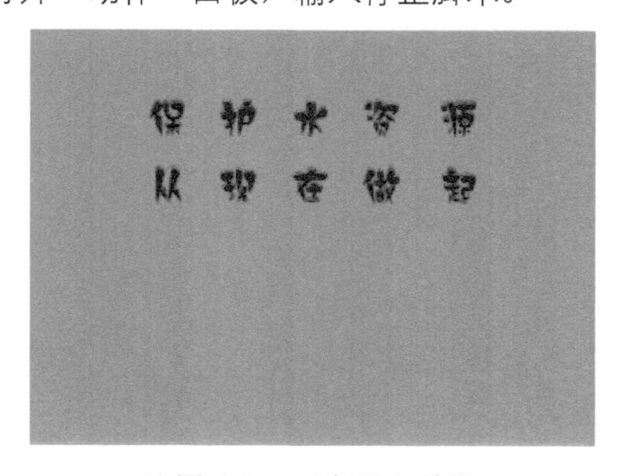

图 4-65 “标语”效果

动手做 4　整理作品

双击“库”面板中的“类型”，使所有元件按类型排列，把相似的元件放入一个文件夹中管理。主场景中的图层关系，也根据画面关联放置在不同的文件夹中。

课后练习与指导

一、选择题

1. Flash 中的“遮罩”可以有选择地显示部分区域，具体地说，它是（　　）。
   A. 反遮罩，只有被遮罩的位置才能显示
   B. 正遮罩，没有被遮罩的位置才能显示
   C. 自由遮罩，可以由用户设定正遮罩或反遮罩
   D. 以上选项都不正确
2. 时间轴面板上层名称旁边的眼睛图标的作用是（　　）。
   A. 确定运动种类
   B. 确定某层上有哪些对象
   C. 确定元件有无嵌套
   D. 确定当前图层是否显示
3. 下列关于创建遮罩层的说法错误的是（　　）。
   A. 将现有的图层直接拖到遮罩层下面
   B. 在遮罩层下面的任何地方创建一个新图层
   C. 选择“修改”→“时间轴”→“图层属性”菜单命令，然后在“图层属性”对话框中选择“被遮罩”
   D. 以上选项都不正确
4. 制作带有颜色或透明度变化的遮罩动画，应该（　　）。
   A. 改变被遮罩的层上对象的颜色或 Alpha 值
   B. 再制作一个和遮罩层大小、位置、运动方式一样的层，在其上进行颜色或 Alpha 值的修改
   C. 直接改变遮罩颜色或 Alpha 值
   D. 以上选项都不正确
5. 遮罩的制作必须要用两层才能完成，下面哪项描述正确？（　　）
   A. 上面的层称为遮罩层，下面的层称为被遮罩层
   B. 上面的层称为被遮罩层，下面的层称为遮罩层
   C. 上、下层都为遮罩层
   D. 以上选项都不正确

二、填空题

1. 图层包括普通层、____________层和____________层。

2. 按____________键可创建关键帧，按____________键可创建空白关键帧，按____________键可创建普通帧。

3. 如果想让一个图形元件从可见到不可见，应将其 Alpha 值从____________调节到____________。

4．文本区域有____________、____________、____________三种类型，它们所应用的范围各有不同。

三、简答题

1．Flash 高级动画分为哪几类？
2. 遮罩动画的特点是什么？
3．引导动画的特点是什么？
4．Flash 文本动画的特点是什么？

四、实践题

练习 1：利用遮罩动画制作原理，制作放大镜效果，如图 4-66 所示。
练习 2：使用“Deco 工具”，制作泡泡动画，如图 4-67 所示。

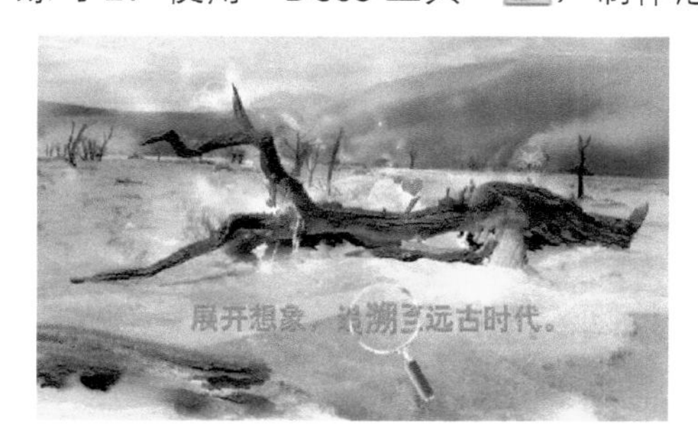

图 4-66　放大镜效果

图 4-67　泡泡动画

练习 3：使用骨骼工具，制作女孩跳舞动画，如图 4-68 所示。
练习 4：制作文本动画——聚光灯文字效果，如图 4-69 所示。

图 4-68　女孩跳舞动画

图 4-69　聚光灯文字效果

练习 5：制作综合动画——祝福贺卡，如图 4-70 所示。

图 4-70　祝福贺卡

模块 05 声音、视频和元件的应用

你知道吗

在 Flash 制作动画中，声音是必不可少的元素，为动画添加音效可以使动画更生动形象。Flash 中既可以使声音独立于时间轴连续播放，又可以使声音和动画同步播放，播放的声音格式也支持多种类型。同样，视频文件也有很多种类型格式，在 Flash 中导入视频文件后，要将视频进行编辑才能够符合制作动画的要求。声音和视频都可以通过编写脚本语言来控制播放、暂停。

学习目标

- 掌握导入音频的方法
- 掌握导入视频的方法
- 进一步了解库、元件和实例
- 掌握创建与编辑三种元件和实例的方法

项目任务 5-1 声音的应用

Flash 可以用“事件”方式、“数据流”方式、“声音对象”方式调用声音。“事件”声音的主要特点是与时间轴不同步，“数据流”声音与时间轴同步，“声音对象”不受时间轴的限制，可以实现灵活的声音控制，还可以直接控制硬盘中的 MP3 文件。

动手做 1 导入和添加声音

Flash CS6 可以处理各种声音格式，兼容主要的声音文件类型，分别是 MP3 和 WAV。MP3 是一种高超的压缩技术和文件格式，它在声音序列的压缩上有突出表现，体积很小，音质好，是最理想的一种声音格式。WAV 是微软开发的一种声音格式，它没有压缩数据，而是直接保存对声音波形的采样数据，所以音质很好，但体积很大，占用存储空间大。

Flash 影片中的声音，是通过对外部的声音文件导入而得到的。与导入位图的操作一样，步骤如下：

（1）执行文件→导入→导入到库菜单命令，打开“导入到库”对话框。

（2）选择要导入的声音文件，单击“打开”按钮可将声音文件导入到元件库中，如图 5-1 所示。

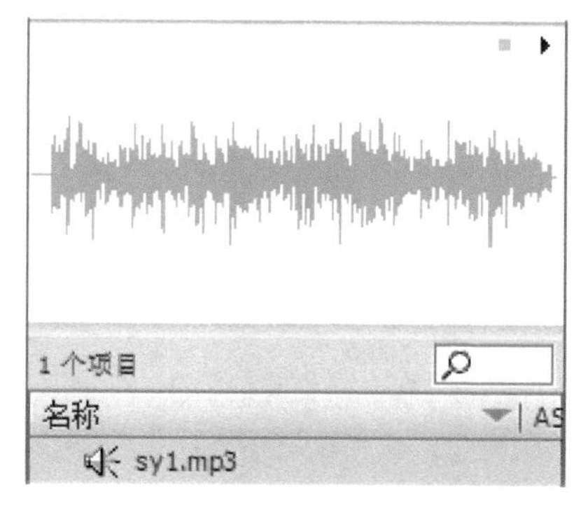

图 5-1 声音的“库”面板

提示

导入的声音文件作为一个独立的元件存在于“库”面板中，单击“库”面板预览窗格右上角的“播放”按钮，可以对其进行播放预览。

在 Flash 中，可以将声音添加到时间轴中，也可以添加到按钮元件中。在时间轴中添加声音很简单，操作步骤如下：

（1）将声音文件导入到“库”面板中。

（2）在“时间轴”面板中选中要插入声音的帧。

（3）从“库”面板中将声音拖放到舞台中。

（4）在“时间轴”面板中将声音文件所在的帧延长到需要的位置，如第 25 帧，可以看到在这 25 帧之间添加了声音内容，如图 5-2 所示。

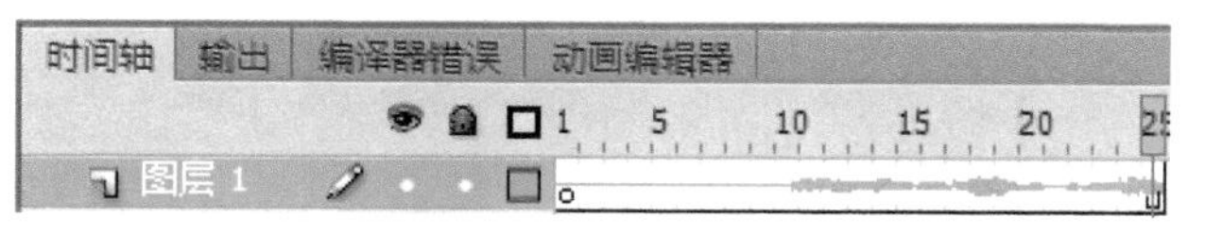

图 5-2 声音的“时间轴”面板

提示

一个图层中可以放置多个声音文件，声音与其他对象也可以放在同一个图层中。但建议将声音对象单独使用一个图层，这样便于管理。当播放动画时，所有图层中的声音都将一起播放。

动手做 2 按钮元件——为导航动画添加音效

本案例利用按钮元件 4 种状态中的“指针经过”状态制作鼠标经过按钮触发声音的效果。制作导航动画并添加音效，最终效果如图 5-3 所示，具体操作步骤如下。

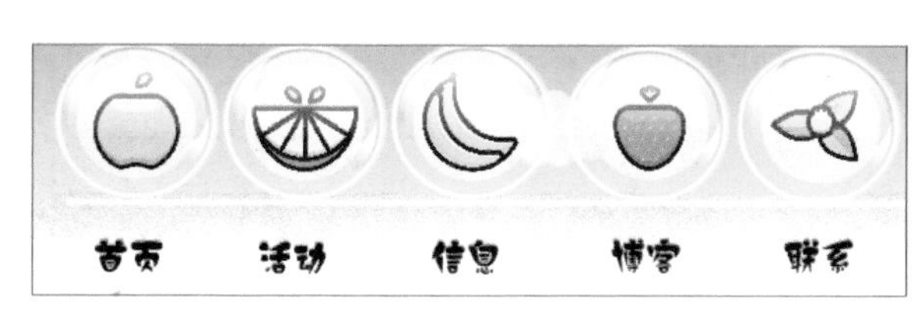

图 5-3 “导航”效果图

（1）选择文件→新建菜单选项，选择“ActionScript 2.0”选项，新建一个 Flash 文档，命名为“5-水果导航音效”。打开“属性”面板，修改“舞台大小”为 595px×180px。

（2）执行文件→导入→导入到舞台命令，将背景图片导入到舞台中，在 40 帧位置插入帧。使用相同方法，将水果图片素材导入“库”面板中。将素材图片分别转换为图形元件，命名为“水果 1”～“水果 5”。

（3）新建“按钮 1”按钮元件，进入元件编辑区。选择“弹起”帧，将“水果 1 动画 1”影片剪辑元件拖入舞台中，调整到合适的位置，单击工具箱中的文本工具按钮T，在元件下方输入导航文字“首页”。选择“指针经过”帧，将“水果 1 动画 2”影片剪辑元件拖曳至舞台中，复制前一帧中的文字，按组合键 Ctrl+Shift+V 原位置粘贴，在“属性”面板中修改文字颜色为黄色。

（4）执行文件→导入→导入到库菜单命令，将声音文件导入到“库”中。选中“指针经过”帧，在“属性”面板的声音名称下拉框中，选择导入的声音文件，加载该声音文件，如图 5-4 所示。在“按下”帧位置插入空白关键帧。在“点击”帧插入关键帧，使用矩形工具绘制一个无边框矩形，作为按钮反应区。

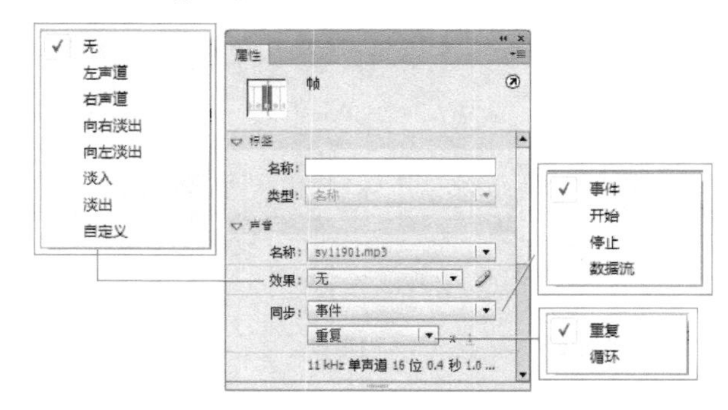

图 5-4　声音的“属性”面板

（5）使用相同的制作方法，制作出“按钮 2”～“按钮 5”等按钮元件。

（6）返回主场景，分别新建图层，将各个按钮元件放入不同图层中。保存文件，按组合键 Ctrl+Enter 测试影片效果，鼠标经过按钮时，会有声音特效。

知识拓展

在“效果”下拉列表框中可以选择要应用的声音效果（如图 5-4 所示），其中各参数的意义见表 5-1。

表 5-1　“效果”参数的意义

效　果	详　解
无	不对声音文件应用效果。选中此选项将删除以前应用的效果
左声道	只在左声道中播放声音
右声道	只在右声道中播放声音
向右淡出	将声音从左声道切换到右声道
向左淡出	将声音从右声道切换到左声道
淡入	随着声音的播放逐渐增加音量
淡出	随着声音的播放逐渐减小音量
自定义	允许使用“编辑封套”创建自定义的声音淡入和淡出点

在“属性”面板中的“同步”选项，可以为目前所选关键帧中的声音进行播放同步的类型设置，对声音在影片中的播放进行控制。“同步”各参数的意义见表5-2。

表5-2 “同步”各参数的意义

同步类型	详解
事件	在声音所在的关键帧开始显示时播放，并独立于时间轴中帧的播放状态，即使影片停止也将继续播放，直至整个声音播放完毕
开始	与“事件”相似，只是如果目前的声音还没有播放完，即使时间轴中已经经过了有声音的其他关键帧，也不会播放新的声音内容
停止	时间轴播放到该帧后，停止该关键帧中指定的声音，通常在设置有播放跳转的互动影片中才使用
数据流	选择这种播放同步方式后，Flash将强制动画与音频流的播放同步

声音的循环可以在“属性”面板的“同步”区域对关键帧上的声音进行设置，如表5-3所示。

表5-3 声音的循环设置

重复	设置该关键帧上的声音重复播放的次数
循环	使该关键帧上的声音一直不停地循环播放

动手做3 SetVolum()函数——控制Flash动画中的音量

控制Flash动画中声音的播放及音量大小，具体操作步骤如下。

图5-5 “声音”音量控制

（1）选择文件→新建菜单选项，选择“ActionScript 2.0”选项，新建一个Flash文档，命名为“5-调节音量”。打开“属性”面板，修改“舞台大小”为310px×307px。

（2）执行文件→导入→导入到舞台命令，将背景图片导入到舞台中，锁定图层。新建图层2，选择窗口→公用库→buttons菜单命令，打开“外部库”面板，选择4种按钮拖曳至舞台中，分别进入各按钮元件内部，修改颜色以及按钮中间的形状，如图5-5所示。

（3）新建图层3，选择文本工具T，设置文本类型为静态文本，在舞台中输入文本“音量：”。再次选择文本工具T，设置文本类型为动态文本，输入文本“50”，在“属性”面板中设置变量名为“text”。

> **提示**
>
> 设置文本的“属性”时要注意，如果不先输入文本，是无法设置“变量”选项的。

（4）执行文件→导入→导入到库命令，将音乐素材导入到“库”中，在“库”面板的声音文件上单击鼠标右键，在弹出的快捷菜单中选择“属性”选项。在打开的“声音属性”

面板中，选择“ActionScript”选项卡，设置如图 5-6 所示。设置“标识符”是便于能够利用脚本语言控制声音文件。

（5）新建图层 3，分别选择 4 个按钮元件，打开动作面板，输入相应的控制脚本，如图 5-7 所示。

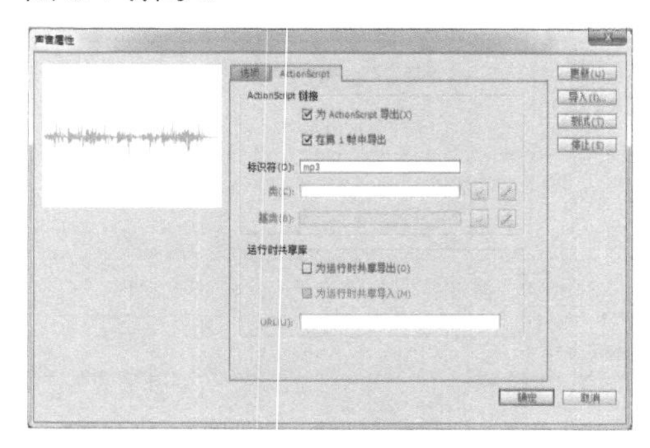

图 5-6 “声音属性”面板

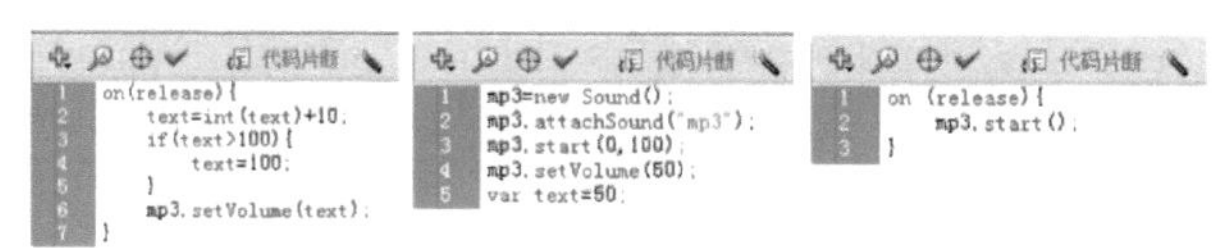

图 5-7 “按钮”元件的动作面板

（6）保存文件，按组合键 Ctrl+Enter 测试影片效果，可以使用各按钮实现加强和减弱音量的效果。

动手做 4 脚本语言——使用键盘控制声音播放

制作“键盘控制声音”动画，效果如图 5-8 所示，具体操作步骤如下。

图 5-8 “键盘控制声音”动画效果

（1）选择文件→新建菜单选项，选择“ActionScript 2.0”选项，新建一个 Flash 文档，命名为“5-键盘控制声音”。在“属性”面板中，修改“舞台大小”为 600px×400px。

（2）执行文件→导入→导入到舞台命令，将背景图片导入到舞台中，锁定图层。新建“D 动画”影片剪辑元件，单击工具箱中的钢笔工具按钮，绘制如图 5-9 所示的轮廓线，再使用颜料桶工具为其填充淡绿色，在第 2 帧位置插入关键帧，修改填充色为紫色。新建图层 2，使用文本工具，输入文本字母“D”。新建图层 3，在第 2 帧位置插入关键帧，打开“属性”面板，设置该帧的帧标签“play”。执行文件→导入→导入到库菜单命令，将外部声音素材导入库中，在“属性”面板中的“声音”→“名称”下拉列表中选择刚刚导入的声音文件。新建图层 4，在“动作”面板中输入停止脚本。

（3）返回主场景中，将“D 动画”拖入舞台中，并调整元件到合适的位置。打开“属性”面板，为其设置实例名称“D”。使用相同的方法，制作出“S 动画”和“F 动画”元件，并拖入舞台，设置实例名称。

（4）新建“按钮”按钮元件，在“点击帧”位置插入关键帧，使用矩形工具在舞台中绘制一个无边框矩形。将其拖入主场景中，打开“动作”面板，输入脚本代码，如图 5-10 所示。

图 5-9　绘制轮廓线

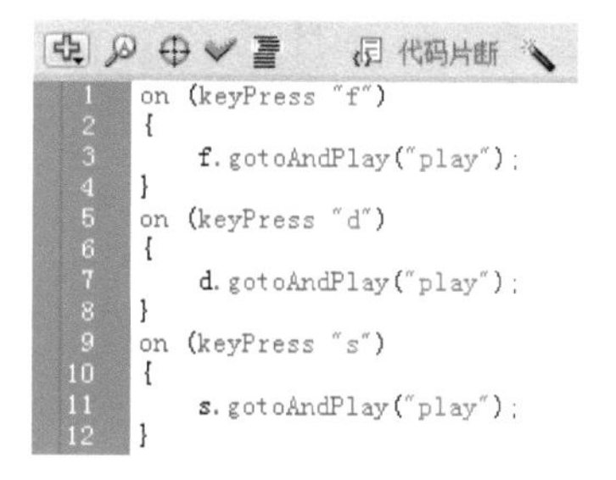

图 5-10　输入脚本代码

（5）保存文件，按组合键 Ctrl+Enter 测试影片效果，按键盘中相应的按钮，会播放相应的声音。

动手做 5　脚本语言——制作播放器

制作播放器操作步骤如下。

（1）选择文件→新建菜单选项，选择“ActionScript 2.0”选项，新建一个 Flash 文档，命名为“5-MP3 播放器”。在“属性”面板中，修改“舞台大小”为 450px×200px。

（2）单击工具箱中的矩形工具按钮，在“属性”面板中设置笔触为无，填充为绿色，矩形边角半径为 10，在舞台中绘制 400px×150px 大小的圆角矩形，作为 MP3 背景，锁定图层。

（3）新建“播放”按钮元件，进入元件编辑状态。新建图层 2，分别在图层 1 和图层 2 上，使用矩形工具与椭圆工具绘制按钮图形和轮廓，如图 5-11 所示。在“指针经过”帧插入帧，使用颜料桶工具修改按钮图形的填充颜色为深绿色。

图 5-11　MP3 播放器

（4）使用相同方法，分别制作出“暂停”、“上一首”、“下一首”、“音量”和“静音”等按钮元件，实现效果如图 5-11 所示。

（5）新建“静音动画”影片剪辑元件，并进入元件内部。从“库”面板中将“音量”按钮元件拖入舞台中，调整其到合适的位置。在第 2 帧位置插入空白关键帧，将“静音”按钮元件拖入舞台中，调整到与“音量”元件重合的位置。新建图层 2，打开“动作”面板，输入停止脚本，在第 2 帧插入关键帧，同样输入停止脚本，在第 3 帧插入关键帧，输入“gotoAndStop(1);”脚本代码。

（6）新建“调节音量”影片剪辑元件，进入元件内部。使用矩形工具，在舞台中绘制一个无边框白色矩形，长度为 70px。新建图层 2，将“进度块”影片剪辑元件拖入舞台中，在“属性”面板中为其设置实例名称“huakuai”。打开“动作”面板，在该影片剪辑元件上添加脚本代码，如图 5-12 所示。使用相同的制作方法，制作出“进度条”影片剪辑元件，脚本如图 5-13 所示。

```
on (press)
{
    startDrag("", true, 0, 0, 70, 0);
}
on (releaseOutside, rollOut) {
    stopDrag ();
}
```

图 5-12 “进度块”动作面板

```
on (press)
{
    _root.mysound.stop();
    startDrag ("", true, 0, -3, 300, -3);
}
on (releaseOutside, rollOut) {
    bb = _root.jindutiao.huakuai._x *
    (_root.mysound.duration / 1000) / 240;

    _root.mysound.stop();
    _root.mysound.start(bb);
    stopDrag ();
}
```

图 5-13 “进度条”动作面板

```
function aa(){
    mysound = new Sound();
    mymusic_array = new Array("音乐素材/全部的爱.mp3", "音乐素材/故乡山川.mp3",
                              "音乐素材/We Are The World.mp3", "音乐素材/月光.mp3");
    mysound.loadSound(mymusic_array[temp-1],false);
    mysound.onLoad = function (success){
        if (success == true){
            mysound.start();
        }
    };
    mysound.onSoundComplete = function (){
        ++temp;
        if (temp > 4){
            temp = 1;
        }
        aa();
    };
    onEnterFrame = function (){
        mysound.setVolume(_root.yinliang.huakuai._x);
        huanchong = "缓冲: "
                    + int(mysound.getBytesLoaded() / mysound.getBytesTotal() * 100)
                    + "%";
        myarray = new Array("全部的爱 - 孙楠", "故乡山川",
                            "We Are The World", "月光 - 李健");
        xianshi = myarray[temp - 1];
        zongshi = int(mysound.duration / 1000);
        zoushi = int(mysound.position / 1000);
        _root.jindutiao.huakuai._x = 240 * (zoushi / zongshi);
    };
}
temp = 1;
aa();
i = 0;

_root.jingyin.onRelease = function (){
    ++i;
    if (i % 2 != 0){
        _root.yinliang.huakuai._x = 0;

    }
    else{
        _root.yinliang.huakuai._x = 37;

    }
};
stop ();
```

图 5-14 “AS”动作面板

在“动作”面板中输入相应的脚本代码。需要注意的是，“音量”、“调节音量”以及“进度条”影片剪辑元件，需要在“属性”面板中设置相应的实例名称。

（7）新建图层，并命名为“歌名”。单击文本工具 T，在舞台中绘制一个文本框，打开“属性”面板，设置其为“动态文本”，并为该文本框设置变量。使用相同的方法，分别新建图层，绘制相应的文本框。

（8）新建图层，并命名为“AS”，打开“动作”面板，输入脚本代码，如图 5-14 所示。

（9）保存文件，按组合键 Ctrl+Enter 观看影片效果，同时可以测试各个按钮实现的功能。

知识拓展：声音（Sound）对象

1. 声音（Sound）对象的构造函数

格式：new Sound（[target]）

参数：target 是 Sound 对象操作的影片剪辑实例，此参数是可选的。可采用“mySound()=new Sound();”或“mySound()=new Sound（target）;”命令。

功能：使用 new 操作符实例化 Sound 对象，即为指定的影片剪辑创建新的 Sound 对象。如果没有指定目标实例 target，则 Sound 对象控制影片中的所有声音。如果指定 target，则只对指定的对象起作用。

2. 声音（Sound）对象的方法和属性（见表 5-4）

表 5-4 声音对象的方法和属性

方法或对象	格 式	功 能
mySound.attachSound 方法	mySound.attachSound(“idName”)	将“库”面板内指定的声音元件载入场景中，其中“idName”是声音元件的链接标识符名称
start 方法	sound.start()	开始播放当前的声音
stop 方法	sound.stop()	停止正在播放的声音对象
setVolume 方法	sound.setVolume (n)	用来设置当前声音对象音量的大小
sound.getVolume 方法	sound.getVolume()	返回一个 0～100 之间的整数（当前声音对象的音量）
mySound.setPan 方法	mySound.setPan(pan)	参数 pan 是一个整数，它指定声音的左右均衡，它的有效值范围为-100～100，-100 表示仅使用左声道，100 表示仅使用右声道，0 表示在两个声道间平均地均衡声音
mySound.getPan 方法	mySound.getPan()	返回使用 setPan 方法时设置的 pan 值
mySound.loadSound 方法	mySound.loadSound(“url”， isStreaming)	将 MP3 文件加载到声音对象的实例中，其中，url 是声音文件在服务器的位置，isStreaming 是一个布尔值，指示声音是事件声音还是流声音
mySound.setTransform 方法	mySound.setTransform(soundTransformObject)	用来设置声音对象的变化值，其中，参数 soundTransformObject 是使用 Object 对象创建的声音变化对象名称
mySound,getTransform 方法	mySound，getTransform()	返回最后一次 mySound.setTransform 方法所设置的声音对象的变化值
Sound.getBytesLoaded 方法	Sound.getBytesLoaded()	返回为指定声音对象加载（进入流）的字节数
Sound.getBytesTotal 方法	Sound.getBytesTotal()	返回一个整数，以字节为单位指示声音对象的总大小
duration 属性	mySound. duration	只读属性，给出声音的持续时间，以毫秒为单位
position 属性	mySound. position	只读属性，给出声音已播放的毫秒数。如果声音是循环的，则在每次循环开始时位置将被重置为 0

项目任务 5-2 视频的应用

作为多媒体元素之一的视频，在导入到 Flash 文件后，可以进行缩放、旋转、扭曲和遮罩处理，也可以通过编写脚本语言来控制视频的播放和停止。

动手做 1 导入视频——在 Flash 中插入视频

在 Flash CS6 中可以导入的视频格式有 FLV、F4V 等。F4V 和 FLV 的主要区别在于，FLV 采用的是 H263 编码，而 F4V 则支持 H.264 编码的高清晰视频，码率最高可达 50Mbps。

◎ 如果计算机系统中安装了 QuickTime 4 或以上版本，则在导入视频时支持的视频文件格式有 AVI（Windows 视频）、DV 和 DVI（数字视频类型）、MPG 和 MPEG（MPEG 压缩视频）、MOV（QuickTime 数字电影）。

◎ 如果计算机系统中安装了 Direct 7 或更高版本，则在导入视频时支持的视频文件格式有 AVI、MPG 和 MPEG、WMF 和 ASF（窗口媒体视频文件）。

在 Flash 中插入视频，效果如图 5-15 所示，具体操作步骤如下。

图 5-15　Flash 中的视频

（1）选择文件→新建菜单选项，选择“ActionScript 2.0”选项，新建一个 Flash 文档，命名为“5-导入视频”。在“属性”面板中，修改“舞台大小”为 500px × 360px。

（2）选择文件→导入→导入视频菜单命令，打开“导入视频”（选择视频）对话框（“文件路径”文本框内还没有内容），如图 5-16 所示。单击“浏览”按钮，打开“打开”对话框，在该对话框内选择要导入的视频文件，单击“打开”按钮，关闭“打开”对话框，回到“导入视频”对话框。选择“使用播放组件加载外部视频”单选按钮，单击“下一步”按钮。打开“导入视频”（设定外观）对话框，如图 5-17 所示。可以在该对话框的“外观”下拉列表框中选择一种视频播放器的外观，本例中选择“无”。单击“下一步”按钮，打开“完成视频导入”对话框，单击“完成”按钮后，完成视频的导入。

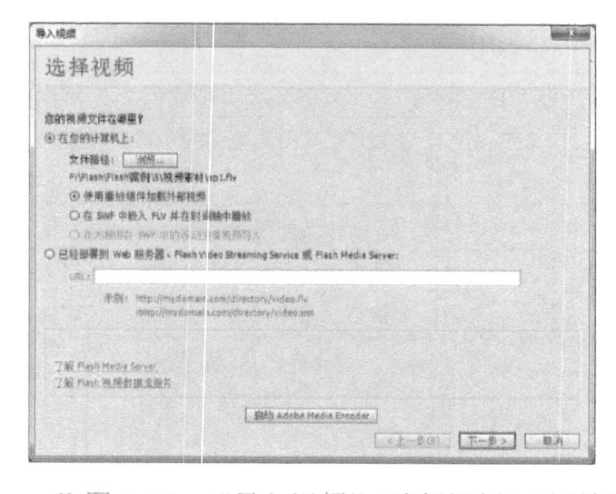

图 5-16　“导入视频”（选择视频）对话框

图 5-17　“导入视频”（设定外观）对话框

（3）新建图层，将背景素材导入舞台中，转换为图形元件，并调整大小及位置。使用工具箱内的钢笔工具，绘制屏幕轮廓，将背景图片中的屏幕内部镂空，剪切至新图层，作为视频的遮罩层。

（4）保存文件，按组合键 Ctrl+Enter 测试影片效果。

提示

在有些情况下，Flash 可能只能导入文件中的视频，而无法导入音频。例如，系统不支持用 QuickTime 4 导入的 MPG/MPEG 文件中的音频。在这种情况下，Flash 会显示警告消息，指明无法导入该文件的音频部分，但是仍然可以导入没有声音的视频。

动手做 2　调用外部视频——制作视频播放器

制作视频播放器，最终效果如图 5-18 所示，具体操作步骤如下。

图 5-18　视频播放器

（1）选择文件→新建菜单选项，选择“ActionScript 2.0”选项，新建一个 Flash 文档，命名为“5-视频播放器”。在“属性”面板中，修改“舞台大小”为 500px×360px。

（2）新建“播放”按钮元件，将素材图片导入舞台中，转换为图形元件。在“指针经过”帧处插入关键帧，打开“属性”面板，修改元件的“色彩效果”，将亮度修改为 20。在“按下”帧处插入关键帧，使用任意变形工具，对其进行大小的缩放。

（3）返回场景中，将外部的一张背景素材图片导入到舞台。新建图层 2，执行文件→导入→导入视频命令，打开“导入视频”（选择视频）对话框，单击“浏览”按钮，选择要导入的视频文件，选择“在 SWF 中嵌入 FLV 并在时间轴中播放”选项，单击“下一步”按钮，完成视频的导入。使用任意变形工具修改视频的尺寸。

（4）新建图层 3，在舞台中绘制一个无边框矩形，与视频大小匹配，单击鼠标右键，将图层勾选为图层 2 的“遮罩层”。分别新建 3 个图层，将播放、停止和暂停按钮拖入舞台中，并调整大小和位置，在“动作”面板中添加相应的脚本语言，如图 5-19 所示。

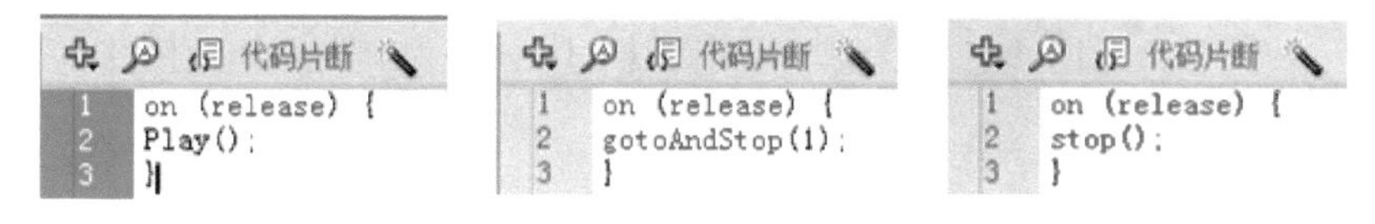

图 5-19　按钮的“动作”面板

（5）新建图层 7，选择第 1 帧，打开“动作”面板，输入停止脚本。

（6）保存文件，按组合键 Ctrl+Enter 测试影片效果。

动手做 3　行为——为视频添加显示与隐藏效果

为视频添加显示与隐藏效果，在特定的场景中使用，效果如图 5-20 所示，具体操作步骤如下。

（1）选择文件→新建菜单选项，选择“ActionScript 2.0”选项，新建一个 Flash 文档，命名为“5-隐藏与显示视频”。在“属性”面板中，修改“舞台大小”为 500px×360px。

（2）执行文件→导入→导入到舞台命令，将背景图片导入到舞台中，修改图片大小，并调整其位置，锁定图层。新建“显示”按钮元件，分别使用椭圆工具和文本工具制作出按钮效果；使用相同方法，制作“隐藏”按钮元件。

图 5-20　为视频添加显示与隐藏效果

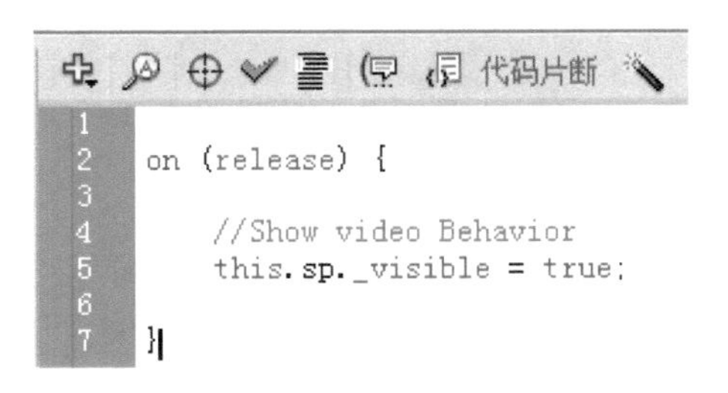

图 5-21　“行为”面板

（3）新建图层 2，选择文件→导入→导入视频命令，打开“导入视频”（选择视频）对话框，选择需要导入的视频素材，选择“在 SWF 中嵌入 FLV 并在时间轴中播放”选项，单击“下一步”按钮，完成视频的导入。使用任意变形工具调整视频大小，与背景图片中的电视机匹配。新建图层 3，绘制无边框矩形，作为图层 2 的遮罩层。

（4）新建图层 4，打开“库”面板，将“显示”和“隐藏”按钮拖入舞台中，并调整元件位置。选择“显示”按钮，选择窗口→行为命令，打开“行为”面板，如图 5-21 所示。选择嵌入的视频→显示命令，打开“显示视频”对话框，选择要显示的视频实例名称，如图 5-22 所示。同时，“动作”面板中会自动添加相应的代码，如图 5-23 所示。

（5）用相同的方法，为“隐藏”按钮元件添加行为脚本。

（6）保存文件，按组合键 Ctrl+Enter 测试影片效果。

动手做 4　视频组件——控制 Flash 动画中视频的播放

Video 组件可以创建各种样式的视频播放器。Video 组件中包括多个单独的组件内容，如 FLVPlayback、BackButtton、BufferingBar、ForwarButton、PauseButton 和 PlayPauseButton 等组件，如图 5-24 所示。各组件的含义见表 5-5。

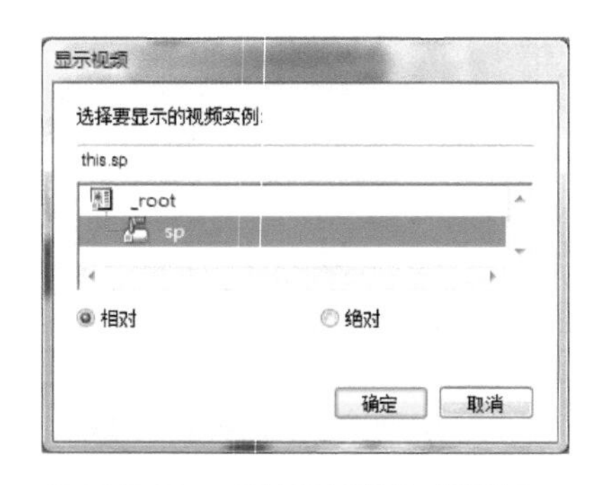

图 5-22　“显示视频”对话框

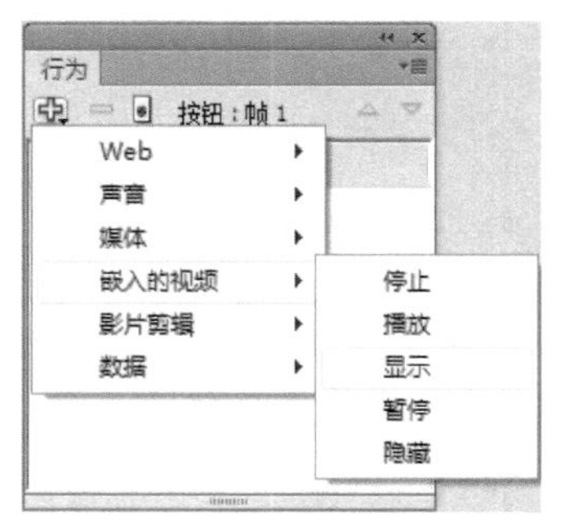

图 5-23　“按钮”动作面板

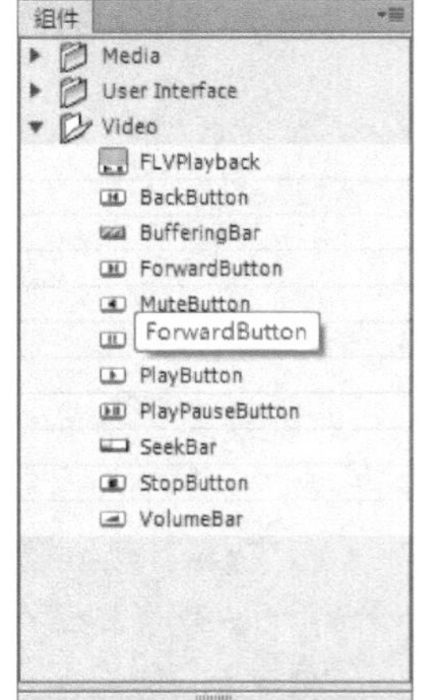

图 5-24　“组件”面板

表 5-5 Video 中各组件的含义

组 件	含 义
FLVPlayback	可以将视频播放器包括在 Adobe Flash CS6 Professional 应用程序中，以便播放通过 HTTP 渐进式下载的 Adobe Flash（FLV）视频文件
BackButtton	在舞台中添加一个“后退”控制按钮。从组件面板中将 BackButtton 组件拖放到舞台中，即可应用该组件。如果要对其外观进行编辑，可以在舞台中双击该组件，然后进行编辑即可
BufferingBar	在舞台中创建一个缓冲栏对象。该组件在默认情况下，是一个从左向右移动的有斑纹的条，在该条上有一个矩形遮罩，使其呈现斑纹滚动的效果
ForwarButton	在舞台中添加一个“前进”控制按钮，如果要对其外观进行编辑，可以在舞台中双击该组件，然后进行编辑即可
MuteButton	在舞台中创建一个声音控制按钮。MuteButton 按钮是带两个图层且没有脚本的一个帧。在该帧上，有 和 两个按钮，彼此叠放
PauseButton	在舞台中创建一个暂停控制按钮，其功能和 Flash 中一般的按钮相似，按钮组件需要被设置特定的控制事件后，才可以在影片中正常工作
PlayButton	在舞台中创建一个播放控制按钮
PlayPauseButton	在舞台中创建一个播放/暂停控制按钮。PlayPauseButton 是带两个图层且没有脚本的一个帧。在该帧上，有 Play 和 Pause 两个按钮，彼此叠放
SeekBar	在舞台中创建一个播放进度条，用户可以通过播放进度条来控制影片的播放位置
StopButton	在舞台中创建一个停止播放控制按钮
VolumeBar	在舞台中创建一个音量控制器

项目任务 5-3 元件的应用

对于动画中需要经常调用的图形或动画片段，元件的形式既提高了动画制作的效率，又避免了对相同内容的重复制作。通过调用制作的元件，可以在动画中需要的位置多次使用图形或动画片段，同时不会因为多次使用而增加动画文件的大小。

动手做 1 “库”面板的应用

“库”是一个可重用元素的仓库，这些元素称为元件。可将它们作为元件实例置入 Flash 影片中。导入的声音和位图将自动存置于“库”中，通过创建生成的“图形”、“按钮”和“影片剪辑”元件也同样保存在“库”中。

“库”的分类：库有两种，一种是用户库，也称“库”面板，用来存放用户创建的 Flash 动画中的元件，如图 5-25 所示；另一种是系统提供的“公用库”，不能在“公用库”面板中编辑元件，只有当调用到当前动画后才能进行编辑。“公用库”分为 3 种：声音、按钮和类。

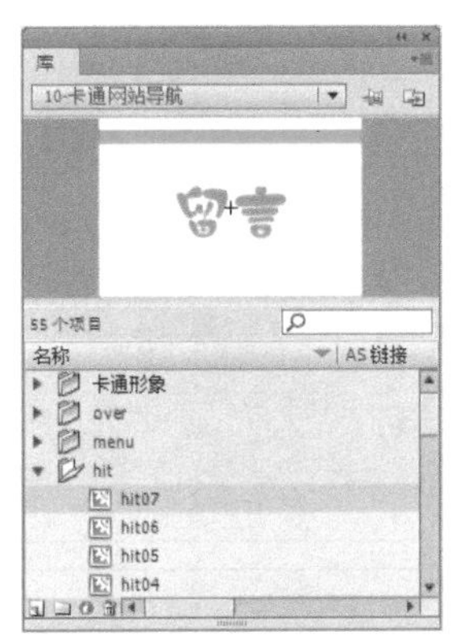

图 5-25 “库”面板

“库”面板的功能介绍如下。

（1）“库”面板菜单：单击下拉菜单按钮，可以在下拉菜单中选择并执行“新建元件”、“新建文件夹”等相关命令。

（2）新建库面板：新建一个当前的库面板。

（3）固定当前库：固定当前库后，可以切换到其他文档，然后将固定库中的元件引用到其他文档中。

（4）文档列表：可以在下拉列表中选择 Flash 文档。

（5）预览窗口：用于预览所选中的元件。如果被选中的元件是单帧，则在预览窗口中显示整个图形元件。如果被选中的元件是按钮元件，将显示按钮的普通状态。如果选定一个多帧动画文件，则预览窗口右上角会出现“播放”按钮和“停止”按钮。单击“播放”按钮可以播放动画或声音，单击“停止”按钮可以停止动画或声音的播放。

（6）统计与搜索：显示元件的数目，并可以在右侧的搜索栏中搜索元件。

（7）列标题：显示名称、链接情况等。

（8）项目列表：在项目列表中列出了库中包含的所有元素及它们的各种属性，列表中的内容既可以是单个文件，又可以是文件夹。

（9）功能按钮：包括新建元件按钮、新建文件夹按钮、属性按钮和删除按钮。

动手做 2　设置单帧——文字转换动画

我们通常将一系列需要使用的图片放入不同的关键帧中，需要显示图片时，指定相应的关键帧即可。制作文字转换动画，效果如图 5-26 所示，具体操作步骤如下。

（1）选择文件→新建菜单选项，选择“ActionScript 3.0”选项，新建一个 Flash 文档，命名为“5-文字转换效果”。在“属性”面板中，修改“舞台大小”为 350px×250px。

（2）新建“文字”图形元件，执行文件→导入→导入到舞台菜单命令，将 3 张字母图片导入舞台中，分别分散到第 1 帧～第 3 帧中。

图 5-26　文字转换动画

（3）新建“文字动画”影片剪辑元件，打开“库”面板，将“文字”图形元件拖曳至舞台中，在“属性”面板中修改色彩效果，将其 Alpha 值修改为 0，在循环选项中，设置选项为单帧，如图 5-27 所示。在时间轴第 10 帧位置插入关键帧，选择帧上元件，在“属性”面板中修改其“样式”为无，并将帧数设置为第 2 帧，如图 5-28 所示。在两个关键帧间创建传统补间。

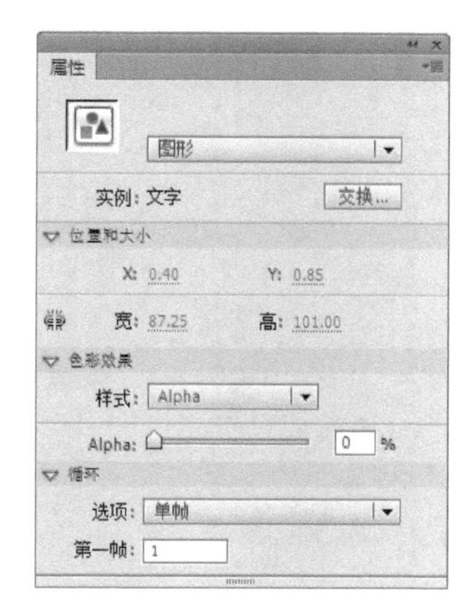

图 5-27　图形“属性”面板（1）

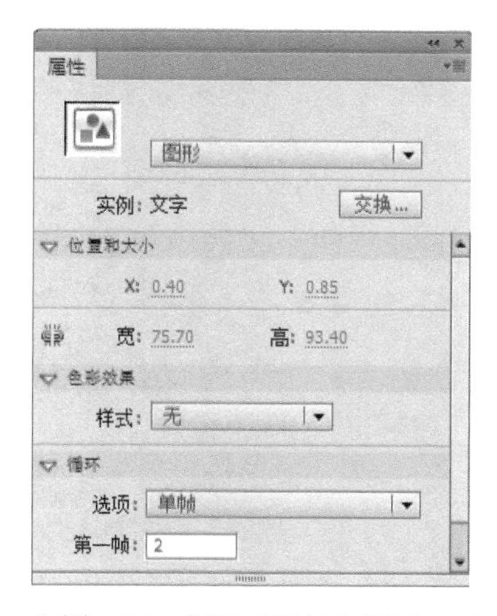

图 5-28　图形“属性”面板（2）

（4）选中第 1 帧～第 10 帧，单击鼠标右键，选择“复制帧”命令。在第 11 帧处单击鼠标右键，选择“粘贴帧”命令。选中第 11 帧～第 20 帧，单击鼠标右键，选择“翻转帧”命令。使用相同方法，可以制作出后面的动画效果。

（5）返回主场景中，将背景图片导入舞台，调整位置及大小。新建图层 2，将“文字动画”影片剪辑元件拖入舞台中，并调整元件大小。

（6）保存文件，按组合键 Ctrl+Enter 测试影片效果。

动手做 3　按钮元件

按钮元件是 Flash 影片中创建互动功能的重要组成部分。新建按钮元件后，进入编辑区，可以看到时间轴控制栏不是我们熟悉的带有时间标尺的时间轴，取代时间标尺的是 4 个空白帧，分别为“弹起”、“指针经过”、“按下”和“点击”，如图 5-29 所示。

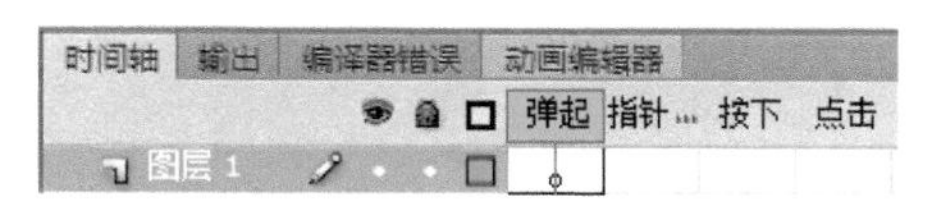

图 5-29　“按钮”时间轴面板

- 弹起：按钮在通常情况下呈现的状态，即鼠标没有在此按钮上或者未单击此按钮时的状态。
- 指针经过：鼠标指向状态，即当鼠标移动至该按钮上，但没有按下此按钮时所处的状态。
- 按下：鼠标按下该按钮时按钮所处的状态。
- 点击：该帧定义响应按钮事件的区域范围，只有当鼠标进入到这一区域时，按钮才开始响应鼠标的动作。另外，这一帧仅仅代表一个区域，并不会在动画选择时显示出来。通常，该范围不用特别设定，Flash 会自动依照按钮的“弹起”或“指针经过”状态时的面积作为鼠标的反应范围。

动手做 4　反应区——鼠标点击动画

本例通过一个简单的按钮制作，详细介绍按钮中如何应用影片剪辑，制作鼠标点击动画，如图 5-30 所示，具体操作步骤如下。

图 5-30　鼠标点击动画

（1）选择文件→新建菜单选项，选择“ActionScript 3.0”选项，新建一个 Flash 文档，命名为“5-反应区”。在“属性”面板中，修改“舞台大小”为 370px×300px。

（2）执行文件→导入→导入到舞台命令，将背景图片和卡通小猫图片导入到舞台中，调整其位置与大小，锁定图层。新建“星星”图形元件，单击工具箱中的多角星形工具按钮，打开“属性”面板，设置样式为“星形”，边数为“5”。在舞台中绘制一个无边框的紫色五角星。

（3）新建名称为“闪烁星星 1”的影片剪辑元件，进入元件编辑状态。从“库”面板中将“星星”元件拖曳到舞台中，选择“星星”元件，打开“动画预设”面板，在默认预设中选择“2D 放大”，单击“应用”按钮，单击“确定”按钮。使用相同方法，制作出“闪烁星星 2”影片剪辑元件。

（4）新建名称为“按钮”的按钮元件，在“指针经过”状态，单击鼠标右键选择插入关键帧，在“库”面板中，选择将“闪烁星星 1/2”拖入场景中，并调整其大小和位置。在“按下”状态插入空白关键帧。在“点击”状态插入关键帧，选择矩形工具，在舞台中绘制一个无边框矩形。

（5）返回主场景，新建图层 3，将“按钮”元件拖曳到舞台中，覆盖在图层 2 的小猫上，起到一个反应区的作用。

（6）保存文件，按组合键 Ctrl+Enter 测试影片效果，当鼠标移动到小猫上时，就会出现相应的动画效果。

动手做 5　按下——为按钮添加超链接

在 Flash 动画中，按钮通常使动画具有交互性，在影片中响应鼠标的点击、滑过及按下等动作，然后响应的事件结果传递给创建的互动程序进行处理。我们要把动作脚本添加到按钮实例上，需要先为其添加 on 事件处理函数。on 函数的语法格式如下：

```
on(鼠标事件)
{
此处是语句，用来响应鼠标事件
}
```

Flash 中的鼠标事件包括以下几种。

（1）press（按）：当鼠标指针移到按钮之上，单击鼠标左键时触发事件。

（2）release（释放）：当鼠标指针移到按钮之上，单击后松开鼠标左键时触发事件。

（3）releaseOutside（外部释放）：当鼠标指针移到按钮之上，单击鼠标左键，不松开鼠标左键，将鼠标指针移出按钮范围，再松开鼠标左键时触发事件。

（4）rollOver（滑过）：当鼠标指针由按钮外部，移到按钮内部时触发事件。

（5）rollOut（滑离）：当鼠标指针由按钮内部，移到按钮外部时触发事件。

（6）dragOver（拖过）：当鼠标指针移到按钮之上，单击鼠标左键，不松开鼠标左键，然后将鼠标指针拖曳出按钮范围，接着再拖曳回按钮之上时触发事件。

（7）dragOut（拖离）：当鼠标指针移到按钮之上，单击鼠标左键，不松开鼠标左键，然后将鼠标指针拖曳出按钮范围时触发事件。

（8）keyPress“<按键名称>”（按键）：当键盘的指定按键被按下时，触发事件。

为按钮添加超链接的操作步骤如下。

（1）使用 Flash 工具箱内的工具和外部素材图片，绘制好按钮元件。

（2）选中按钮元件，打开“动作”面板，添加如下脚本代码即可：

```
on(release)
{
getURL("http://www.baidu.com");
}
```

动手做 6　影片剪辑元件——制作星星闪烁效果

如果在一个 Flash 影片中，某一个动画片段会在多个地方使用，这时可以把该动画片段制作成影片剪辑元件。和制作图形元件一样，在制作影片剪辑时，可以创建一个新的影片剪辑，也就是直接创建一个空白的影片剪辑，然后在影片剪辑编辑区中对影片剪辑进行编辑。

制作星星闪烁效果，如图 5-31 所示，具体操作步骤如下。

（1）选择文件→新建菜单选项，选择“ActionScript 3.0”选项，新建一个 Flash 文档，命名为“5-反应区”。在“属性”面板中，修改“舞台大小”为 670px×450px，背景颜色设置为黑色，“帧频”设置为 12。

图 5-31　“星星闪烁”效果

（2）执行文件→导入→导入到舞台菜单命令，将一幅背景图片导入到舞台中。新建名称为“星星”的影片剪辑元件，并进入元件编辑状态，在第 1 帧上绘制一个星星形状，如图 5-32 所示。按 F8 键转换为图形元件，命名为“星”。

（3）分别选中时间轴上的第 2 帧～第 14 帧，然后按 F6 键插入关键帧，如图 5-33

所示。选中时间轴上的第 2 帧，使用任意变形工具，将星星形状向左旋转一定的角度。使用相同的方法，将剩余关键帧处的星星都向左调整一定的角度。

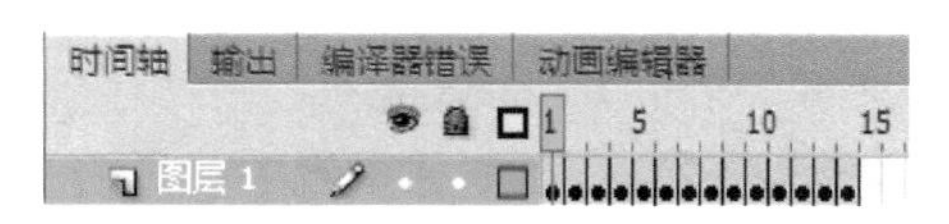

图 5-32 “星星”元件

图 5-33 “丑小鸭”形状提示点

（4）分别选中第 1 帧与第 14 帧处的星星，在“属性”面板中将它们的 Alpha 值设置为 0。分别选中第 2 帧～第 6 帧处的星星，在“属性”面板中将它们的 Alpha 值设置为 16%。

（5）返回主场景中，新建图层 2，从“库”面板中将影片剪辑“星星”拖曳到舞台中，然后选中影片剪辑“星星”，在“属性”面板中将宽、高均修改为 27px。最后选中影片剪辑“星星”，按 Alt 键，将其复制并铺满大半个舞台。

（6）新建图层 3，并在该层的第 3 帧处插入关键帧。从“库”面板中将影片剪辑“星星”拖曳到舞台中，然后选中影片剪辑“星星”，在“属性”面板中将宽、高均修改为 25px。最后选中影片剪辑“星星”，按 Alt 键，将其复制并铺满大半个舞台。

（7）新建图层 4，使用相同方法，将宽、高为 27px 的“星星”影片剪辑元件铺满舞台。最后，选中所有图层，在第 110 帧处按 F5 键，延续帧播放。

（8）保存文件，按组合键 Ctrl+Enter 测试影片，欣赏案例完成效果。

动手做 7 综合案例——电子相册

本例结合图片、按钮以及影片剪辑三类元件，制作电子相册，效果如图 5-34 所示，操作步骤如下。

图 5-34 电子相册

（1）选择文件→新建菜单选项，选择“ActionScript 3.0”选项，新建一个 Flash 文档，命名为“5-电子相册”。在“属性”面板中，修改“舞台大小”为 600px×400px。

（2）执行文件→导入→导入到库菜单命令，将 8 幅风景图片导入到库中，在库面板中新建文件夹，命名为“风景图片”，将 8 幅图片拖入其中。

（3）新建名称为“图像 1”的影片剪辑元件，并进入元件编辑状态。将“风景 1”图片拖入舞台中，在“属性”面板中修改其宽、高均为90px。使用相同的方法，制作出“图像 2”～“图像 8”影片剪辑元件。

（4）新建名称为“图像按钮 1”的按钮元件，选择“弹起”帧，从“库”面板中将“图像 1”影片剪辑元件拖入，打开“属性”面板，修改其 Alpha 值为 34%。在“指针经过”帧处插入关键帧，选择“图像 1”元件，在“属性”面板中设置样式为无。在“按下”和“点击”帧处，分别按 F5 键延续帧播放。使用相同方法，制作“图像按钮 2”～“图像按钮 8”按钮元件。

（5）新建“图像”影片剪辑元件，并进入元件编辑状态。在第 1 帧～第 8 帧分别插入“风景 1”～“风景 8”图片。选择第 1 帧，打开“动作”面板，输入停止脚本。

（6）执行窗口→公用库→buttons 菜单命令，打开“外部库”面板，选择一种系统自带按钮，进入按钮元件内部，对其稍作修改，制作出向左翻页、向右翻页、最前和最后 4 个按钮。

（7）返回主场景中，单击工具箱中的矩形工具按钮，设置填充为无，笔触为淡绿色，粗细为 10，在舞台中拖曳出一个相框框架。新建图层 2，将 4 个操作按钮以及 8 个图片按钮分别从“库”面板拖入场景中，并排列整齐。选中每个按钮，分别打开“属性”面板，为其设置实例名称“AN1”～“AN8”（图像按钮）以及“AN11”～“AN14”（操作按钮）。选择文本工具 T，在“属性”面板中，设置其为动态文本，并赋给变量 n，在舞台中单击绘制文本框。

（8）新建图层 3，从“库”面板中将“图像”元件拖入，调整元件位置。新建图层 4，绘制一个无边框矩形，设置矩形选项中的边角半径为 10，作为图层 3 的遮罩层。

（9）新建图层 5，选择第 1 帧，打开“动作”面板，输入脚本代码“n=1;”。选择第 2 帧，在“动作”面板中输入如图 5-35 所示脚本。

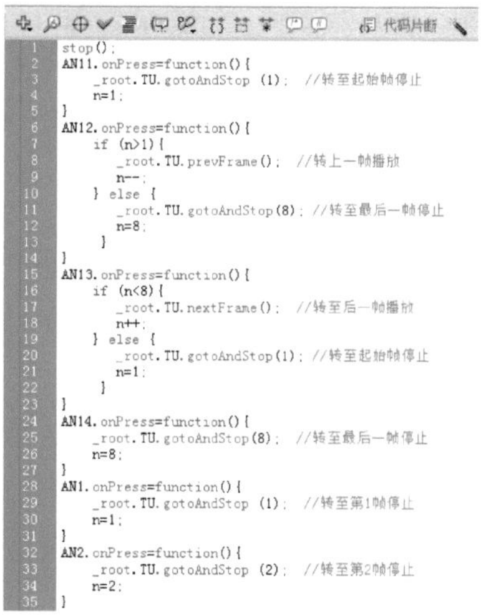

```
stop();
AN11.onPress=function(){
    _root.TU.gotoAndStop (1);  //转至起始帧停止
    n=1;
}
AN12.onPress=function(){
    if (n>1){
        _root.TU.prevFrame();  //转上一帧播放
        n--;
    } else {
        _root.TU.gotoAndStop(8); //转至最后一帧停止
        n=8;
    }
}
AN13.onPress=function(){
    if (n<8){
        _root.TU.nextFrame();  //转至后一帧播放
        n++;
    } else {
        _root.TU.gotoAndStop(1); //转至起始帧停止
        n=1;
    }
}
AN14.onPress=function(){
    _root.TU.gotoAndStop(8);  //转至最后一帧停止
    n=8;
}
AN1.onPress=function(){
    _root.TU.gotoAndStop (1);  //转至第1帧停止
    n=1;
}
AN2.onPress=function(){
    _root.TU.gotoAndStop (2);  //转至第2帧停止
    n=2;
}
```

图 5-35 “AS”脚本代码

（10）保存文件，按组合键 Ctrl+Enter 测试影片，电子相册即制作完成，可以按“上一张”和“下一张”按钮，进行图片翻页，也可以直接单击图像按钮查看。

课后练习与指导

一、选择题

1．以下各种关于图形元件的叙述，正确的是（　　）。

A．图形元件可重复使用

B．图形元件不可重复使用

C．可以在图形元件中使用声音

D．可以在图形元件中使用交互式控件

2．以下关于使用元件的优点的叙述，不正确的是（　　）。

A．使用元件可以使电影的编辑更加简单化

B．使用元件可以使发布文件的大小显著地缩减

C．使用元件可以使电影的播放速度加快

D．使用电影可以使动画更加的漂亮

3．下列关于元件和元件库的叙述，不正确的是（　　）。

A．Flash 中的元件有三种类型

B．元件从元件库拖到工作区就成了实例，实例可以进行复制、缩放等各种操作

C．对实例的操作，元件库中的元件会同步变更

D．对元件的修改，舞台上的实例会同步变更

4．下列属于 Flash 视频文件格式的是（　　）。

A．.SWF　　　B．.FLA　　　C．.FLV

5．给按钮元件的不同状态附加声音，要在单击时发出声音，则应该在（　　）帧下创建一个关键帧。

A．弹起　　　B．指针经过

C．按下　　　D．点击

6．元件和与它相应的实例之间的关系是（　　）。

A．改变元件，则相应的实例一定会改变

B．改变元件，则相应的实例不一定会改变

C．改变实例，对相应的元件一定有影响

D．改变实例，对相应的元件可能有影响

二、填空题

1．Flash 允许用户把________、数据、图像、声音和脚本交互控制融为一体。

2．按钮元件的三种状态分别为________、________和________。

3．声音对象的构造函数是________。

4．库分为________和________。

三、简答题

1．Flash 可导入声音文件的类型有哪些？

2．Video 的常用组件是什么？

四、实践题

练习 1：制作一个 MP3 播放器，如图 5-36 所示。

练习 2：制作一个视频播放器，如图 5-37 所示。

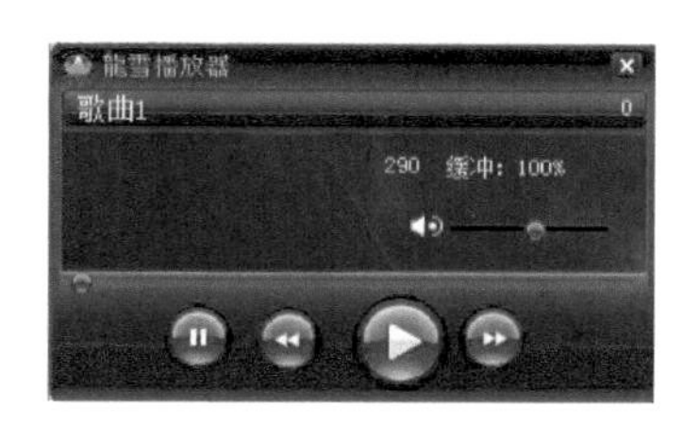

图 5-36 MP3 播放器

图 5-37 视频播放器

练习 3：制作一个按钮动画——彩球，如图 5-38 所示。

练习 4：利用影片剪辑元件，制作画面切换动画，如图 5-39 所示。

图 5-38 彩球

图 5-39 画面切换动画

练习 5：制作一个综合动画——美人鱼动画，如图 5-40 所示。

图 5-40 美人鱼动画

模块 06 ActionScript 的应用

你知道吗

Flash 动画中经常需要实现人和动画的交互以及动画内部各对象的交互。利用 Flash 的动作脚本，不仅可以制作出各种交互动画，而且可以用于实现下雪、鼠标跟随等特效动画。在 Flash CS6 中，可以使用 ActionScript 1.0、ActionScript 2.0 和 ActionScript 3.0。

学习目标

- 了解交互式动画的含义
- 了解“动作”面板的特点和基本使用方法
- 了解 ActionScript 2.0 的基本语法、常量、变量、运算符和表达式等
- 掌握程序设计的基本方法和技巧
- 熟练运用部分全局函数

项目任务 6-1 时间轴控制

时间轴控制函数用来控制时间轴的播放进程，它包括 9 个简单函数，利用这些函数可以定义动画的一些简单的交互控制。在动作面板中执行全局函数→时间轴控制菜单命令，可以看到这 9 个函数。

时间轴控制函数可以添加在关键帧、按钮和影片剪辑实例上，每个函数都包括英文格式的括号，并以英文格式的分号结尾，脚本的书写是区分大小写的。

动手做 1 “动作”面板介绍

Flash 提供了一个专门处理动作脚本的编辑环境——动作面板，如图 6-1 所示。

动作面板是 Flash 的程序编辑环境，执行窗口→动作菜单命令或者按 F9 快捷键，均可打开动作面板。它由 3 个区域组成：脚本命令列表区、脚本导航器和脚本窗口。其中，脚本窗口中包含“辅助按钮栏”。

（1）脚本命令列表区：可以在最上方的“ActionScript 版本选择”下拉列表框中选择 ActionScript 的版本。一般情况下均选择“ActionScript 1.0 & 2.0”版本。在下方的命令列表区内，包含文件夹和索引文件夹。单击可以展开文件夹，文件夹内有下一级的文件夹或命令，双击命令或使用鼠标拖曳命令到脚本窗口，均可添加动作脚本。

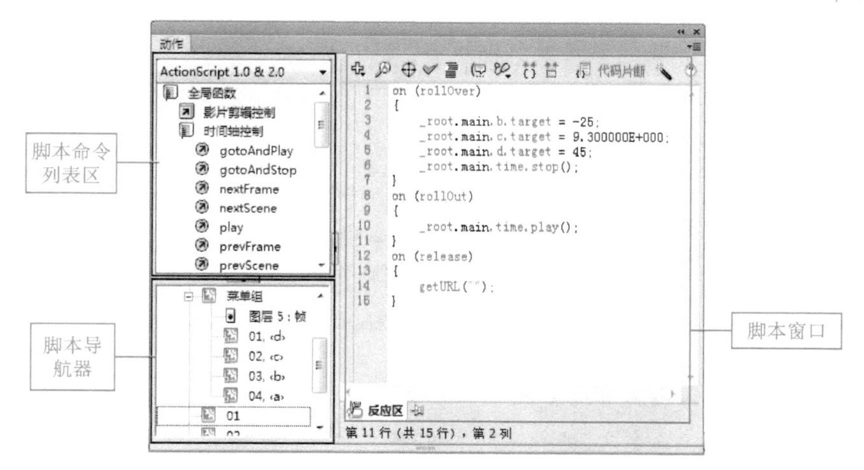

图 6-1 “动作”面板

（2）脚本导航器：此窗口列出了动画中所有出现脚本的具体位置和相关信息（所在图层、关键帧名称、按钮、影片剪辑元件名称和实例名称等）。单击“脚本导航器”中的某一项目，则与该项目关联的脚本将出现在“脚本窗口”中，并且播放头将转移到时间轴上该脚本所在的位置，舞台同时显示该位置的动画。

（3）脚本窗口：包括“辅助按钮栏”和“程序编辑区”。“程序编辑区”即用户输入代码的区域。“辅助按钮栏”包括一些按钮，它们的作用如下。

- “将新项目添加到脚本中”按钮：单击可以打开如图 6-2 所示的菜单，选择其中的命令，可将相应的命令添加至“程序编辑区”内。
- “查找”按钮：单击可以打开“查找和替换”对话框，如图 6-3 所示，进行所需字符串的查找和替换工作。

图 6-2 脚本导航

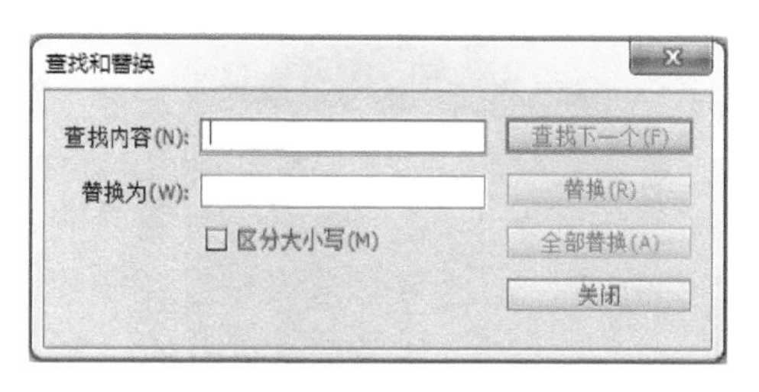

图 6-3 “查找和替换”对话框

- “插入目标路径”按钮：单击可以打开“插入目标路径”对话框，在该对话框中选择路径的方式、路径的符号和对象的路径。
- “语法检查”按钮：单击可以检查程序是否存在语法错误。如果不正确，则会显示相应的提示信息。
- “自动套用格式”按钮：单击可以使程序中的命令按设置的格式重新调整。例如，使程序中应该缩进的命令自动缩进。
- “显示代码提示”按钮：在当前命令没有设置好参数时，单击它会打开一个参数提示列表框，供用户选择参数，参数提示列表框根据光标定位的位置不同而不同。
- “调试选项”按钮：单击可以打开调试程序的菜单，可以将选中的命令行设置为断点，运行程序后会在该行暂停。

动手做 2 使用“动作”面板——为动画添加“停止”脚本

动画停止脚本：stop();

该函数的含义是停止当前播放的影片，该动作最常见的运用是使用按钮控制影片剪辑。例如：需要某个影片剪辑在播放完毕后停止而不是循环播放，就可以在影片剪辑的最后一帧附加 stop 动作。这样，当影片剪辑中的动画播放到最后一帧时，播放将立即停止。

停止脚本在 Flash 动画制作中属于最常见的脚本语句之一，在画面需要静止、动画停顿等情况下均需使用。为动画添加“停止”脚本，效果如图 6-4 所示，具体操作步骤如下。

图 6-4 为动画添加“停止”脚本

（1）选择文件→新建菜单选项，选择“ActionScript 2.0”选项，新建一个 Flash 文档，命名为“6-停止”。在“属性”面板中修改舞台大小为 300px×200px。

（2）打开第 4 章中的实例动画“水滴广告”。在“库”面板的选择下拉框中选择“水滴广告”，将“小花儿”影片剪辑元件拖入舞台中。

（3）双击“小花儿”影片剪辑元件，进入元件编辑区。新建图层 AS，在第 60 帧位置插入关键帧，执行窗口→动作菜单命令或按 F9 键，打开“动作”面板。在全局函数→时间轴控制文件夹下选择 stop 函数，双击该函数即可。

（4）保存文件后，按 Ctrl+Enter 组合键打开 Flash Player 播放影片，效果如图 6-4 所示。

动手做 3 使用 gotoAndPlay()和 gotoAndStop()——制作跳转动画效果

（1）gotoAndPlay();

格式：gotoAndPlay(scence,frame);

参数：scence，表示跳转至场景的名称；frame，表示跳转至帧的名称或帧数。

该函数一般添加在关键帧或按钮实例上，含义是跳转并播放，即跳转到指定场景的指定帧，并从该帧开始播放。如果没有指定场景，则跳转到当前场景的指定帧。使用该语句可以随心所欲地播放不同场景、不同帧的动画。

（2）gotoAndStop();

格式：gotoAndStop(scence,frame);

参数：scence，表示跳转至场景的名称；frame，表示跳转至帧的名称或帧数。

该函数的含义是跳转并停止播放，即跳转到指定场景的指定帧，并从该帧停止播放。如果没有指定场景，则跳转到当前场景的指定帧，停止播放。

制作跳转动画，效果如图 6-5 所示，具体操作步骤如下。

（1）选择文件→打开菜单选项，打开外部的素材文件“3-飞翔的小鸟”，选择文件→另存为命令，将其另存为“6-跳转”。

（2）新建图层，执行窗口→公用库→buttons 菜单命令，打开“外部库”面板，选择两个按钮元件并拖入舞台中，调整位置。进入按钮元件内部，分别修改文字为 start 和 stop。

（3）选择 start 按钮元件，打开“动作”面板，输入如图 6-6 所示脚本。两个按钮分别控制小鸟的飞翔和停止。新建图层，在第 1 帧位置打开“动作”面板，输入 stop 停止脚本。

图 6-5 跳转动画

图 6-6 “按钮”元件脚本

（4）保存文件后，按 Ctrl+Enter 组合键打开 Flash Player 测试影片，效果如图 6-5 所示。

项目任务 6-2 “行为”面板

行为是 Flash 中预先编写的动作脚本，可以将它们添加至某个对象，从而控制该对象。“行为”面板（如图 6-7 所示）的应用对象有 3 个，就是我们常说的帧、按钮、影片剪辑。行为可以将动作脚本编码的强大功能、控制能力以及灵活性添加到文档中，而不必使用用户组件创建动作的脚本代码。在制作动画的过程中，可以使用行为来控制实例、视频、声音等对象。

动手做 1 使用“行为”面板——创建元件超链接

通过“行为”面板，可以给任何选中的对象添加行为，如图 6-8 所示。当为某一对象添加行为后，在“动作”面板中会自动生成该行为的脚本代码。在“行为”面板中包含 Web、声音、媒体、嵌入的视频、影片剪辑和数据 6 类行为。

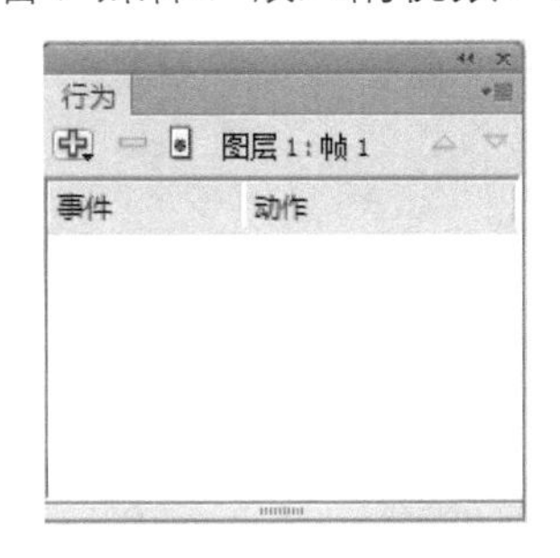

图 6-7 “行为”面板

图 6-8 “行为”面板选项

“行为”面板只可应用于 ActionScript 2.0 及以下版本。

通常在为按钮添加跳转链接时使用，如导航菜单等，具体操作步骤如下。

（1）选择文件→新建菜单选项，选择“ActionScript 2.0”选项，新建一个 Flash 文档，

命名为“6-创建超链接”。

（2）执行窗口→公用库→buttons 菜单命令，打开“外部库”面板，选择 1 个按钮元件拖入舞台中，进入元件内部，修改文字为“欢迎登录”，如图 6-9 所示。

（3）执行窗口→行为命令，打开“行为”面板，如图 6-8 所示。选择按钮元件后，单击添加行为按钮，选择 Web→转到 Web 页选项，打开如图 6-10 所示面板，在“URL”栏中输入网址，指定打开方式，单击“确定”按钮。

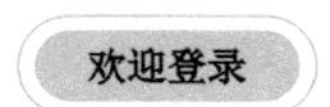

图 6-9 “欢迎登录”按钮元件

图 6-10 “转到 URL”对话框

（4）按 Ctrl+Enter 组合键打开 Flash Player 测试影片。单击按钮时，即可打开一个网页内容。

动手做 2 使用“行为”——加载外部的影片剪辑

“加载外部影片剪辑”选项功能可实现从外部加载指定的影片剪辑到 SWF 文件中播放。其优点是可以减小主动画的文件大小，而且在制作的时候可以把不同内容的动画分别制作成独立的 SWF 文件，存放在同一文件夹中，再利用此功能实现链接。

加载外部的影片剪辑，如图 6-11 所示，具体操作步骤如下。

（1）选择文件→新建菜单选项，选择“ActionScript 2.0”选项，新建一个 Flash 文档，命名为“6-加载外部影片剪辑”。

（2）将背景图片导入舞台中，调整大小及位置。新建“加载位置”影片剪辑元件。返回主场景中，新建图层 2 并命名为“AS”，将“加载位置”元件拖入舞台中，打开“属性”面板，为其添加实例名称“link”。

（3）选择 AS 图层中的第 1 帧，打开“行为”面板，单击添加行为按钮，选择影片剪辑→加载外部影片剪辑选项，打开加载外部影片剪辑对话框，如图 6-12 所示，输入需要加载的影片剪辑所在位置 URL，选择加载位置，单击“确定”按钮，此时“动作”面板中会自动生成脚本代码。

图 6-11 加载外部的影片剪辑

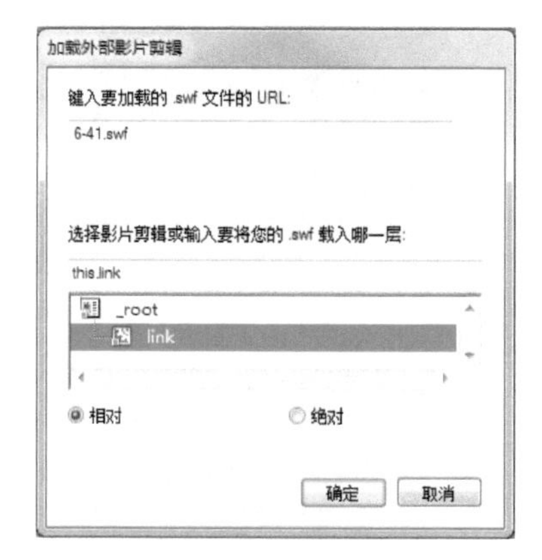

图 6-12 “加载外部影片剪辑”对话框

（4）按 Ctrl+Enter 组合键打开 Flash Player 测试影片。外部的影片剪辑会加载到该动画中，如图 6-11 所示。

知识拓展

“影片剪辑行为”参数详解如表 6-1 所示。

表 6-1 “影片剪辑行为”参数详解

影片剪辑行为	参 数 详 解
上移一层/下移一层	将目标影片剪辑或屏幕在堆叠顺序中上/下移一层
停止拖曳影片剪辑	停止当前的拖曳动作
加载图像	将外部图形加载到指定的影片剪辑中
加载外部影片剪辑	将外部的影片剪辑加载到指定的影片剪辑中
卸载影片剪辑	删除使用“加载影片”行为或动作加载的 SWF 文件
开始拖曳影片剪辑	可以拖曳影片剪辑元件
直接复制影片剪辑	可以复制影片剪辑元件
移到最前	将目标影片剪辑或屏幕移到堆叠顺序的顶部
移到最后	将目标影片剪辑移到堆叠顺序的底部
转到帧或标签并在该处停止	设置影片跳转到指定的帧或标签，并在该处停止播放
转到帧或标签并在该处播放	设置影片跳转到指定的帧或标签，并在该处继续播放

动手做 3 使用“行为”——播放音乐

音乐的添加可以为动画增色不少，音乐的播放需要随着使用者的需求定制时，控制音乐的播放也可以使用“行为”面板操作，如图 6-13 所示，具体操作步骤如下。

图 6-13 播放音乐

（1）选择文件→新建菜单选项，选择“ActionScript 2.0”选项，新建一个 Flash 文档，命名为“6-播放音乐”。

（2）执行文件→导入→导入到舞台菜单命令，将背景图片导入到舞台中。打开“外部库”面板，拖入两个按钮元件，分别命名为“播放”和“暂停”。

（3）进入“播放”按钮元件内部，对其稍作修改。在“指针经过”帧，使用文本工具T在按钮下方输入文本“播放”，并修改按钮颜色，如图 6-13 所示。使用相同方法修改“停止”按钮元件。

（4）返回主场景中，执行文件→导入→导入到库命令，将一个音乐文件导入到“库”中。新建图层 2，从“库”面板中将“播放”与“停止”按钮元件拖入舞台中。

（5）选中“播放”按钮元件，执行窗口→行为菜单命令，打开“行为”面板。在“行为”面板中单击添加行为按钮，在弹出的菜单中选择声音→从库加载声音，在弹出的对话框中输入库中声音的链接标识符，然后输入声音的实例名称，如图 6-14 所示。选中“停止”按钮元件，执行窗口→行为菜单命令，在“行为”面板中单击添加行为按钮，在弹出的菜单中选择声音→停止声音，在弹出的对话框中输入库中声音的链接标识符，然后输入声音实例名称，如图 6-15 所示。

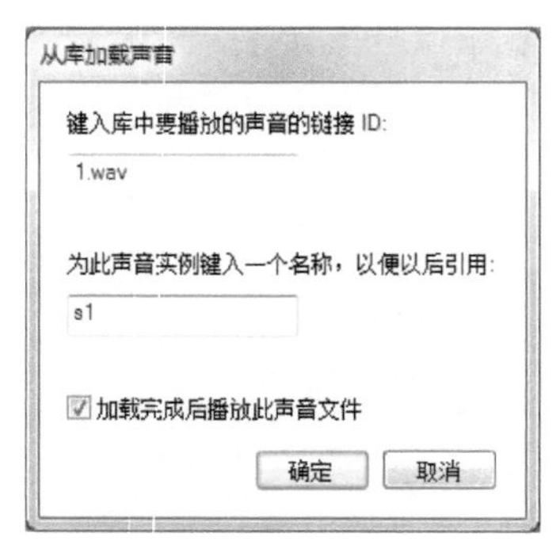

图 6-14 “从库加载声音”对话框

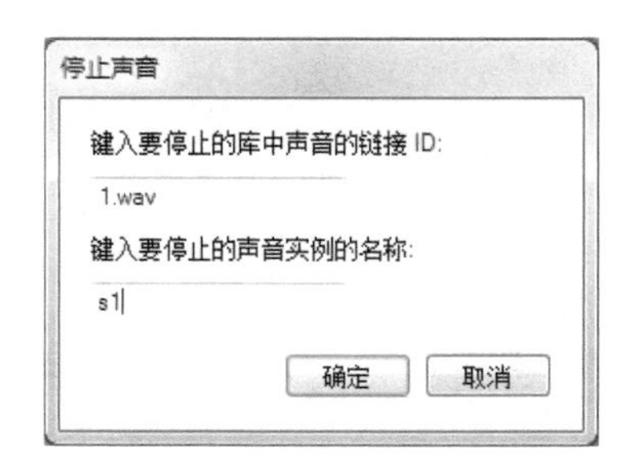

图 6-15 “停止声音”对话框

（6）打开“库”面板，在导入的声音文件上单击鼠标右键，在弹出的快捷菜单中选择属性命令，打开“声音属性”对话框，进入“ActionScript”选项卡，选择“为 ActionScript 导出”复选框。

（7）保存文件，按组合键 Ctrl+ Enter，测试动画最终效果，按下“播放”按钮时开始播放音乐，按下“停止”按钮时音乐停止播放。

知识拓展

“音乐行为”参数详解如表 6-2 所示。

表 6-2 “音乐行为”参数详解

音乐行为	参数详解
从库加载声音	从库中加载声音文件到影片中，并为其设置行为触发事件。当在播放影片时，触发了行为事件后，即会从库中调用声音进行播放
停止声音	停止播放相应的声音文件
停止所有声音	针对的对象是全部的声音，当在影片中执行该命令时，将起到静音的作用
加载 MP3 流文件	将 Flash 外部的 MP3 声音文件以数据流的形式加载到 Flash 中
播放声音	用于播放相应声音文件的命令

动手做 4 使用“行为”——制作视频播放器

Flash 视频播放器在网页、贺卡、课件中经常使用，制作视频播放器如图 6-16 所示，具体操作步骤如下。

（1）选择文件→新建菜单选项，选择“ActionScript 2.0”选项，新建一个 Flash 文档，命名为“6-视频播放器”。在“属性”面板中，修改“舞台大小”为 450px×350px，“背景颜色”设置为黑色。

图 6-16 视频播放器

（2）执行文件→导入→导入视频菜单命令，打开“导入视频”对话框，单击“浏览”按钮，打开“打开”对话框，在其中选择要导入的视频，将文件路径添加到“导入视频”对话框中，选择“在SWF 中嵌入 FLV 并在时间轴中播放”单选项。单击“下一步”按钮，在打开的“嵌入”界面中设置“符号类型”为“嵌入的视频”，选中“将实例放置在舞台中”、“如果需要，可扩展时间轴”和“包括音频”3 个复选项，单击“下一步”按钮。在打开的“完成视频导入”界面中显示完成了视频的导入，单击“完成”按钮，完成视频的导入。

（3）在舞台中可以看到刚刚导入的视频文件，在“时间轴”面板中可以看到时间轴被延长。选中视频，在“属性”面板中设置实例名称为“movie”。

（4）新建图层 2，打开“组件”面板，如图 6-17 所示，将 Video 分类中的 PlayButton 组件、PauseButton 组件、StopButton 组件、ForwardButton 组件和 BackButton 组件拖放到舞台，使用“对齐”面板调整位置。

（5）选中 PlayButton 组件，打开“行为”面板，单击添加行为按钮，在弹出的下拉菜单中选择嵌入的视频→播放命令，如图 6-18 所示。打开“播放视频”对话框，在其中选择“movie”视频实例，如图 6-19 所示。

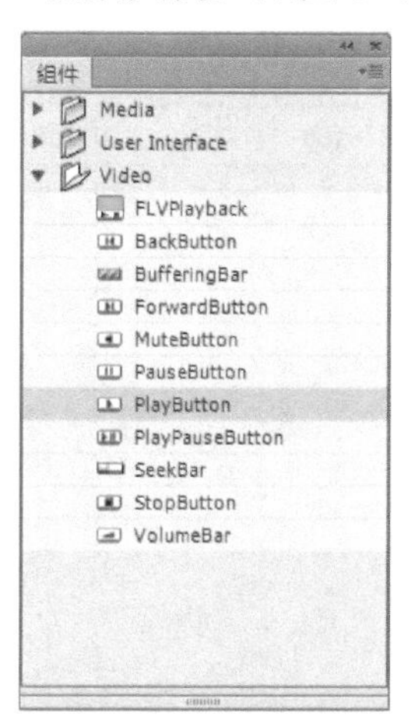

图 6-17 “组件”面板

图 6-18 “行为”面板

（6）使用相同方法，为其他组件添加行为。其中，ForwardButton 组件和 BackButton 组件，在打开的对话框中，在“输入视频应前进/后退的帧数”文本框中输入“24”，如图 6-20 所示。

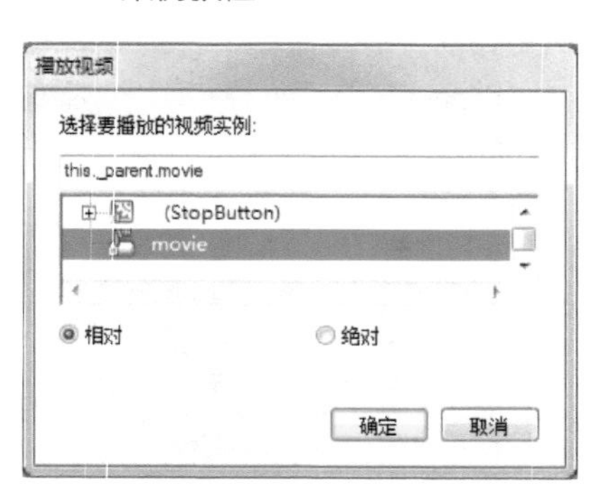

图 6-19 “播放视频”对话框　　图 6-20 “视频快进”对话框

（7）保存文件，按组合键 Ctrl+ Enter，测试动画最终效果，按下不同按钮时，触发对应的事件。

知识拓展

“视频行为”参数详解如表 6-3 所示。

表 6-3 “视频行为”参数详解

视频行为	参数详解
停止	停止播放嵌入的视频，并跳回最开始的帧
后退	使目标视频的播放进度向后退，并且可以在“后退视频”对话框中设置每次视频后退的帧数
快进	使目标视频的播放进度快速前进，并且可以在“视频快进”对话框中设置每次视频快进的帧数
播放	使停止播放的目标视频文件开始播放，其编辑方法与“停止”行为命令相同
显示	使目标视频显示在舞台中
暂停	暂时停止播放视频，目标视频在当前帧处停止视频的播放
隐藏	将目标视频在舞台中隐藏，变为不可见。可通过“显示”行为命令恢复其显示状态

项目任务 6-3 “代码片断”面板

在 Flash CS6 的窗口菜单中，可打开一个“代码片断”面板，该面板也可以从“动作”面板右上角的“代码片断”按钮中弹出。利用“代码片断”面板，可以添加能影响对象在舞台上行为的代码，可以添加能在时间轴中控制播放的代码，也可以将自己创建的新代码片断添加到面板中，如图 6-21 所示。

面板左侧为添加到当前帧和复制到剪切板两个按钮，右侧为一个选项下拉菜单。下面的窗口中，是系统提供的代码片段文件夹，共 11 个文件夹。

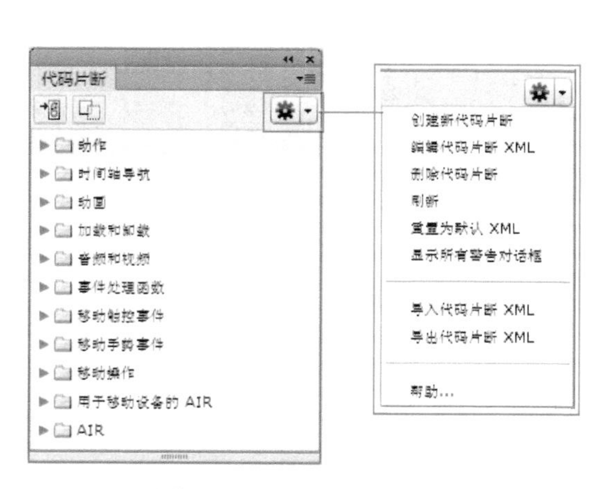

图 6-21 “代码片断”面板

动手做 1　代码片断——隐藏对象

在“代码片断”面板中，“动作”文件夹下的命令“单击以隐藏对象”，可以将元件的可见值 visible 设置为 false，即为隐藏对象，使其不可见。

设置“消灭星星”隐藏对象，如图 6-22 所示，具体操作步骤如下。

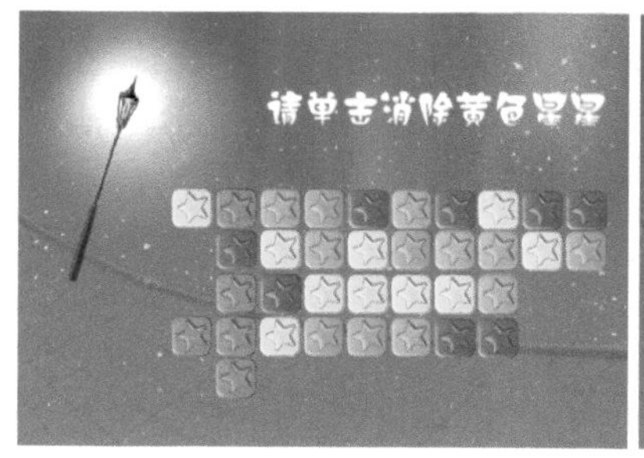

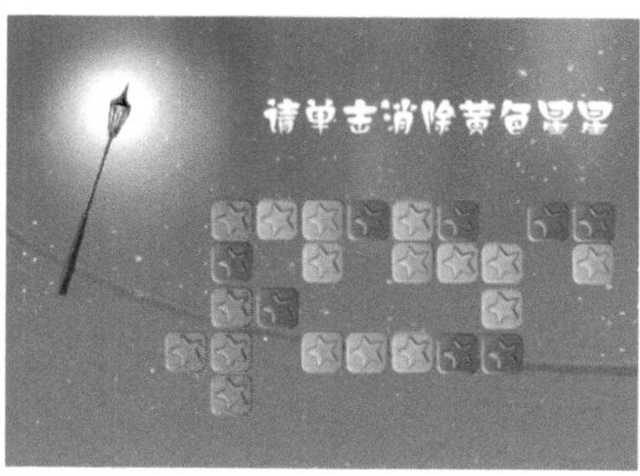

图 6-22　“消灭星星”隐藏对象

（1）选择文件→新建菜单选项，选择“ActionScript 3.0”选项，新建一个 Flash 文档，命名为“6-消灭星星”。

（2）执行文件→导入→导入到舞台菜单命令，将背景图片导入到舞台中，按 F8 键，转换为图形元件，调整背景图片大小及位置。将星星素材图片导入“库”中，分别转换为影片剪辑元件。

（3）新建图层 2，将“星星”影片剪辑元件逐个拖入舞台中，使用“对齐”面板摆放好位置，如图 6-22 所示。选择第 1 个“星星”元件，执行窗口→代码片断菜单命令，打开“代码片断”面板，如图 6-23 所示。选择动作→单击以隐藏对象选项，双击菜单命令，打开“设置实例名称”对话框，设置实例名称为“yellow1”，如图 6-24 所示。可以看到“动作”面板中自动添加的脚本代码，如图 6-25 所示。使用相同方法，为其他黄色星星设置“代码片断”。

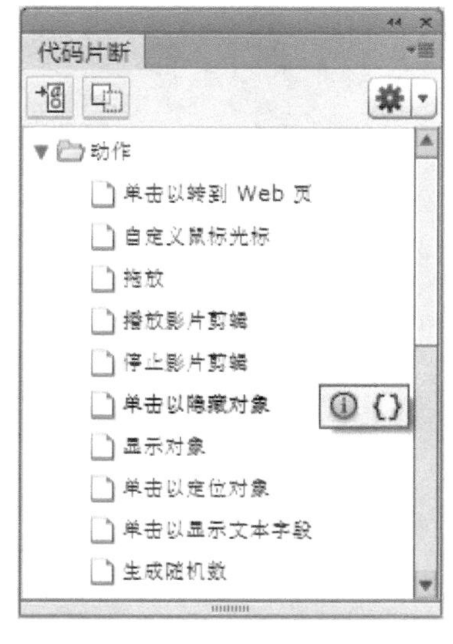

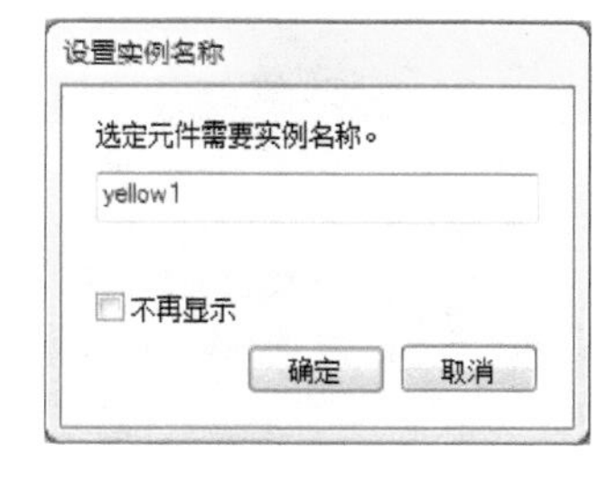

图 6-23　“代码片断”面板　　　　图 6-24　“设置实例名称”对话框

（4）新建图层 3，使用文本工具 T 输入文字，如图 6-22 所示。

（5）保存文件，按组合键 Ctrl+ Enter，测试动画最终效果，鼠标单击黄色星星时，即可将对象隐藏。

```
1
2  /* 单击以隐藏对象
3  单击此指定的元件实例会将其隐藏。
4
5  说明：
6  1. 将此代码用于当前可见的对象。
7  */
8
9  yellow1.addEventListener(MouseEvent.CLICK, fl_ClickToHide_7);
10
11 function fl_ClickToHide_7(event:MouseEvent):void
12 {
13     yellow1.visible = false;
14 }
```

图 6-25　“动作”代码

动手做 2　代码片断——键盘控制动画

在“代码片断”面板中，“动画”文件夹下的命令“用键盘箭头移动”，允许用键盘箭头移动指定的元件实例，每按一次方向键，默认移动 5px。

制作键盘控制动画，如图 6-26 所示，具体操作步骤如下。

（1）选择文件→新建菜单选项，选择“ActionScript 3.0”选项，新建一个 Flash 文档，命名为“6-键盘控制动画”。打开“属性”面板，设置舞台大小为 480px × 320px。

（2）执行文件→导入→导入到库菜单命令，将背景图片与小螃蟹素材图片导入到“库”面板中。将背景图片拖曳至场景中，按 F8 键转换为图形元件。新建图层，将小螃蟹素材图片拖入舞台，转换为“小螃蟹”影片剪辑元件，调整其大小与位置。

（3）选中“小螃蟹”影片剪辑元件，打开“代码片断”面板，在“动画”选项中选择“用键盘箭头移动”选项，如图 6-27 所示。双击为元件指定实例名称。单击“确定”按钮，可以在“动作”面板看到自动添加好的脚本代码。

图 6-26　键盘控制动画

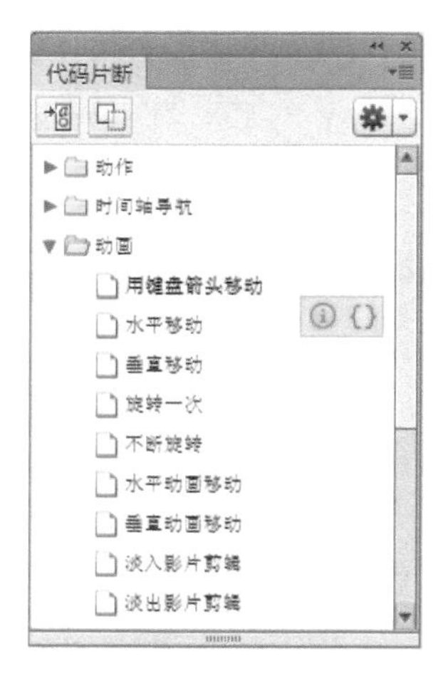

图 6-27　“代码片断”面板

（4）保存文件，按组合键 Ctrl+Enter，测试动画最终效果，可以使用上、下、左、右方向键来控制小螃蟹的运动，如图 6-26 所示。

⁘ 动手做 3　代码片断——单击以定位对象

在“代码片断”面板中，“动作”文件夹下的命令“单击以定位对象”，将此指定的元件实例移动到用户指定的 x 坐标和 y 坐标位置。

制作“单击以定位对象”动画，如图 6-28 所示，具体操作步骤如下。

图 6-28　单击以定位对象

（1）选择文件→打开菜单选项，打开第 3 章中的一个实例“3-飞翔的小鸟”，执行文件→另存为命令，将其另存为“6-单击定位”。

（2）新建影片剪辑元件，并命名为“飞翔的小鸟”，进入元件编辑状态。从“库”面板中将“bird”影片剪辑元件拖入场景中，在第 50 帧的位置插入帧，将元件水平移动一段距离，为两个关键帧创建传统补间动画。

（3）返回主场景中，将“飞翔的小鸟”元件拖入舞台，选中元件，打开“代码片断”面板，在“动作”选项中选择“单击以定位对象”选项，双击为元件指定实例名称。单击“确定”按钮，可以在“动作”面板看到自动添加好的脚本代码。

（4）将“飞翔的小鸟”元件任意拖曳到舞台其他位置。保存文件，按组合键 Ctrl+Enter，测试动画最终效果，单击元件，即可定位对象到指定位置，如图 6-28 所示。

项目任务 6-4　综合应用

在制作动画时，很多时候需要实现动画的交互性、数据处理以及其他功能。例如，在动画中显示当前系统的时间，这些都需要使用 ActionScript 脚本来实现。

⁘ 动手做 1　使用 ActionScript 2.0——花朵跟随鼠标效果

在动画作品中添加鼠标跟随特效，可以达到锦上添花的效果，这些特效使得整个 Flash 动画变得活灵活现，更具可观性。本例中将对鼠标跟随特效进行介绍，制作花朵跟随鼠标特效，如图 6-29 所示，具体操作步骤如下。

图 6-29　花朵跟随鼠标效果

（1）选择文件→新建菜单选项，选择“ActionScript 2.0”选项，新建一个 Flash 文档，命名为“花朵跟随鼠标效果”。

（2）执行文件→导入→导入到舞台命令，将背景图片导入舞台中，调整大小到合适的位置，按 F8 键转换为“bg”图形元件。

（3）新建影片剪辑元件并命名为“花朵动画”，进入元件编辑状态。单击工具箱中的钢笔工具按钮，在舞台中绘制出花瓣轮廓，如图 6-30（a）所示。使用颜料桶工具，设置线性渐变填充色，分别为鹅黄色和白色，为花瓣填充颜色。选择渐变变形工具，对花瓣的渐变填充色进行调整，删除轮廓路径。选择任意变形工具，修改花瓣的中心点位置至花瓣底部，分别复制 4 份花瓣图形，修改填充色角度，效果如图 6-30（b）所示。使用相同方法，分别使用铅笔工具和刷子工具绘制出花蕊，如图 6-30（c）所示。

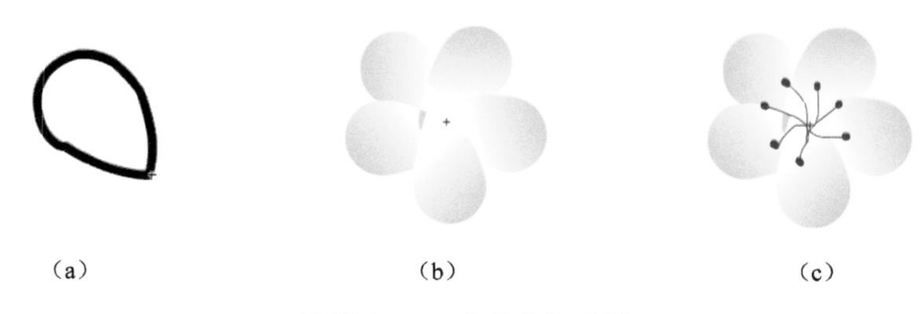

图 6-30 “花朵”元件

（4）选中绘制好的花朵，按 F8 键转换为图形元件，并命名为“花朵”。调整“花朵”元件到合适的位置，在第 100 帧的位置插入关键帧，将元件垂直向下移动一段距离，并在“属性”面板中修改元件 Alpha 值为 0。在两个关键帧中间创建传统补间动画，制作出花朵下落的动画效果。

（5）新建图层 2，在第 100 帧的位置插入关键帧，打开“动作”面板，输入脚本“this.removeMovieClip();”。

（6）返回主场景编辑状态，新建图层 2，打开“库”面板，将“花朵动画”拖入舞台中，并调整元件到合适的位置，打开“属性”面板，为其设置实例名称“flower”。新建图层 3，打开“动作”面板，输入相应的脚本代码，如图 6-31 所示。

```
1  i = 1;
2  flower._visible = false;
3  flower.onMouseMove = function() {
4      freq = random(8);
5      if (freq == 0) {
6          scale = Math.random()*50+30;
7          rotate = Math.random()*360;
8          this.duplicateMovieClip("flower"+i, i);
9          _root["flower"+i]._x = _root._xmouse;
10         _root["flower"+i]._y = _root._ymouse;
11         _root["flower"+i]._xscale = scale;
12         _root["flower"+i]._yscale = scale;
13         _root["flower"+i]._rotation = rotate;
14     }
15     i++;
16 };
```

图 6-31 “动作”代码

（7）按 Enter 键可测试动画在时间轴上的播放效果。保存文件后，按 Ctrl+Enter 组合键打开 Flash Player 播放影片。

知识拓展

1. random 随机函数的使用

random 函数在 Flash 中是经常使用的函数，可以生成基本的随机数、创建随机的移动、设置随机的颜色，以及控制对象随机的变换位置和其他更多的作用。

随机函数的应用格式：random()和 Math.random()。

random（number）返回一个 0～number-1 的随机整数，参数 number 代表一个整数。示例：number(8)，本句的作用是产生一个 0～7 的随机整数并输出该随机整数。

Math.random()产生 0～1 有 14 位精度以上的任意小数，注意，它没有参数。

2. 复制影片剪辑 duplicateMovieClip 语句

格式：duplicateMovieClip（target,newname,depth）

参数：target，要复制的影片剪辑实例名称的路径；newname，已复制的影片剪辑的唯一标识符；depth，已复制的影片剪辑的唯一深度级别。深度级别是复制的影片剪辑的堆叠顺序，必须为每个复制的影片剪辑分配一个唯一的深度级别。如果在同一深度级别中添加的影片剪辑实例多于一个，则新的影片剪辑实例将替换旧的影片剪辑实例。

复制多个影片剪辑：本例中复制了多个“花朵动画”影片剪辑，语句为“this.duplicateMovieClip（"flower"+i,i）”，其中，用“"flower"+i”的语法来对影片剪辑动态命名，i 是变量，this 表示当前路径。

3. 影片剪辑属性的设置

影片剪辑属性就是影片剪辑的基本特性，如它的大小、位置、角度、透明度等。在动画中可以用脚本命令来改变影片剪辑的属性值，使影片剪辑发生变化。表 6-4 列出了常用的影片剪辑属性及其定义。

表 6-4　常用影片剪辑属性及其定义

属 性 名 称	定　义
_x	影片剪辑实例的中心点与其所在舞台左上角之间的水平距离，单位为 px
_y	影片剪辑实例的中心点与其所在舞台左上角之间的垂直距离，单位为 px
_width	影片剪辑实例的宽度，以 px 为单位
_height	影片剪辑实例的高度，以 px 为单位
_xscale	影片剪辑元件实例相对于其父类实际宽度的百分比
_yscale	影片剪辑元件实例相对于其父类实际高度的百分比
_xmouse	返回鼠标指针相对于舞台水平的位置
_ymouse	返回鼠标指针相对于舞台垂直的位置
_alpha	透明度，以百分比的形式表示，100 为不透明，0 为透明
_rotation	影片剪辑实例相对于垂直方向旋转的角度，会出现微小的大小变化
_visible	设置影片剪辑实例是否显示，true 为显示，false 为隐藏

动手做 2　使用 ActionScript 2.0——飘雪动画

本案例首先利用 Flash 基本绘图工具绘制出雪花元件的效果，将其转换为元件拖入到“库”面板中，然后为“库”面板中的元件命名“类”，最后创建脚本调用类元件，实现雪花的飞舞效果，如图 6-32 所示，具体操作步骤如下。

图 6-32　飘雪动画

（1）选择文件→新建菜单选项，选择“ActionScript 2.0”选项，新建一个 Flash 文档，命名为“飘雪动画”。打开“属性”面板，设置舞台工作区的大小为 600px×450px。

（2）将图层 1 的名称修改为“bg”，将背景图片导入舞台中，按 F8 键转换为图形元件，在“对齐”面板中，使其与舞台匹配宽高并对齐。

（3）新建影片剪辑元件并命名为“雪花”，进入元件编辑状态。选择钢笔工具和刷子工具，绘制出如图 6-33 所示的雪花图形，雪花图形的宽和高均为 50px。

（4）新建“雪花动画”影片剪辑元件并进入元件内部。打开“库”面板，将“雪花”影片剪辑元件拖入舞台中，单击鼠标右键，在弹出的快捷菜单中选择添加传统运动引导层，在引导层中选择钢笔工具，绘制一条从上到下的不规则曲线，如图 6-34 所示，模仿雪花飘落的曲线。在第 120 帧处按 F5 键延续帧播放。选择图层 1，在第 120 帧处插入关键帧，将“雪花”影片剪辑元件移动到引导线的末端，在两个关键帧中创建传统补间动画。

图 6-33　“雪花”元件

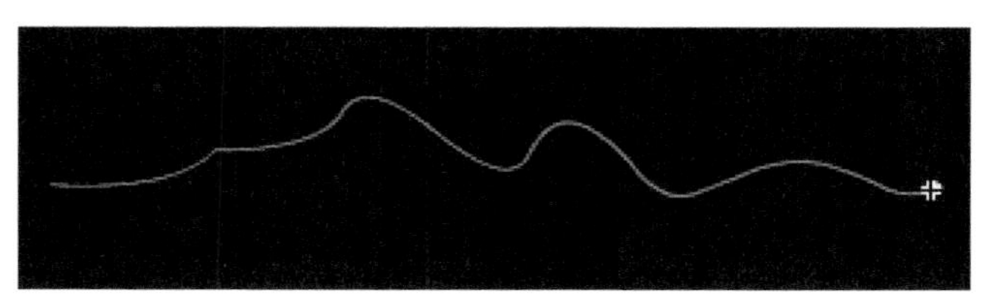

图 6-34　“雪花”引导线

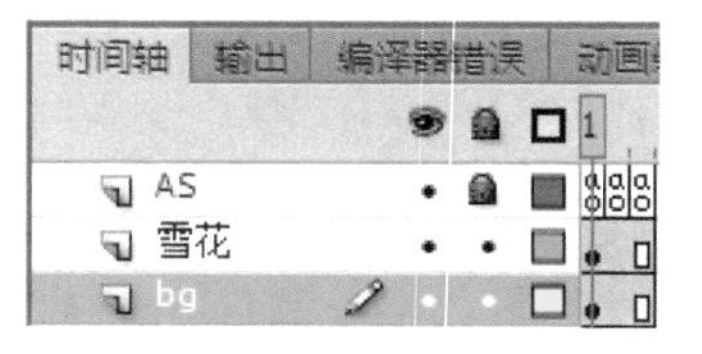

图 6-35　“时间轴”面板

（5）返回主场景中，新建图层并命名为“雪花”。将“库”面板中的“雪花动画”影片剪辑元件拖曳到舞台工作区，打开“属性”面板，为元件添加实例名称“snow”，并将元件宽、高均调整为 8px，“时间轴”面板如图 6-35 所示。

（6）新建图层 3 并命名为“AS”。同时选中 3 个图层，在第 3 帧的位置延续帧播放。选中“AS”图层的第 1 帧，打开“动作”面板，输入脚本，如图 6-36 所示。在第 2 帧插入关键帧，同样输入脚本，如图 6-37 所示。在第 3 帧插入关键帧并输入脚本“gotoAndPlay(2)”，跳转至第 2 帧播放。

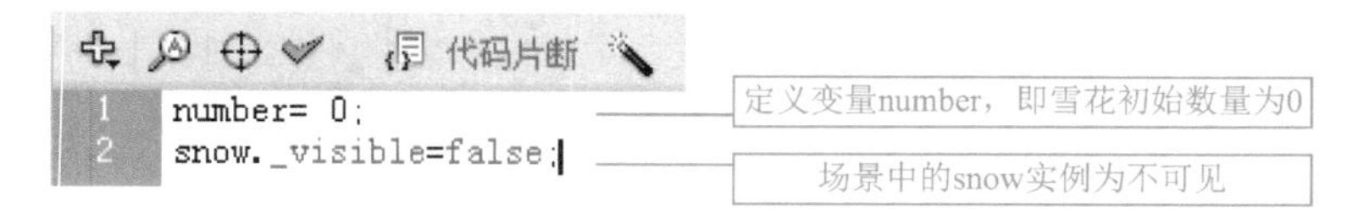

图 6-36　“AS”图层第 1 帧脚本

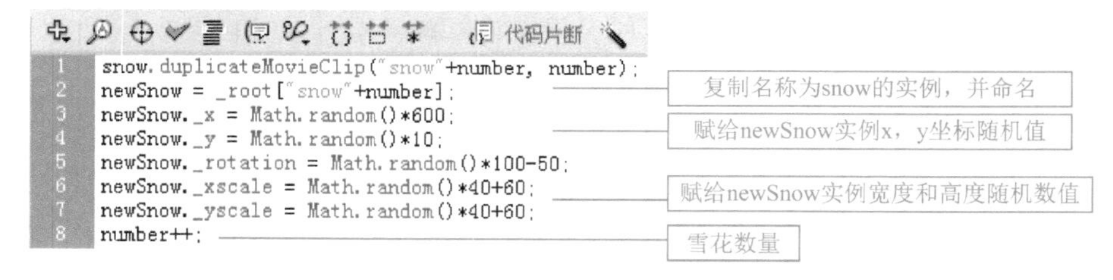

图 6-37　“AS”图层第 2 帧脚本

（7）按 Enter 键可测试动画在时间轴上的播放效果。保存文件后，按 Ctrl+Enter 组合键打开 Flash Player 播放影片。

动手做 3 使用 ActionScript 3.0——时钟动画

在一些常用的动画作品中常常需要添加动态的时间效果。本例中主要对时间对象进行操作，使用 Flash 自带的方法属性，制作时钟动画，效果如图 6-38 所示，具体操作步骤如下。

（1）选择文件→新建菜单选项，选择“ActionScript 3.0”选项，新建一个 Flash 文档，命名为“时钟动画”。打开“属性”面板，设置舞台工作区的大小为 230px × 230px。

图 6-38 时钟动画

（2）新建“时钟”图形元件，并进入元件内部。单击工具箱中的椭圆工具按钮，按住 Shift 键在舞台中绘制一个笔触为深蓝色、填充为无色的正圆形时钟轮廓。新建图层 2，使用相同方法绘制一个浅灰色的正圆，与深蓝色正圆相嵌，如图 6-39 所示。新建图层 3，选择椭圆工具，在舞台中绘制一个无边框、填充为白色到深蓝色径向渐变的正圆表盘。使用“对齐”面板使得时钟轮廓与表盘对齐。

（3）新建图形元件，命名为“时针”，并进入元件编辑状态。使用钢笔工具，设置蓝色的笔触，绘制指针轮廓，如图 6-40 所示。选择颜料桶工具对其进行白色填充。在“库”面板中直接复制元件，修改大小及填充色，分别制作出“分针”和“秒针”图形元件。

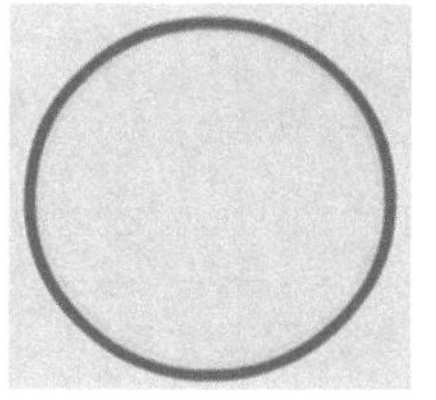

图 6-39 “时钟”表盘

图 6-40 “时钟”指针轮廓

（4）新建“表心”图形元件，使用相同的制作方法，绘制出 3 个时钟指针中间的表心图形。

（5）返回主场景中，从“库”面板中将“时钟”元件拖入舞台，并调整大小和位置。分别新建 3 个图层，放置时针、分针和秒针元件，打开“属性”面板，为它们设置元件实例名称 sz、fz 和 mz。新建图层并命名为“数字”，选择工具栏内的文本工具，设置好字体、大小及间距等文本属性后，在舞台相应位置输入时钟数字。需要注意的是，时钟的间隔一共分为 12 等份，每间隔 30° 为一格，可以使用“变形”面板精确输入角度，以便控制数字的确切位置。新建图层，拖入“表心”元件，调整大小和位置。

（6）新建图层，命名为“AS”。打开“动作”面板，输入脚本代码，如图 6-41 所示。

（7）保存文件后，按 Ctrl+Enter 组合键打开 Flash Player 播放影片，可以看到时钟上显示的是当前时间。

```
var dqtime:Timer = new Timer(1000);

function xssj(event:TimerEvent):void{
var now:Date = new Date();
var h = now.getHours();
var m = now.getMinutes();
var s = now.getSeconds();
if(h>12){
h=h-12;
}
sz.rotation = h*30+m/2;
fz.rotation= m*6+s/10;
mz.rotation = s*6;
}

dqtime.addEventListener(TimerEvent.TIMER,xssj);
dqtime.start();
```

创建Timer类实例，每间隔1000毫秒执行一次

分别设置时针、分针以及秒针的转动角度

图 6-41 “AS”脚本代码

知识拓展：时间（Date）对象实例化的格式

时间（Date）对象是将计算机系统的时间添加到对象实例中。时间对象可以从“动作”面板命令列表区的“ActionScript 3.0”→“顶级”→“Date”目录中找到。时间（Date）对象实例化的格式如下。

```
myDate= new Date();
```

时间对象的常用方法见表 6-5。

表 6-5 时间对象的常用方法

方法或属性	功　能
getDate()	获取当前日期
getDay()	获取当前星期，从 0～6，0 代表星期一，6 代表星期日
getFullYear()	获取当前年份
getHours()	获取当前小时数
getMinutes()	获取当前分钟数
getSeconds()	获取当前秒数
getMonth()	获取当前月份，0 代表一月，1 代表二月
new Date()	实例化一个日期对象，new 操作符的实例化过程

课后练习与指导

一、选择题

1．下面的代码中，控制当前影片剪辑元件跳转到“S1”帧标签处开始播放的代码是（　　）。

A．gotoAndPlay(“S1”);　　B．.this.GotoAndPlay(“S1”);

C．this.gotoAndPlay(“S1”)　　D．this.gotoAndPlay(“S1”);

2．测试影片的快捷键是（　　）。

A．Ctrl+ Enter　　B．Ctrl+ Alt+Enter

C．Ctrl+Shift+Enter　　D．Alt+Shift+Enter

二、填空题

Flash 允许用户把__________、数据、图像、声音和脚本交互控制融为一体。

三、简答题

简述 Flash 中 4 种常见的时间轴控制命令和 on 函数的常用方法。

（1）play()，播放。

（2）stop()，停止。

（3）gotoAndPlay()，跳转到指定帧或指定的帧标签处播放。

gotoAndPlay(<帧编号>)，gotoAndPlay(“<帧标签>”)

（4）gotoAndStop()，跳转到指定帧或指定的帧标签处停止。

四、实践题

练习 1：使用“行为”面板，制作一个卸载影片剪辑元件，如图 6-42 所示。

练习 2：制作一个淡出影片剪辑效果，如图 6-43 所示。

图 6-42　卸载影片剪辑元件

图 6-43　淡出影片剪辑效果

练习 3：使用水平动画移动，制作一个足球动画，如图 6-44 所示。

练习 4：利用 ActionScript 3.0，制作一个满天星动画，如图 6-45 所示。

图 6-44　足球动画

图 6-45　满天星动画

练习 5：利用 ActionScript 3.0，设置控制元件坐标，如图 6-46 所示。

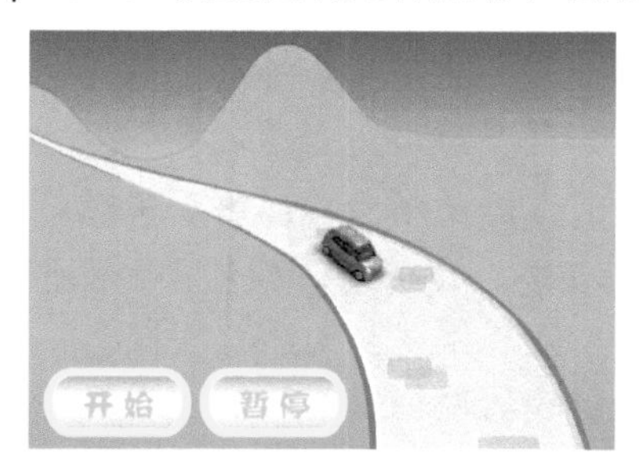

图 6-46　控制元件坐标

模块 07 导航和菜单

你知道吗

随着网络的发展，网页设计也越来越受到人们的重视。而网页中的导航是网站的灵魂，是整个网站中所有主要网页的链接所在。网页导航除了具有导航和链接的基本功能外，从图形的构成角度来说，它们还具有美化网页的作用。因此，网页设计中的导航设计与制作就显得尤为重要和关键。本模块通过实例，介绍导航和菜单设计与制作的技巧。

学习目标

- 了解导航和菜单的特点
- 掌握设计导航动画的基本步骤
- 掌握导航和菜单动画的制作技巧

项目任务 7-1 导航动画——儿童趣味导航

动画概述：“儿童趣味导航”的动画播放后，如图 7-1 所示，鼠标移至导航按钮时，会播放小动物渐显的动画，增加儿童阅读的趣味。制作过程中需要创建传统补间动画，以及工具箱各类绘图工具等。

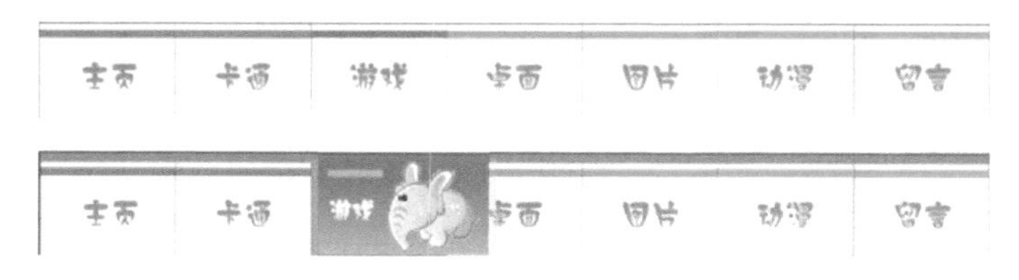

图 7-1 “儿童趣味导航”动画

操作步骤：

（1）选择文件→新建菜单选项，选择“ActionScript 2.0”选项，新建一个 Flash 文档，命名为“儿童趣味导航”。

（2）执行文件→导入→导入到库菜单命令，将卡通动物的素材图片导入“库”中。使用套索工具分离背景与动物模型，将卡通动物转换为图形元件 ani1～ani7。

（3）新建影片剪辑元件“pic1”并进入元件编辑状态。选择工具箱内的矩形工具，在舞台中绘制一个无边框的白色矩形块，作为按钮底部图形，使用“对齐”面板使其对齐舞台中心。新建图层 2，同样选择矩形工具绘制枚红色的矩形条。新建图层 3，选择文本工具T输入导航文字，效果如图 7-2 所示。

（4）在“库”面板中新建文件夹，命名为 pic。将影片剪辑元件“pic1”拖入，单击鼠标右键，在弹出的快捷菜单中选择“直接复制”命令，分别复制 6 次，命名为 pic2～pic7。分别进入元件内部，使用颜料桶工具修改矩形条的颜色，修改导航文字。

（5）新建影片剪辑元件“click1”并进入元件编辑区。选择矩形工具在舞台中绘制一个无边框的浅灰色矩形，设置 Alpha 值为 50，如图 7-3（a）所示。新建图层 2，绘制一个无边框、填充色为渐变色的矩形，覆盖在图层 1 的矩形块上，如图 7-3（b）所示。在图层 2 中矩形的左上角绘制一个小矩形条，同样设置 Alpha 值为 50。

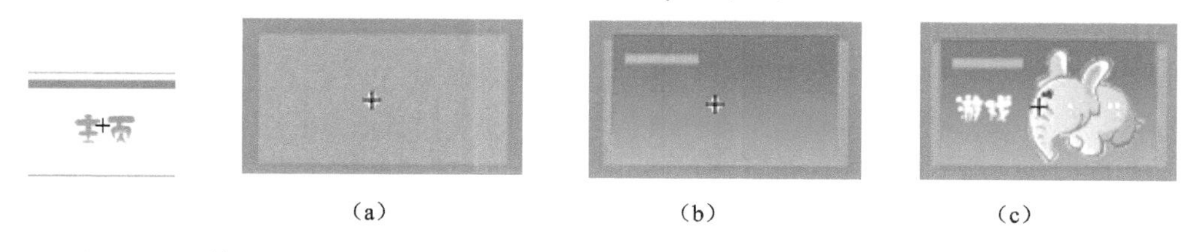

图 7-2 “pic1”元件　　图 7-3 “click1”元件

（6）新建图层并命名为“文字”，在第 5 帧的位置插入关键帧，选择文本工具T，在舞台左侧输入导航文字。新建图层并命名为“卡通动物”，在第 3 帧处插入关键帧，将元件“ani1”从“库”面板拖入舞台中，调整位置于舞台右上角。在第 6 帧插入关键帧，将元件实例向下移动到合适的位置，如图 7-3（c）所示。在两个关键帧中间创建传统补间动画。

（7）新建图层并命名为“AS”，存放脚本。在第 16 帧插入关键帧，打开“动作”面板，输入“stop();”脚本。时间轴面板如图 7-4 所示。

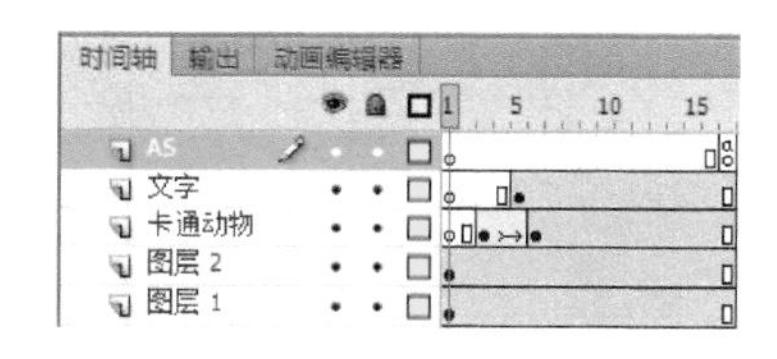

图 7-4 “click1”元件时间轴面板

（8）在“库”面板中新建“click”文件夹，将元件“click1”拖入，单击鼠标右键，在弹出的快捷菜单中选择“直接复制”命令，分别复制 6 次，命名为 click2～click7。分别进入元件内部，修改补间动画和导航文字，完成元件 click2～click7 的制作。

（9）新建“menu1”按钮元件，进入元件编辑状态，将元件“pic1”拖入舞台中。在“指针”帧插入空白关键帧，拖入元件“click1”。在“按下”帧插入关键帧，延续前一帧的内容。在“点击”帧插入空白关键帧，在舞台上绘制一个无边框矩形，如图 7-5 所示。

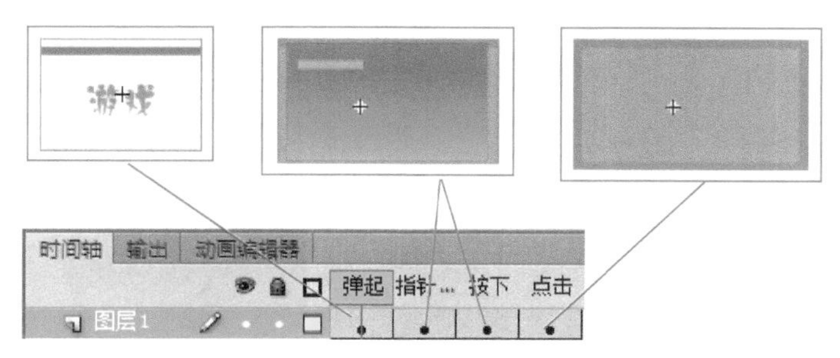

图 7-5 “menu1”按钮元件时间轴面板

（10）使用相同的方法，分别完成 menu2～menu7 的制作。

（11）返回主场景中，执行视图→标尺菜单命令，在舞台中拉出两条平行的直线，作为对齐的辅助线。从“库”面板中将 click1～click7 拖入舞台，均匀排列整齐。也可使用“对齐”面板排列。

（12）选择图层 1 的第 1 帧，执行修改→时间轴→分散到图层命令，将 7 个按钮实例分散到独立的图层上，并调整好图层的顺序，从上到下选中 7 个图层的第 60 帧，按 F5 键延续帧播放。

（13）制作按钮的入场动画。将图层 1 的第 1 帧拖曳到第 4 帧，分别在第 7、第 8 帧处插入关键帧。将第 4 帧中的元件实例向上移动一段距离，在两个关键帧中间创建传统补间动画。

（14）使用步骤（13）中的方法，可分别制作出 menu2～menu7 的入场动画。需要注意的是，要错开入场时间，使按钮一个接一个入场。新建“AS”图层，在第 60 帧插入关键帧，打开“动作”面板，输入“stop();”脚本，时间轴面板如图 7-6 所示。

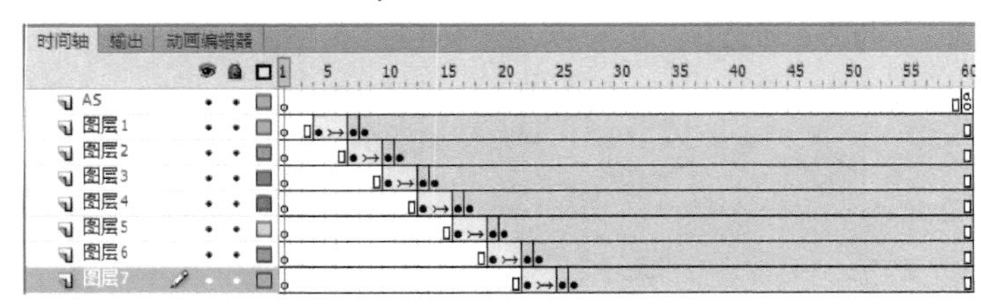

图 7-6　“儿童趣味导航”时间轴面板

（15）保存文件后，按组合键 Ctrl+Enter 测试影片效果。

提示

按 F6 快捷键可插入一个关键帧，按 F7 快捷键可插入一个空白关键帧。

项目任务 7-2　导航动画——企业文化宣传导航

动画概述：“企业文化宣传导航”的播放效果如图 7-7 所示，当鼠标移至按钮时，企业文化宣传标语会向上移动一段距离，并伴随着由透明变清晰的过程。

图 7-7　“企业文化宣传导航”动画

操作步骤如下。

（1）选择文件→新建菜单选项，选择“ActionScript 2.0”选项，新建一个 Flash 文档，命名为“企业文化宣传导航”。打开“属性”面板，将舞台大小设置为 1055px × 280px。

（2）选择工具箱内的矩形工具，绘制一个无边框的深蓝色矩形，高度为 90px，如图 7-7 所示。打开“对齐”面板，勾选“与舞台对齐”选项，与舞台匹配宽度并且顶对齐。单击文本工具，设置填充色为白色，在舞台右上角输入标题栏文字，锁定图层。

（3）新建按钮元件“反应区”，并进入元件编辑区。在“点击”帧插入空白关键帧，使用“矩形工具”绘制一个无边框矩形。

（4）执行文件→导入→导入到库菜单命令，将“企业文化”素材图片导入“库”中，分别转换为图形元件 pic1～pic6。新建“项目 1”影片剪辑元件并进入元件内部，从“库”面板中拖入图形元件“pic1”，并调整到合适的位置。新建图层 2，打开“库”面板，将“反应区”元件拖入舞台中，单击工具箱中的任意变形工具按钮，调整“反应区”元件的位置和大小，效果如图 7-8 所示。打开“动作”面板，选择“反应区”按钮，输入相应的脚本代码，如图 7-9 所示。

图 7-8 “项目 1”元件

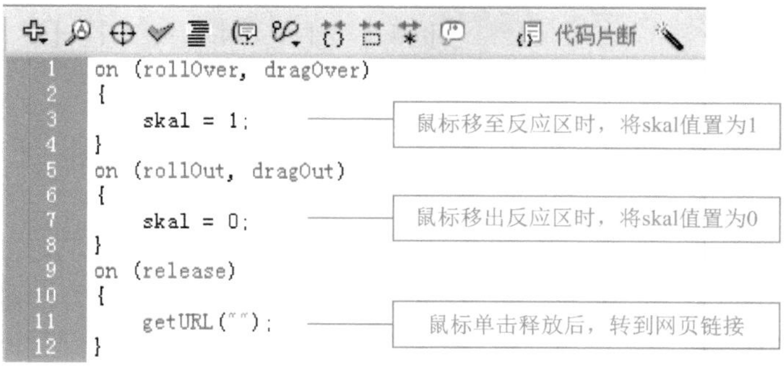

代码片断

```
1  on (rollOver, dragOver)
2  {
3      skal = 1;
4  }
5  on (rollOut, dragOut)
6  {
7      skal = 0;
8  }
9  on (release)
10 {
11     getURL("");
12 }
```

鼠标移至反应区时，将skal值置为1

鼠标移出反应区时，将skal值置为0

鼠标单击释放后，转到网页链接

图 7-9 “反应区”代码

（5）返回主场景，新建图层 2，将“项目 1”元件拖入场景中，并调整到合适的位置。打开“动作”面板，选择“项目 1”影片剪辑元件，输入相应的脚本代码，如图 7-10 所示。

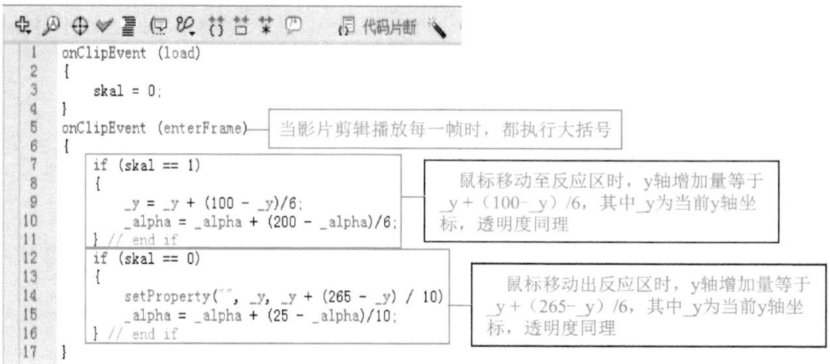

代码片断

```
1  onClipEvent (load)
2  {
3      skal = 0;
4  }
5  onClipEvent (enterFrame)
6  {
7      if (skal == 1)
8      {
9          _y = _y + (100 - _y)/6;
10         _alpha = _alpha + (200 - _alpha)/6;
11     } // end if
12     if (skal == 0)
13     {
14         setProperty("", _y, _y + (265 - _y) / 10)
15         _alpha = _alpha + (25 - _alpha)/10;
16     } // end if
17 }
```

当影片剪辑播放每一帧时，都执行大括号

鼠标移动至反应区时，y轴增加量等于_y +（100-_y）/6，其中_y为当前y轴坐标，透明度同理

鼠标移动出反应区时，y轴增加量等于_y +（265-_y）/6，其中_y为当前y轴坐标，透明度同理

图 7-10 “项目 1”代码

（6）用相同的制作方法，制作出“项目 2”～“项目 6”影片剪辑元件，并放入场景相应的图层中。

（7）保存文件后，按组合键 Ctrl+Enter 测试影片效果。

项目任务 7-3 菜单动画——插画展示菜单动画

动画概述：“插画展示菜单”动画播放后，如图 7-11 所示，可以看到，鼠标指向某个按钮时，对应的图片会在相框中显示出来，如果没有选择特定图片，会按照顺序循环播放。该动画制作过程中需要创建遮罩动画。

图 7-11 “插画展示菜单”动画

操作步骤如下。

（1）选择文件→新建菜单选项，选择“ActionScript 2.0”选项，新建一个 Flash 文档，命名为“插画展示菜单”。打开“属性”面板，将舞台大小设置为 500px×330px。

（2）执行文件→导入→导入到舞台菜单命令，将背景图片和插画素材图片导入到舞台中，插画素材图片分别转换为图形元件，并命名为“pic1”～“pic5”。

（3）新建“插画动画”影片剪辑元件，进入元件内部。将“pic1”图形元件拖入舞台中并调整到合适的位置。打开“属性”面板，在“样式”下拉框中选择 Alpha 值，设置为 0。在第 10 帧插入帧，修改元件 Alpha 值为 100，在两个关键帧间创建传统补间动画。在第 85、第 95 帧处插入关键帧，修改第 95 帧元件 Alpha 值为 0，创建传统补间动画。使用同样的方法，制作出“pic2”～“pic5”的动画效果。

（4）新建图层 2，单击工具箱中的钢笔工具按钮，绘制出与背景图片中的相框形状相同的轮廓，使用颜料桶工具为其填充颜色，删除轮廓线，如图 7-12 所示。将图层 2 设置为图层 1 的遮罩层，创建遮罩动画。

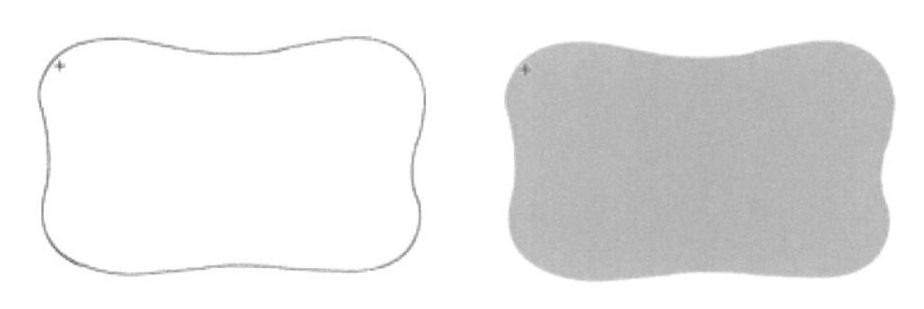

图 7-12 “遮罩层”图形

（5）新建图层 3，在第 2 帧位置插入关键帧，打开“动作”面板，选择帧，输入脚本代码，如图 7-13 所示。在第 85 帧位置插入关键帧，同样输入脚本代码，如图 7-14 所示。用相同的方法为后续图片显示效果输入脚本代码。

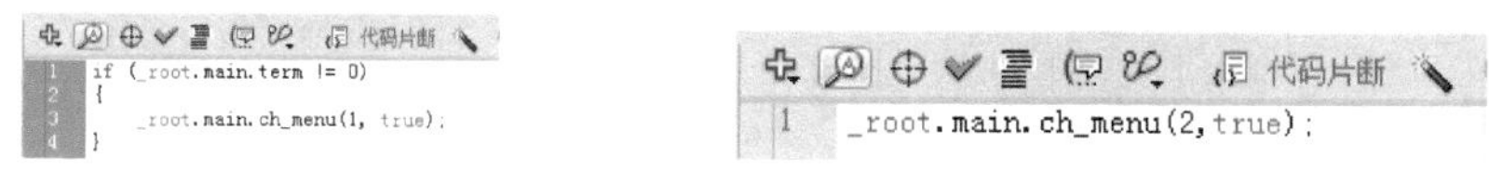

图 7-13 “插画动画”代码（1）　　图 7-14 “插画动画”代码（2）

（6）新建图层 4，打开“属性”面板，为图层 4 的第 1 帧设置帧标签，名称为“event1”。用同样的方法，分别为 95、200、300 和 400 帧设置帧标签“event2”～“event5”。时间轴面板如图 7-15 所示。

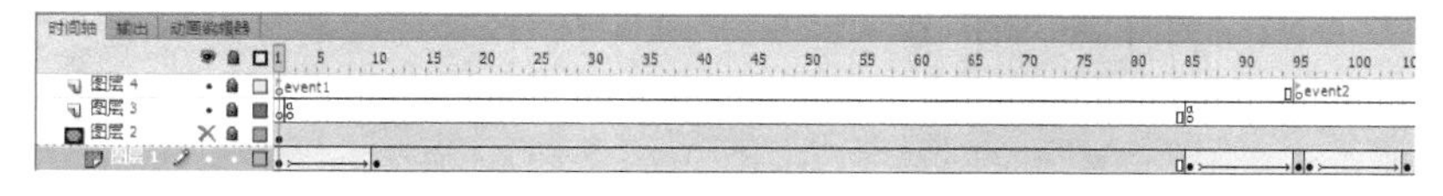

图 7-15 “插画动画”时间轴面板

（7）新建“反应区”按钮元件，在“点击”帧位置插入关键帧。选择工具栏中的矩形工具，绘制一个 14px×14px 的无边框矩形。

（8）新建“数字 1”图形元件，并进入元件内部。单击椭圆工具按钮，设置填充为棕色，笔触为无，在舞台中绘制一个正圆。新建图层 2，单击文本工具按钮T，输入文字 1。

（9）在“库”面板中新建文件夹，命名为“数字”。将图形元件“数字 1”拖入，单击鼠标右键，在弹出的快捷菜单中选择“直接复制”命令，分别复制 4 次，命名为“数字 2”～“数字 5”。分别进入元件内部，修改数字。

（10）新建“按钮 1”影片剪辑元件并进入元件编辑状态。将“数字 1”元件拖入舞台中，在第 5 帧插入关键帧，在“属性”面板的“样式”下拉列表框中选择“高级”，调整色调为青灰色。使用相同方法，在第 9、14、18 和 19 帧插入关键帧，调整元件色调。新建图层 2，选择矩形工具，设置填充色为白色透明到淡黄色的径向渐变，在舞台中绘制矩形，调整形状为梯形，在第 9、19 帧插入关键帧，在第 5、14 帧插入空白关键帧。新建图层 3，命名为“反应区”，将“反应区”元件拖入舞台，调整位置于“数字 1”元件上方，如图 7-16 所示。

图 7-16 “按钮 1”元件

（11）新建图层 4，在第 2 帧和第 19 帧处插入关键帧，分别在“属性”面板设置帧标签为“on”和“off”。新建图层 5，在第 1 帧位置打开“动作”面板，输入脚本代码，如图 7-17 所示。在第 18 和第 19 帧插入关键帧，分别打开“动作”面板，输入停止脚本。时间轴面板如图 7-18 所示。

（12）在“库”面板中新建文件夹，命名为“按钮”。将元件“按钮 1”拖入，单击鼠标右键，在弹出的快捷菜单中选择“直接复制”命令，分别复制 4 次，命名为“按钮 2”～“按钮 5”。使用相同的制作方法，分别进入元件内部，修改数字及脚本。

（13）新建“总按钮”影片剪辑元件，打开“库”面板，将“按钮 1”元件拖入舞台，在“属性”面板中设置实例名称“light1”。使用相同制作方法，新建图层，将其他按钮元件拖入并设置实例名称。

```
gotoAndStop("off");
bn.onRollOver = function ()
{
    if (_root.main.nownum != 1)
    {
        gotoAndPlay("on");
    } // end if
};
bn.onRollOut = function ()
{
    if (_root.main.nownum == 1)
    {
        gotoAndStop(18);
    }
    else
    {
        gotoAndStop("off");
    } // end else if
};
bn.onRelease = function ()
{
    _root.main.ch_menu(1);
};
```

图 7-17　图层 5 脚本代码

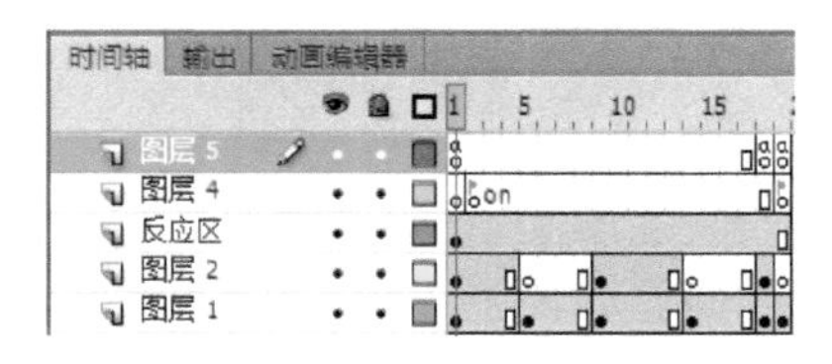

图 7-18　“按钮 1”时间轴面板

（14）新建“动画效果”影片剪辑元件。将背景图片拖入舞台，并调整位置及大小。新建图层 2 并命名为“插画”，在第 2 帧位置插入关键帧，打开“库”面板，将“插画动画”元件拖入舞台，调整位置并在“属性”面板为其设置实例名称“img”。新建图层 3 并命名为“按钮”，将“总按钮”元件拖入舞台，调整位置并在“属性”面板为其设置实例名称“light”。最终效果如图 7-19 所示。

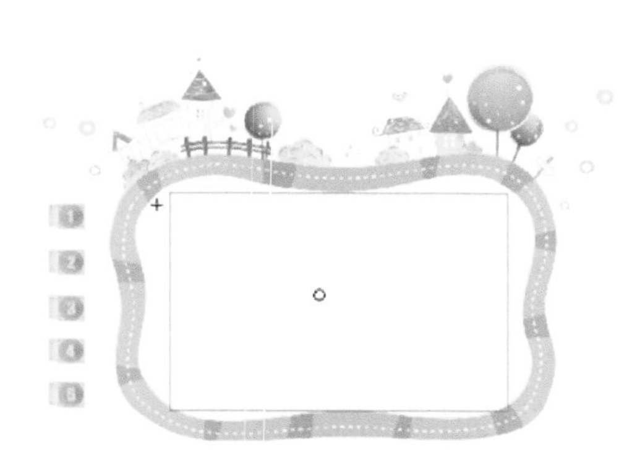

图 7-19　总体效果图

（15）新建图层 4 并命名为“AS”。在第 2 帧插入关键帧，分别在第 1 帧和第 2 帧的位置打开“动作”面板，输入脚本代码，如图 7-20 所示。

（16）返回主场景，将“动画效果”影片剪辑元件拖入舞台中，在“属性”面板设置实例名称为“main”。新建图层 2，在第 1 帧处输入“stop();”停止脚本，时间轴面板如图 7-21 所示。

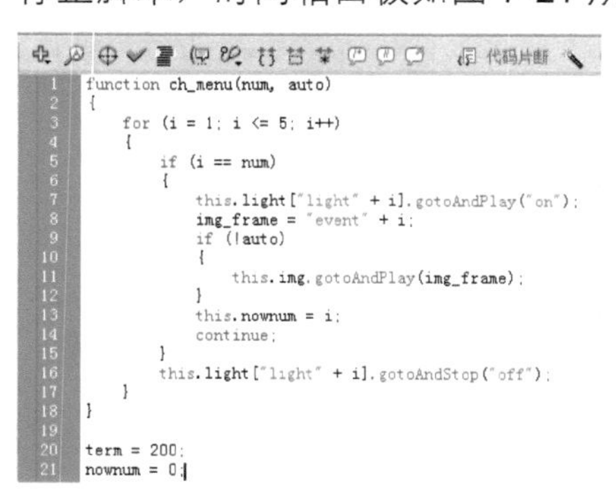

```
function ch_menu(num, auto)
{
    for (i = 1; i <= 5; i++)
    {
        if (i == num)
        {
            this.light["light" + i].gotoAndPlay("on");
            img_frame = "event" + i;
            if (!auto)
            {
                this.img.gotoAndPlay(img_frame);
            }
            this.nownum = i;
            continue;
        }
        this.light["light" + i].gotoAndStop("off");
    }
}

term = 200;
nownum = 0;
```

图 7-20　“AS”脚本代码

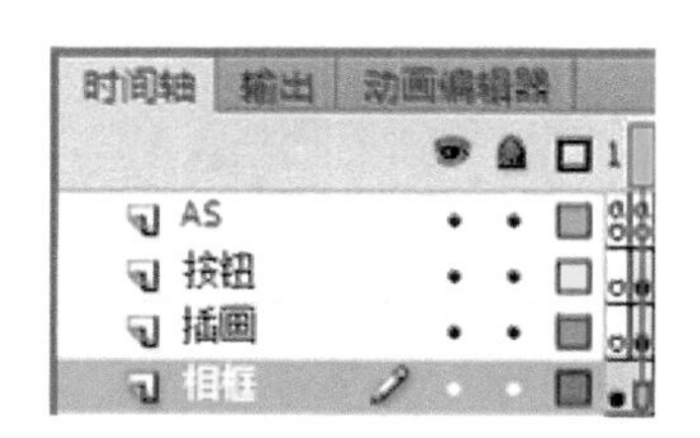

图 7-21　主场景时间轴面板

（17）保存文件后，按组合键 Ctrl+Enter 测试影片效果。

项目任务 7-4 导航动画——鞋服导航动画

动画概述："鞋服导航"动画，首先制作子菜单中的动画，再制作主菜单中的动画，最后在主场景中控制动画的播放，如图 7-22 所示。案例主要利用简单的跳转脚本制作出漂亮动感的菜单动画。此类网站导航主要是帮助浏览者方便快捷地浏览网站，单击导航项目即可链接到相应的网页中。

操作步骤：

（1）选择文件→新建菜单选项，选择"ActionScript 2.0"选项，新建一个 Flash 文档，命名为"鞋服导航"。打开"属性"面板，将舞台大小设置为 700px × 153px。

图 7-22 "鞋服导航"动画

（2）新建名称为"上衣"的按钮元件，选择工具栏内的文本工具T，在"属性"面板中设置文本属性，在舞台中输入文本。在"指针经过"帧和"按下"帧插入关键帧，将"指针经过"帧内的文字颜色设为淡粉色。在"点击"帧插入关键帧，使用矩形工具在舞台中绘制矩形，作为按钮的反应区。

（3）在"库"面板中新建"按钮"文件夹，将"上衣"按钮元件拖入，单击鼠标右键，在弹出的快捷菜单中选择"直接复制"命令，分别复制两次，使用相同的制作方法，制作出"T 恤"按钮元件和"衬衫"按钮元件。

（4）新建"衣服动画"影片剪辑元件，并进入元件内部。选择文本工具T，在场景中输入文本，如图 7-23 所示。新建图层 2，在第 3 帧插入关键帧，单击矩形工具按钮，绘制一个 16px × 25px 的无边框矩形，分别在第 8、10 帧插入关键帧，第 8 帧处使用任意变形工具将矩形宽度扩大至 157px，在第 3～8 帧中间创建补间形状动画。在第 10 帧处将矩形缩小至 107px。新建图层 3，将"上衣"按钮元件拖入舞台中，并调整位置及大小。使用相同方法，新建图层 4 和图层 5 分别放置"T 恤"按钮元件和"衬衫"按钮元件。新建图层 6，打开"动作"面板，输入"stop();"停止脚本。时间轴面板如图 7-24 所示。

图 7-23 "衣服动画"元件

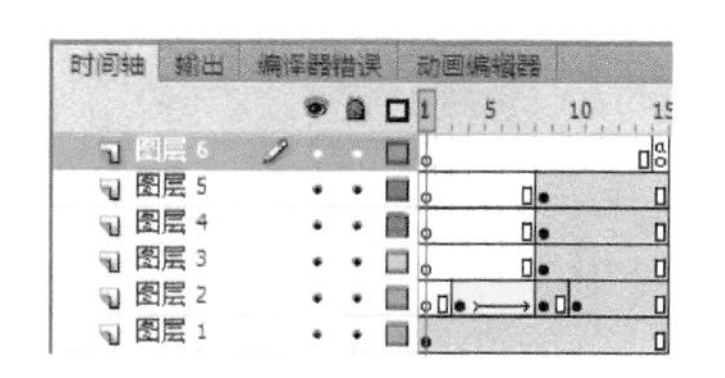

图 7-24 "衣服动画"时间轴面板

（5）根据"衣服动画"元件的制作方法，制作出名称为"鞋子动画"、"连衣裙动画"和"当季新款动画"的影片剪辑元件，如图 7-25 所示。

图 7-25 其他动画元件

（6）新建“反应区”按钮元件，并进入元件内部。在“点击”帧插入关键帧，使用矩形工具在场景中绘制一个无边框矩形。

（7）返回主场景的编辑状态，将背景图片导入舞台中，调整位置和大小。新建图层 2，选择文本工具，分别在不同位置输入导航文字。新建图层 3 并命名为“动画”，在第 2 帧位置插入空白关键帧，将“衣服动画”元件从“库”面板拖入场景中。用同样的制作方法，制作出第 3 帧～第 5 帧，时间轴面板如图 7-26 所示。新建图层 4，将“反应区”元件从“库”面板拖入舞台中，打开“动作”面板，输入如图 7-27 所示的脚本代码。

（8）根据图层 4 的做法，制作出图层 5～图层 7 的内容，并输入相应的脚本语言。新建图层 8 并命名为“AS”，分别在第 2 帧、第 3 帧、第 4 帧和第 5 帧插入关键帧，并依次在“动作”面板输入“stop();”停止脚本。

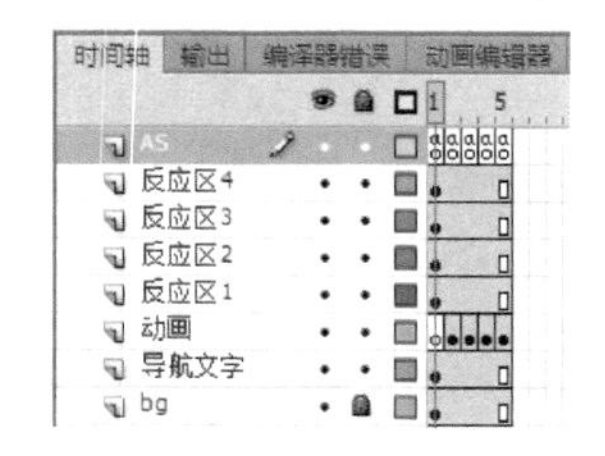

图 7-26　主场景时间轴面板

图 7-27　“反应区”代码

（9）保存文件后，按组合键 Ctrl+Enter 测试影片效果。

项目任务 7-5　导航动画——歌曲菜单动画

图 7-28　“歌曲菜单”动画

动画概述：“歌曲菜单”动画主要利用简单的脚本语言控制影片剪辑元件的播放，实例中利用脚本语言控制元件播放的位置以及播放的顺序，制作出歌曲菜单动画。制作过程中需要将先前制作好的影片剪辑元件嵌套在整体的影片剪辑中，最终效果如图 7-28 所示。

操作步骤如下。

（1）选择文件→新建菜单选项，选择“ActionScript 2.0”选项，新建一个 Flash 文档，命名为“歌曲菜单”。打开“属性”面板，将舞台大小设置为 280px×352px。

（2）新建按钮元件并命名为“反应区”，进入元件编辑状态。在“点击”帧插入关键帧，单击工具箱中的矩形工具按钮，在舞台中绘制一个无边框矩形。

（3）新建“01 动画”影片剪辑元件。执行文件→导入→导入到库菜单命令，将素材图片导入“库”中，将 4 张图片分别转换为图形元件 pic1～pic4。将“pic1”元件拖入舞台中，设置好大小和位置。选择矩形工具，绘制一个 36px×352px 的无边框矩形条，与“pic1”元件平行摆放。

（4）新建图层 2，命名为“文字”，选择文本工具，在矩形条上输入歌曲名。选择椭圆工具，设置笔触为无、填充为白色的正圆形，用文本工具输入歌曲序号。新建图层3，命名为“反应区”。将“反应区”元件拖入舞台中，使用任意变形工具调整大小，使得其覆盖住矩形条与“pic1”图形元件，如图7-29所示。打开“动作”面板，输入如图7-30所示的脚本语言。

图7-29 “01动画”元件

```
1  on (rollOver)
2  {
3      _root.main.b.target = -25;
4      _root.main.c.target = 9.300000E+000;
5      _root.main.d.target = 45;
6      _root.main.time.stop();
7  }
8  on (rollOut)
9  {
10     _root.main.time.play();
11 }
12 on (release)
13 {
14     getURL("");
15 }
```

图7-30 “反应区”代码

（5）根据“01动画”元件的制作方法，制作出其他3首歌曲的影片剪辑元件，分别命名为“02动画”～“04动画”。

（6）新建名称为“菜单组”的影片剪辑元件，进入元件编辑状态。将“01动画”从库面板拖入舞台中，在“属性”面板中，设置实例名称为“d”，如图7-31所示。打开“动作”面板，输入如图7-32所示的脚本语言。根据图层1的制作方法，分别新建图层2～图层4，添加相应的元件，并为其设置实例名称和脚本语言。新建图层5，在“动作”面板输入如图7-33所示的脚本语言。

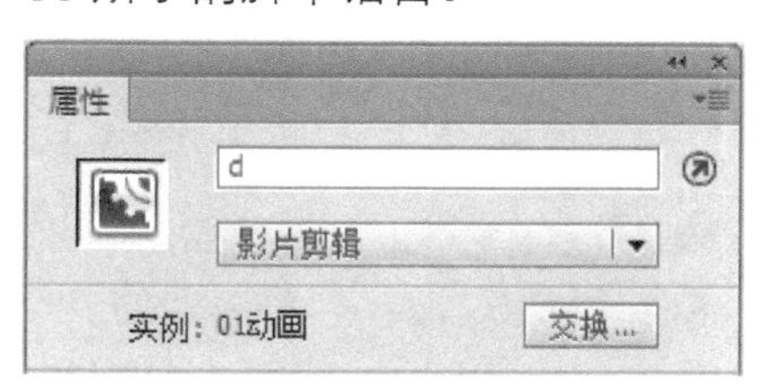

图7-31 设置实例名称

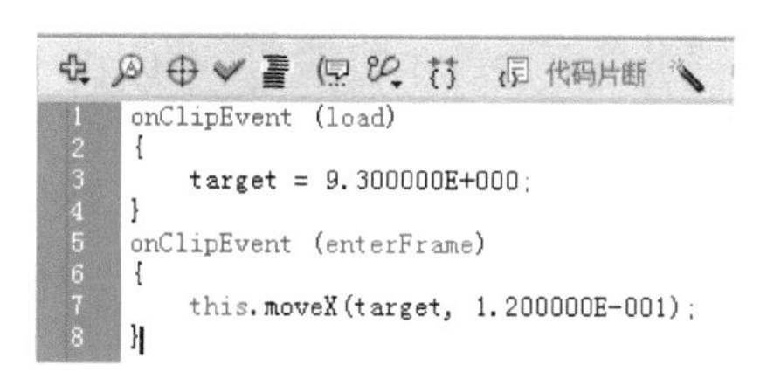

```
1 onClipEvent (load)
2 {
3     target = 9.300000E+000;
4 }
5 onClipEvent (enterFrame)
6 {
7     this.moveX(target, 1.200000E-001);
8 }
```

图7-32 “01动画”代码

```
1 MovieClip.prototype.moveX = function (target, speed)
2 {
3     this._x = this._x + speed * (target - this._x);
4 };
```

图7-33 “AS”代码

（7）返回主场景的编辑状态，将“菜单组”元件从“库”面板拖入舞台中，在“属性”面板中设置实例名称为“main”。

（8）保存文件后，按组合键Ctrl+Enter测试影片效果。

课后练习与指导

实践题

练习 1：使用导航动画，制作一个交友网站导航，如图 7-34 所示。

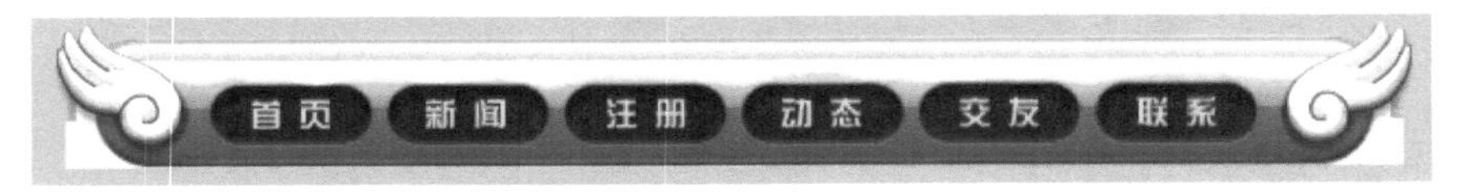

图 7-34　交友网站导航

练习 2：使用菜单动画，制作一个游戏展示菜单动画，如图 7-35 所示。

练习 3：使用导航动画，制作一个超市广告导航动画，如图 7-36 所示。

图 7-35　游戏展示菜单动画

图 7-36　超市广告导航动画

练习 4：使用导航动画，制作一个楼盘介绍菜单动画，如图 7-37 所示。

练习 5：制作一个收缩式快速导航，如图 7-38 所示。

图 7-37　楼盘介绍菜单动画

图 7-38　收缩式快速导航

模块 08 开场和片头动画

你知道吗

很多网站在进入正式的主页之前都会有一段绚丽的片头，这不仅可以吸引浏览者的注意力，而且可以推广企业品牌，通过片头动画展示更多的信息，从而达到广告宣传的目的。我们可以利用 Flash 动画不同种类的片头动画，设计与制作开场和片头动画。

学习目标

- 了解 Flash 工具箱
- 掌握绘图工具的分类
- 掌握 Flash 绘图的基本操作
- 掌握常用绘图技巧
- 初步了解动画制作方法

项目任务 8-1 开场动画——游乐场开场动画

动画概述：本案例主要向读者讲述了一种开场动画的制作方法和技巧，在制作开场动画时，不需要将动画制作得过于复杂，能够凸显主题让浏览者能看懂动画所表达的意思即可。“游乐场开场”动画播放后，主页面如图 8-1 所示。

图 8-1 “游乐场开场”动画

操作步骤如下。

（1）选择文件→新建菜单选项，选择“ActionScript 2.0”选项，新建一个 Flash 文档，

命名为“8-游乐场开场”。打开“属性”面板，修改“舞台大小”为 980px×619px。

（2）执行文件→导入→导入到舞台命令，将外部的素材图片导入到舞台中。在“库”面板中，新建文件夹并命名为“素材图”，以备后续使用。

（3）将“蓝天”和“草地”图片拖入舞台中，按 F8 键转换为图形元件，使用“对齐”面板将元件与舞台对齐，锁定图层。

（4）新建“过山车”图层，在第 9 帧位置插入关键帧，从“库”面板中将“过山车”影片剪辑元件拖入舞台中，并调整元件到合适的位置。在第 17 帧位置插入关键帧，选择任意变形工具将元件等比例放大，在第 22 帧位置插入关键帧，将元件缩小，如图 8-2 所示。分别在 3 个关键帧间创建传统补间动画。

图 8-2 “过山车”元件

（5）新建“小过山车”影片剪辑元件。进入元件编辑状态，从“库”面板将“小过山车”图形元件拖入工作区，在“属性”面板中修改元件 Alpha 值为 0。选择图层 1，单击鼠标右键，在弹出的快捷菜单中选择添加传统运动引导层命令。在引导层的第 1 帧，使用钢笔工具绘制一条和过山车车道重合的曲线，在第 230 帧处插入帧。然后将曲线的顶端对准图形的中心点，在图层 1 的第 55 帧插入关键帧，将“小过山车”元件拖曳到曲线的最高处，在“属性”面板设置元件样式为无，使用任意变形工具旋转一定角度，创建传统补间动画。同样，在图层 1 的第 100 帧位置插入关键帧，移动元件至曲线的末端，旋转元件角度，创建传统补间动画。选择图层 1，在第 135 帧处插入关键帧，选中第 1 帧～第 100 帧，按住 Alt 键复制其到第 136 帧后。新建 AS 图层，在第 190 帧处插入关键帧，打开“动作”面板并输入停止脚本“stop();”。

（6）使用与“过山车”影片剪辑元件相同的制作方法，分别制作出“小房子”、“小岛”、“海盗船”、“滑梯”和“海洋馆”元件的动画效果。制作好动画效果的时间轴面板如图 8-3 所示。

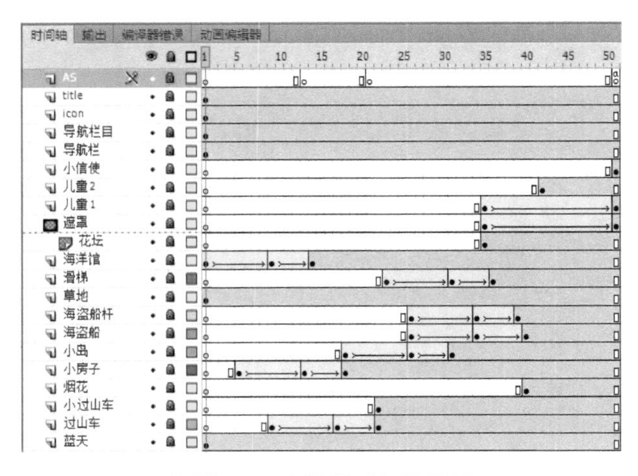

图 8-3 主场景时间轴面板

（7）新建“烟花飘落”影片剪辑元件，使用绘图工具绘制出烟花的图形效果，如图 8-4 所示，按 F8 键将其转换为“烟花”图形元件。分别在第 10、27、45 和 56 帧处插入关键帧，调整元件透明度和位置，创建传统补间，制作出烟花四散的动画效果。新建“烟花 1”影片剪辑元件，将“烟花飘落”元件拖入舞台中，在“属性”面板为其设置实例名称“isk1”。新建 AS 图层，添加如图 8-5 所示的脚本代码，用以复制“烟花飘落”元件及飘落方向。新建“烟花 2”影片剪辑元件，分别新建 6 个图层，在不同的帧处插入关键帧，拖入“烟花 1”元件，并在“属性”面板中设置“色彩效果”中的高级选项，为元件添加不同的色彩效果。

图 8-4 “烟花”图形

```
for (i = 2; Number(i) < 50; i = Number(i) + 1)
{
    duplicateMovieClip("isk1", "isk" add i, i);
    setProperty("isk" add i, _rotation, random(360));
    scalefactor = 40 + Number(random(60));
    setProperty("isk" add i, _xscale, scalefactor);
    setProperty("isk" add i, _yscale, scalefactor);
} // end of for
```

图 8-5 “AS”脚本代码

（8）返回主场景中，新建“烟花”图层，在第 40 帧位置插入空白关键帧，拖入“烟花 2”，并调整元件到合适的位置。

（9）分别新建“遮罩”图层和“雕塑”图层。在第 35 帧位置插入空白关键帧，从“库”面板中拖入“遮罩图”和“雕塑”影片剪辑元件放入两个图层，为“遮罩图”创建传统补间动画。选中图层，单击鼠标右键勾选遮罩层命令。

（10）新建“儿童 21”影片剪辑元件，分别在第 1 帧和第 8 帧插入关键帧，拖入如图 8-6（a）、（b）所示的小孩元件，在第 15 帧插入帧，制作小孩奔跑的动画效果。新建“儿童 22”影片剪辑元件，将“儿童 21”元件拖入舞台，在第 80 帧插入关键帧，将元件向右移动一段距离，并使用任意变形工具将其等比例放大，创建传统补间。在第 81 帧插入关键帧，拖入如图 8-6（c）所示图形元件。新建 AS 图层，在第 81 帧插入关键帧，并输入停止脚本。

（a）

（b）

（c）

图 8-6 “儿童”奔跑元件

（11）新建“小信使”影片剪辑元件，利用引导动画与传统补间动画的制作原理，制作出“小信使”动画，引导线如图 8-7 所示，制作完成的时间轴面板如图 8-8 所示。

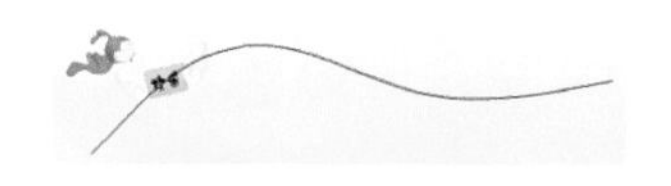

图 8-7 “小信使”引导线

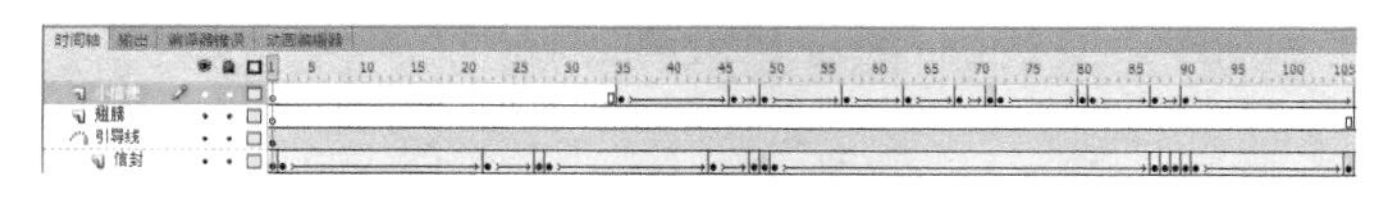

图 8-8 “小信使”时间轴面板

（12）分别新建“儿童 1”、“儿童 2”和“小信使”图层，将对应的影片剪辑元件拖入舞台中，调整大小及位置。

（13）新建“导航栏”图层，将“导航栏”背景图片拖入舞台中，并调整到合适的位置。新建“导航栏目”图层，使用文本工具T分别输入5个导航文本，使用“对齐”面板排列整齐。打开“库”面板，将“点击”影片剪辑元件拖入舞台，覆盖在导航文字上方，并分别打开“动作”面板，输入脚本语言——点击跳转。

（14）新建“icon”和“title”图层，分别拖入游乐园标志和名称。新建AS图层，在最后一帧插入关键帧，打开“动作”面板并输入停止脚本。

（15）保存文件后，按组合键Ctrl+Enter测试动画效果。

项目任务 8-2 片头动画——旅游网站片头动画

动画概述：本案例讲述了一个商业宣传片头动画的制作，首先完成所需元件的制作，然后利用遮罩等动画形式，将相应的素材和元件拖入场景中，完成相应动画效果的制作，凸显主题即可。“旅游网站片头”动画播放后，主页面如图8-9所示。

图 8-9 “旅游网站片头”动画

操作步骤：

（1）选择文件→新建菜单选项，选择“ActionScript 2.0”选项，新建一个Flash文档，命名为“8-旅游网站片头”。打开“属性”面板，修改“舞台大小”为760px×450px，背景颜色为灰色。

（2）将图层1更名为“音乐”，选择第1帧，在“属性”面板中设置声音的“名称”为“music”，“同步”为“事件”，然后在第370帧按F5键延长帧，控制动画总长度。

（3）新建“背景”图层，沿着舞台绘制一个比舞台略大的灰色矩形，并转换为图形元件“bg”。在第32帧插入关键帧，将第1帧实例的“亮度”设置为-100，然后在这两个关键帧之间创建传统补间，制作背景逐渐显示的动画效果。

（4）执行文件→导入→导入到库命令将两张背景图片导入，分别转换为图形元件“树林”和“湖泊”。新建“画面1”图层，在第32帧插入关键帧，将“树林”元件拖入舞台，并调整元件位置。新建“mask”图层，将如图8-10所示的“mask”图形元件拖入舞台，并对齐到舞台中心。

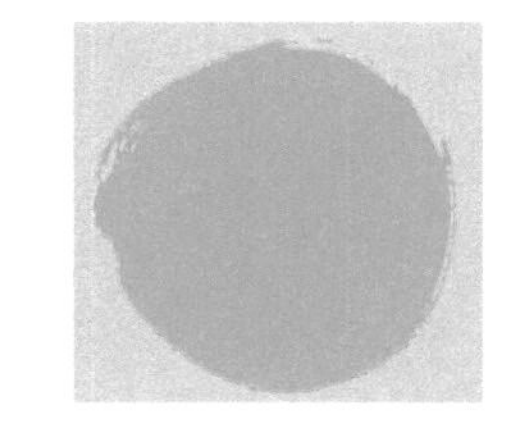

图 8-10 “mask”遮罩图形

（5）在画面1图层的第48、65帧插入关键帧，将舞台上的实例向左移动，在两个关键帧之间创建传统补间，制作“树林”的移动动画。然后选择“mask”图层，单击鼠标右键，在弹出的快捷菜单中选择“遮罩层”命令，让“mask”图层对“画面1”图层进行遮罩。

（6）单击“mask”图层右侧的“轮廓”图标□，只显示“mask”图层的轮廓。新建“树 1”和“树 2”图层，在第 32 帧处插入关键帧，将 tree1 和 tree2 拖入相应图层并转换为图形元件“树 1”和“树 2”，摆放在舞台的适当位置。

提示

在 Flash 动画的制作过程中，有时需要显示图层的轮廓，以方便对其他图层进行操作。单击图层上方的“轮廓”图标，即可显示所有图层和图层文件夹的轮廓；再次单击可以取消显示轮廓。单击某个图层或图层文件夹右侧的“轮廓”图标，也可以显示该图层的轮廓；再次单击可以取消显示轮廓。

（7）在“树 1”图层的第 53 帧插入关键帧，将实例向右移动，并设置第 32 帧实例的 Alpha 值为 50，然后在两个关键帧之间创建传统补间，制作“树 1”的移动显示动画。使用相同的方法，制作实例“树 2”的显示动画。

（8）新建“点飞”影片剪辑元件，使用铅笔工具绘制引导路径，如图 8-11 所示。选择椭圆工具，绘制一个无边框白色圆点，转换为“圆点”图形元件，使元件中心点对齐引导线首端。在第 100 帧插入关键帧，将“圆点”拖至引导线末端。新建“点集合”影片剪辑元件，分别新建 5 个图层，分 5 次将“点飞”元件拖入舞台中，调整元件位置为离散分布，在第 12、65 帧处插入关键帧，修改第 1 帧和第 65 帧处的元件 Alpha 值为 0，分别创建传统补间。在图层 6 的最后一帧插入关键帧，打开“动作”面板输入停止脚本。

（9）新建“t1”影片剪辑元件，利用逐帧动画的制作原理，制作出文字“绿水青山青山绿水”跳跃出场的动画效果，如图 8-12 所示。新建“t1”和“装饰点”图层，分别将“t1”和“点集合”元件拖入舞台适当位置处。

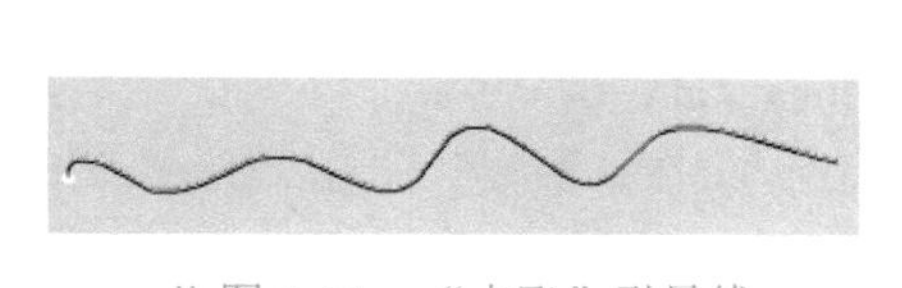

图 8-11 “点飞”引导线

图 8-12 “t1”元件

（10）制作转场动画。分别在“画面 1”、“树 1”和“t1”图层的第 140~153 帧之间创建实例淡出动画。新建“画面 2”图层，在第 140 帧处插入关键帧，从“库”面板将“湖泊”图形元件拖入舞台中。在第 153 帧处插入关键帧，将实例向右稍作移动，并将第 140 帧实例的 Alpha 值设置为 0。在两帧之间创建传统补间，制作“湖泊”淡入动画。

（11）新建“树枝”图层，拖入元件“树枝”，采用相同的方法，制作树枝淡入动画。在“画面 2”图层的第 170、185、210 帧插入关键帧，分别为这 3 个关键帧处的实例添加“模糊”滤镜并逐一向下方移动，“模糊 X”和“模糊 Y”依次设置为 3px、5px 和 10px。在 3 帧间创建传统补间，制作画面移动并模糊的动画效果。

（12）新建“蝴蝶”图层，在第 140 帧处插入关键帧，将元件“蝴蝶”拖入舞台右下方。在时间轴上单击鼠标右键，在弹出的快捷菜单中选择“创建补间动画”命令，然后选择第 170 帧，将蝴蝶移动至遮罩范围内，选择第 185 帧，将蝴蝶移至树枝上。这样就制作好蝴蝶飞入画面的动画了。

（13）新建“画面 3”图层，在第 260 帧位置插入关键帧，将元件“bg2”拖入舞台中心。在第 270 帧位置插入关键帧，将第 260 帧实例的 Alpha 值设置为 0，在两帧间创建传统补间，制作画面 3 的显示动画。

（14）新建“t2”影片剪辑元件，制作文字遮罩动画，时间轴面板如图 8-13 所示。

（15）新建 t2 图层，将元件 t2 拖入舞台中，在“属性”面板中设置循环选项为播放一次。在“mask”图层上方新建 t3 和 t4 图层，分别将文本“听说”和“旅游休闲”拖入舞台，摆放在画面的左侧，并分别制作两个文本的显示动画，最终效果如图 8-14 所示。

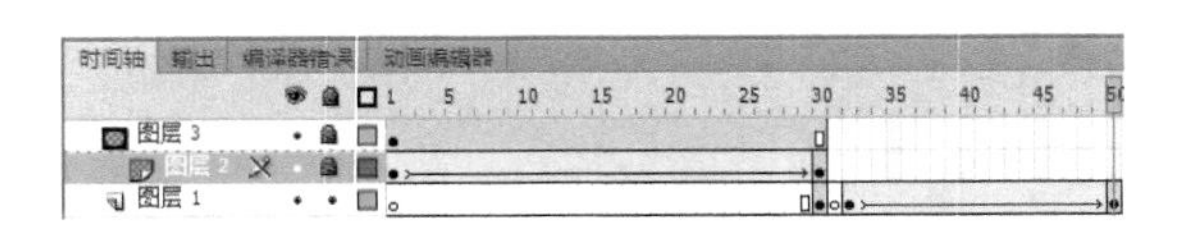

图 8-13 “t2”时间轴面板

图 8-14 “画面 3”效果

（16）新建 AS 图层，在第 370 帧位置插入关键帧，在“动作”面板输入停止脚本。

（17）保存文件后，按组合键 Ctrl+Enter 测试动画效果，如图 8-9 所示。

项目任务 8-3 片头动画——个人网站片头动画

动画概述：本案例首先导入相应的素材图片，再利用补间动画制作相应的按钮元件，回到场景中将制作好的元件一次拖入场景中，放置在相应的位置，完成最终的动画制作。“个人网站片头”动画播放后，主页面如图 8-15 所示。

操作步骤：

（1）选择文件→新建菜单选项，选择“ActionScript 2.0”选项，新建一个 Flash 文档，命名为“8-个人网站片头”。打开“属性”面板，修改“舞台大小”为 700px×500px，设置帧频为 20。

图 8-15 “个人网站片头”动画

（2）执行文件→导入→导入到舞台命令，将外部的一张素材图片导入到舞台中，在第 115 帧位置插入帧。执行文件→导入→导入到库命令，将外部多个声音文件同时导入到库中。

（3）新建图层 2，在第 10 帧位置插入空白关键帧，单击工具箱中的矩形工具按钮，设置笔触为无，填充为白色，在舞台中绘制一个矩形，选中矩形，按 F8 键将其转换为图形元件，命名为“白矩形”。打开“属性”面板，设置该元件 Alpha 值为 50。选择时间轴上的第 10 帧，在“属性”面板的声音“名称”下拉列表中选择相应的声音文件。在第 15 帧位置插入关键帧，调整该帧上元件的位置，在“属性”面板中修改其样式为无。在两个关键帧间创建传统补间。

（4）使用相同方法，制作图层 3 上“bg”图形元件的动画效果和图层 4 上“飞机”图形元件的动画效果。

（5）新建“反应区”按钮元件，进入元件编辑区。在“指针经过”帧插入关键帧，打开“属性”面板设置声音。在“按下”帧位置插入空白关键帧，在“点击”帧位置插入关键帧，单击工具箱中的矩形工具按钮，在舞台中绘制一个无边框矩形。

（6）新建“我的日记”影片剪辑元件。将外部的一张素材图像导入到舞台中，转换为图形元件。在第 20 帧位置插入关键帧，在第 10 帧位置插入关键帧，调整第 10 帧上元件的位置，并在第 5 帧和第 10 帧位置分别创建传统补间动画。新建图层 2，从“库”面板中将“反应区”元件拖入舞台中，并调整元件到合适的位置，使用任意变形工具，调整元件到合适的大小。选中该按钮元件，打开“动作”面板，在“按钮”元件上添加相应的脚本代码，如图 8-16 所示。新建图层 3，在第 10 帧和第 20 帧的位置插入关键帧，打开“动作”面板，分别在第 1、10 和 20 帧添加停止脚本“stop();”，时间轴面板如图 8-17 所示。

图 8-16 “按钮”脚本代码

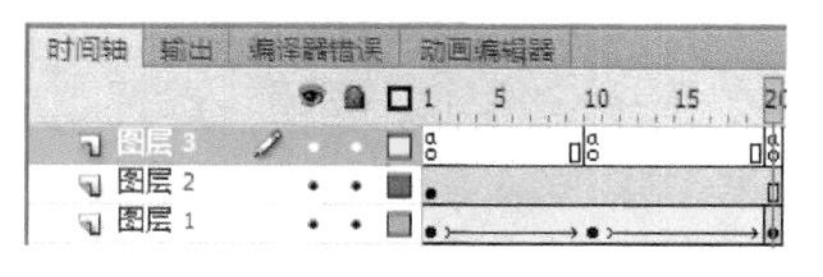

图 8-17 “我的日记”时间轴面板

（7）使用相同的制作方法，制作出其他的影片剪辑元件——“好友留言”、“关于我”、“设计窗”、“链接”、“未来”、“享受”和“爱你”。

（8）返回主场景，新建图层 5，在第 40 帧位置插入关键帧，在“库”面板中将“我的日记”元件拖入舞台中，并调整该元件到合适位置，在“属性”面板中修改元件 Alpha 值为 30。在第 50 帧位置插入关键帧，调整该帧上元件的位置，并在“属性”面板中修改元件样式为无。在两个关键帧间创建传统补间。

（9）使用相同的制作方法，制作出图层 6～图层 12 的动画效果，制作完成的时间轴面板如图 8-18 所示。

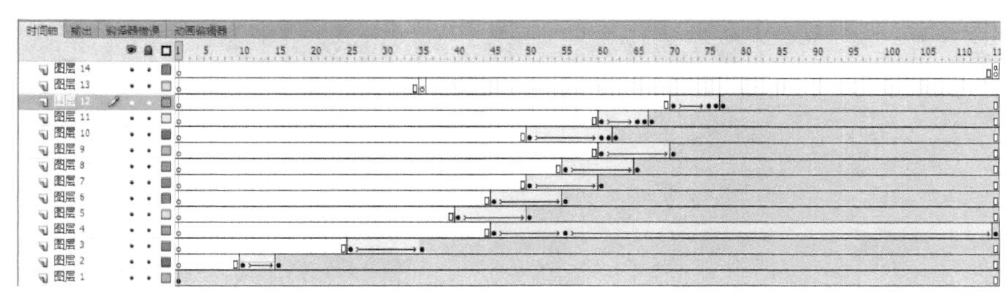

图 8-18 主场景时间轴面板

（10）新建图层 13，在第 35 帧位置插入关键帧，打开“属性”面板，设置该帧上的声音文件。

（11）新建图层 14，在第 115 帧位置插入关键帧，在“动作”面板中输入停止脚本“stop();”。

（12）保存文件后，按组合键 Ctrl+Enter 测试动画效果。

项目任务 8-4 开场动画——家居开场动画

动画概述：本案例主要利用遮罩加上图片的淡入效果完成开场动画的制作。在制作过程中需要注意的是遮罩的变化和间隔的时间，案例效果如图 8-19 所示。

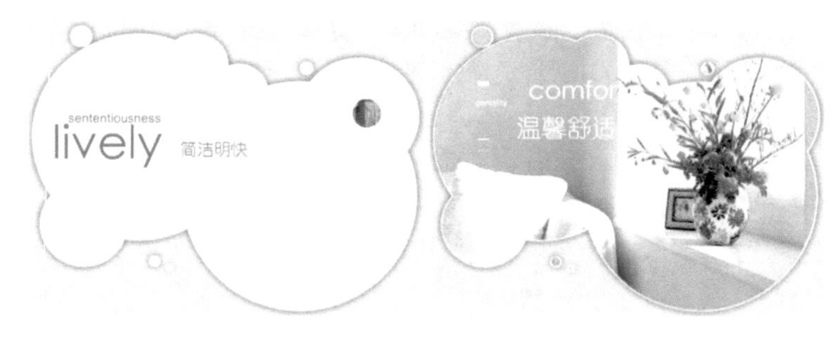

图 8-19 “家居开场”动画

操作步骤：

（1）选择文件→新建菜单选项，选择“ActionScript 2.0”选项，新建一个 Flash 文档，命名为“8-家居开场”。打开“属性”面板，修改“舞台大小”为 555px×425px。

（2）在第 30 帧位置插入关键帧，将素材图片导入舞台中，如图 8-20 所示。按 F8 键将其转换为图形元件，其 Alpha 值设置为 0。在第 40 帧插入关键帧，使用任意变形工具将元件等比例放大，并在“属性”面板修改其 Alpha 值为 70。在第 45 帧插入关键帧，使用任意变形工具将元件等比例缩小，并修改其“颜色”样式为无。为第 30 帧和第 40 帧添加“补间形状”，在第 1050 帧插入帧，控制动画长度。

（3）新建图层 2，利用传统补间动画的制作原理，制作“圆动画”影片剪辑元件，时间轴面板如图 8-21 所示。在第 47 帧处插入空白关键帧。新建图层 3，在第 97 帧插入帧，将素材图片 pic1 导入舞台中。在第 256 帧插入空白关键帧，使用椭圆工具在场景中绘制正圆，并将其转换为名称为“圆”的图形元件。

图 8-20 背景图片

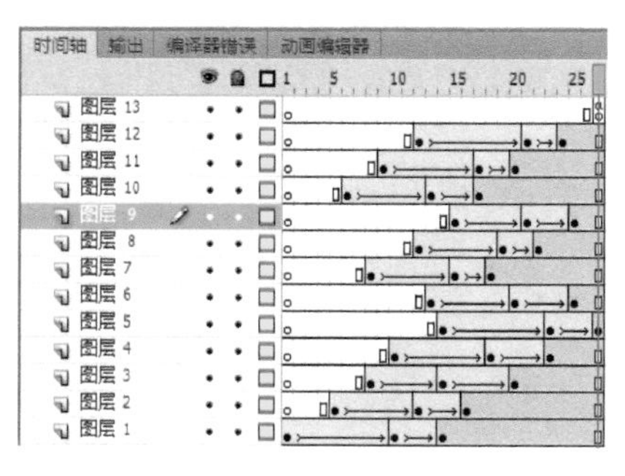

图 8-21 “圆动画”时间轴面板

（4）分别在第 130、145 帧处插入关键帧，选择第 145 帧上的元件，使用任意变形工具将元件放大，为第 97 帧和第 130 帧创建传统补间，在第 256 帧插入空白关键帧，并将该图层设置为“遮罩层”。

（5）根据“图层 3”和“图层 4”的制作方法，完成“图层 5”和“图层 6”的制作。

（6）新建图层 7，在第 250 帧位置插入关键帧，使用文本工具T在场景中输入文字，并将其转换为名称为“文字 4”的图形元件。在第 274 帧插入关键帧，将元件水平向左移动。选择第 250 帧上的元件，其 Alpha 值设置为 0，并为第 1 帧添加传统补间，在第 395 帧插入空白关键帧。

（7）新建图层 8，在第 264 帧插入关键帧，使用文本工具T在场景中输入文字，并将其转换为名称为“文字 6”的图形元件。在第 285 帧插入关键帧，将元件水平向右移动。选择第 264 帧上的元件，其 Alpha 值设置为 0，并为其添加传统补间，在第 395 帧处插入空白关键帧。使用相同的制作方法，完成“图层 9”和“图层 10”的制作。

（8）新建“矩形动画”影片剪辑元件，并进入元件编辑状态。选择矩形工具，在舞台中绘制一个无边框白色矩形，在第 32、62 帧位置插入关键帧，选择第 32 帧，将矩形向上移动一段距离，并分别为第 1 帧和第 32 帧创建传统补间。使用相同方法，制作“图层 2”～“图层 4”的矩形运动动画，时间轴面板如图 8-22 所示。

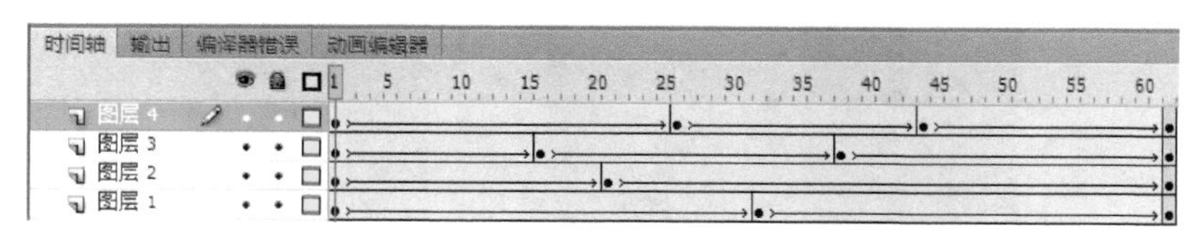

图 8-22 “矩形动画”时间轴面板

（9）根据前面的制作方法，完成后续的“图层 11”～“图层 41”的制作。其中，在图层 37 的第 133 帧插入空白关键帧，将“矩形动画”元件拖入舞台，并调整其到合适的位置。

（10）新建图层 42，在第 1050 帧插入空白关键帧，打开“动作”面板，输入停止脚本“stop();”。

（11）保存文件后，按组合键 Ctrl+Enter 测试动画效果。

课后练习与指导

实践题

练习 1：制作一个科技公司开场动画，如图 8-23 所示。

练习 2：制作一个城市宣传片头动画，如图 8-24 所示。

图 8-23 科技公司开场动画

图 8-24 城市宣传片头动画

练习 3：制作一个广告商品宣传片头动画，如图 8-25 所示。

练习 4：制作一个休闲网站开场动画，如图 8-26 所示。

图 8-25　广告商品宣传片头动画

图 8-26　休闲网站开场动画

练习 5：制作一个音乐网站开场动画，如图 8-27 所示。

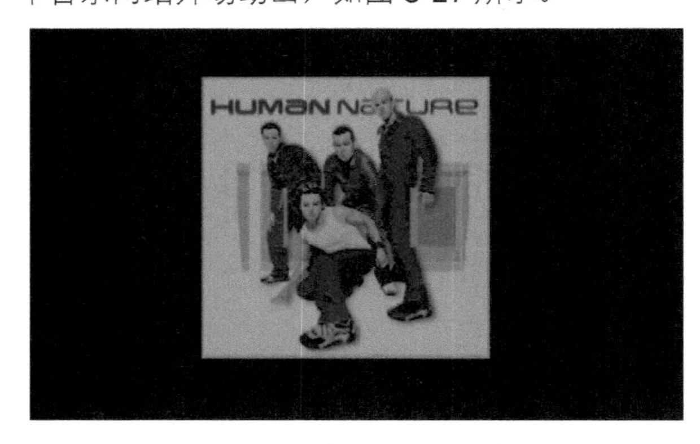

图 8-27　音乐网站开场动画

模　块

09 课件制作

你知道吗

随着多媒体教学的普及，Flash 技术越来越广泛地应用到课件制作上，使课件功能更为完善，内容更加精彩，学习者也从中体会到更多的乐趣。本章通过对几个课件实例的讲解，使读者快速掌握课件制作的一般流程、控制脚本的添加，以及人机交互的实现方法。

学习目标

- 了解 Flash 课件制作的基本流程
- 掌握课件制作的分镜设计
- 掌握控制脚本的添加
- 掌握课件制作的技巧和方法

项目任务 9-1　课件制作——数学课件

传统的课件只可单页播放，而 Flash 以其超强的动感画质和多事件的触发机制，为课件的制作提供了强有力的支持。数学对平面和空间的想象能力有较高的要求，在不能模拟出数学公式和模型时，Flash 可以将某些过程通过画面直观地呈现出来。

（1）选择文件→新建菜单选项，选择“ActionScript 3.0”选项，新建一个 Flash 文档，命名为“9-数学课件”。打开“属性”面板，修改“舞台大小”为 640px×480px，设置帧频为 12。

（2）将图层 1 更名为“背景”，将导入的背景图片转换为“bg”图形元件，拖入舞台并对齐到中心。新建“标题”、“名称”、“花边 1”和“花边 2”图层，分别将元件“标题”、“名称”、“花边”拖入舞台并排列好，如图 9-1 所示。

小学数学第八册

角的认识

进入

图 9-1　“数学课件”首页

（3）在“名称”图层的第 9 帧插入关键帧，将“名称”图层第 1 帧的实例缩小并设置 Alpha 值为 0，在两帧之间创建传统补间。选择两帧间的任意一帧，打开“属性”面板，设置“旋转”为“顺时针”1 次。分别在“标题”、“花边 1”和“花边 2”图层的第 10 帧位置按 F7 键插入空白关键帧。

（4）在“花边 1”图层的第 9 帧插入关键帧，将第 1 帧的实例向左移动并设置 Alpha 值为 0，在两帧之间创建传统补间，制作实例移动渐显的动画。采用相同方法，制作“花边 2”移动渐显的动画。

（5）新建“enter”按钮元件，并进入元件内部。选择“弹起”帧，使用文本工具 T 输入文字内容——“进入”。在“指针经过”帧按 F6 键插入关键帧，修改文本颜色为白色。在“点击”帧绘制覆盖文字的矩形作为反应区。新建“进入”图层，将元件“enter”拖入舞台下方中心位置，在“属性”面板中设置其实例名称为 btn0。采用相同方法，制作按钮移动渐显的动画。

（6）在“名称”图层的第 10 帧插入关键帧，将“名称”实例移至画面的左上角，从“库”面板中将“小太阳”图形元件拖入舞台中，放置在“名称”实例的前面，装饰画面。

（7）新建“面板”图层，在第 10 帧插入空白关键帧，选择工具箱内的矩形工具，绘制一个 500px×370px 大小的无边框淡黄色矩形，按 F8 键将其转换为“面板”影片剪辑元件。选择“面板”元件，打开“属性”面板，为实例添加“投影”滤镜，设置颜色为灰色，模糊 X、Y 均为 5px。

（8）新建“按钮组”图层，在第 10 帧插入空白关键帧，将按钮“复习”、“新授”、“比较”、“练习”和“退出”拖入舞台左侧，使用“对齐”面板排列整齐，并分别打开“属性”面板，设置实例名称为 btn1～btn5。

（9）新建“新授分支”影片剪辑元件，进入元件编辑状态。将图层 1 更名为“顶点”，打开“库”面板，将“顶点”元件拖入舞台合适位置，在第 11、21 帧处插入关键帧，在第 40 帧处按 F5 键延续帧播放。选择第 6 帧和第 16 帧，按 F7 键插入空白关键帧。

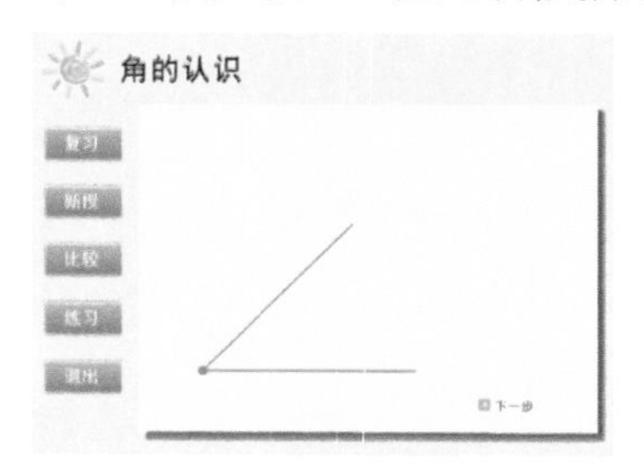

图 9-2　新授分支

（10）新建“边 1”图层，在第 22 帧处插入关键帧，从顶点开始向右绘制一条红色的水平线并转换为“直线”图形元件。新建“边 2”图层，复制边 1 图层的第 22 帧元件，并将实例旋转一定角度，组成角的图形。分别在“边 1”和“边 2”图层的第 28、34、40 帧插入关键帧，逐一调整各个关键帧实例的长度，让直线逐帧地延长至完全展开。然后在每两个关键帧间创建传统补间，制作角的边线延长动画，如图 9-2 所示。

（11）新建“按钮”图层，将按钮元件“下一步”拖入舞台的右下方，在“属性”面板中将实例命名为“n2”。新建 AS 图层，分别在第 21、28、34、40 和 41 帧插入空白关键帧，分别打开“动作”面板，输入停止脚本“stop();”。

（12）新建“题目”图层，在第 41 帧插入关键帧，在舞台中编辑好题目的内容，如图 9-3 所示。新建“声音”图层，分别在第 6、16、22、29、35 帧添加 ding.wav 和滑动.wav 音效，时间轴面板如图 9-4 所示。该分支即制作完成。

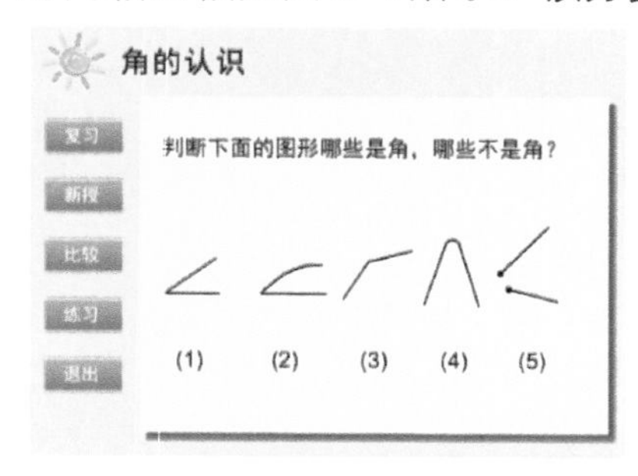

图 9-3　“新授分支”题目

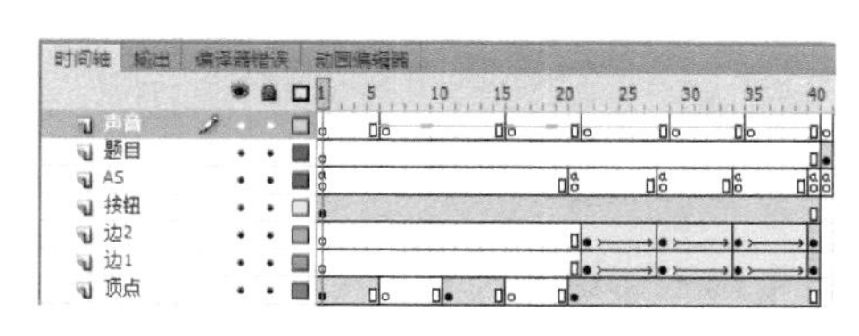

图 9-4　“新授分支”时间轴面板

（13）使用相同的制作方法，分别制作“复习分支”、“比较分支”和“练习分支”影片剪辑元件，其效果图和时间轴面板如图 9-5～图 9-8 所示。

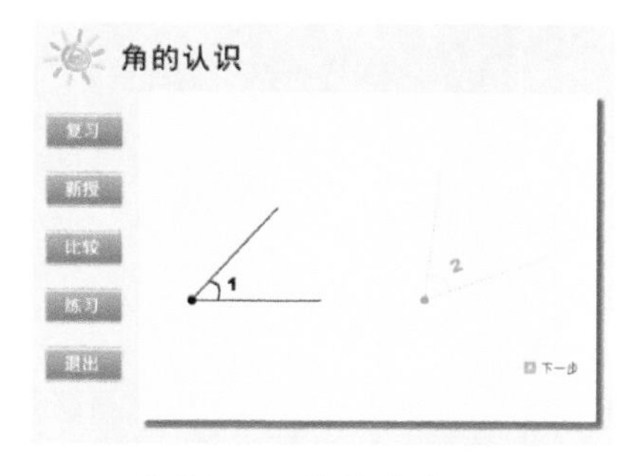

图 9-5　比较分支

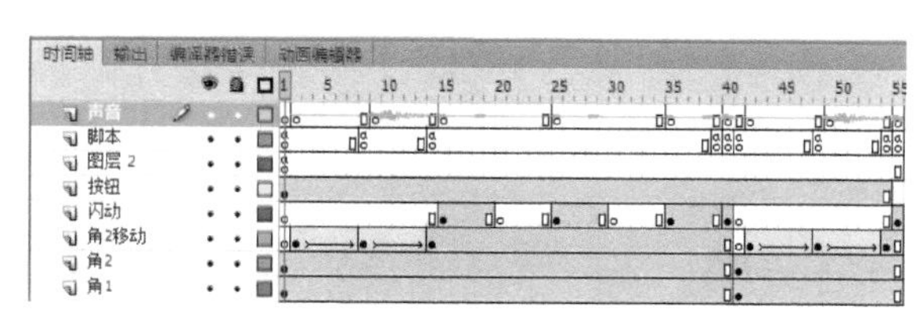

图 9-6　“比较分支”时间轴面板

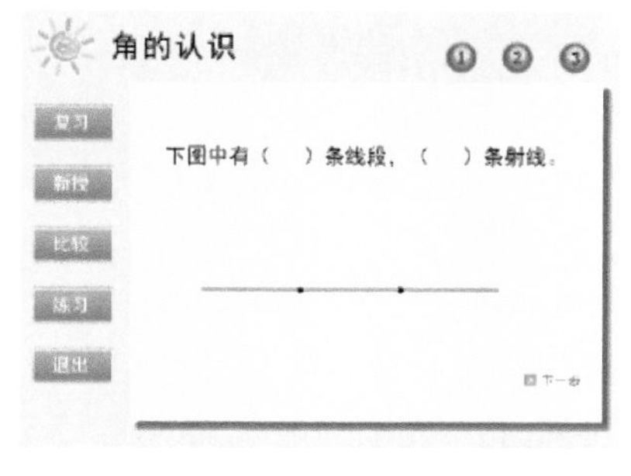

图 9-7　练习分支

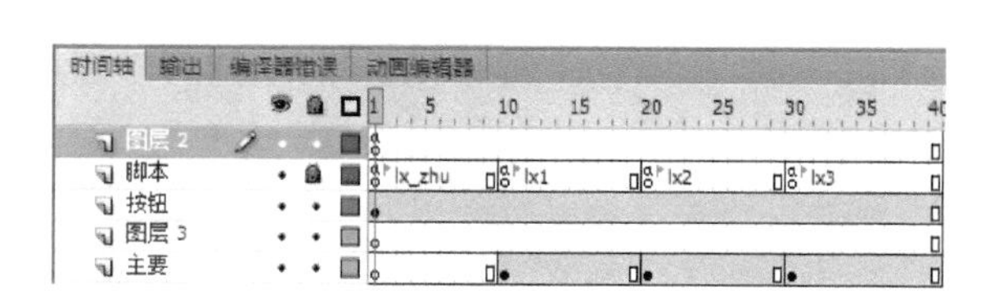

图 9-8　“练习分支”时间轴面板

（14）新建 AS 图层，在第 9、10 帧插入空白关键帧，分别打开“动作”面板，输入停止脚本。选择第 10 帧，在“属性”面板中设置帧标签为“jm”。

（15）新建“内容”图层，在第 20 帧插入关键帧，将“复习分支”拖入舞台的合适位置。在 AS 图层的第 20 帧插入空白关键帧，添加停止脚本，并设置帧标签为“fx”。在第 30 帧插入空白关键帧，将“新授分支”元件拖入舞台。在 AS 图层的第 30 帧插入关键帧，添加停止脚本，并设置帧标签为“xs”。采用相同的方法，在“内容”图层的第 40、50 帧插入关键帧，从“库”面板将“比较分支”与“练习分支”元件拖入舞台中，然后在 AS 图层的对应帧添加停止脚本，并设置帧标签为“bj”和“lx”。

（16）新建“动作”图层，在第 10 帧插入关键帧。分别选择第 1、10 帧，打开“动作”面板，输入如图 9-9 所示的脚本代码。

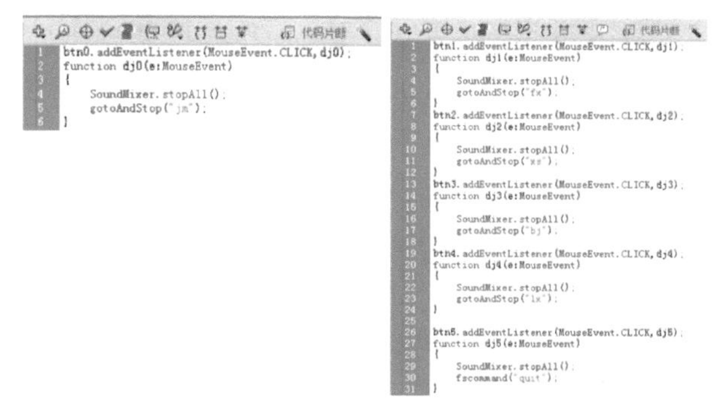

图 9-9　“AS”脚本代码

（17）保存文件，按组合键 Ctrl+Enter 测试动画效果。

项目任务 9-2 课件制作——英语课件

本案例主要介绍英语课件的制作，视、听、说是语言学习必不可少的步骤，在动画中添加音频，配合文字，可以达到学习的效果。同时，可通过在课件中穿插小游戏，增加学生学习乐趣，以便更好地辅助学习。

操作步骤：

（1）选择文件→新建菜单选项，选择“ActionScript 3.0”选项，新建一个 Flash 文档，命名为“9-英语课件”。打开“属性”面板，修改“舞台大小”为 550px×420px，设置帧频为 12。

图 9-10 输入文本

（2）新建“snow”影片剪辑元件，展开“高级”设置，选中“为 ActionScript 导出”复选框，进入元件编辑状态。使用椭圆工具，设置笔触为无，在舞台中绘制一个 2px×2px 大小的白色圆点，作为雪花。

（3）返回场景 1 中，修改图层 1 的名称为“bg”，从“库”面板中将“bg”影片剪辑元件拖入舞台中，与舞台对齐。新建“标题”图层，在舞台中输入文本“小学英语第一册”，如图 9-10 所示。

（4）新建“按钮组”图层，使用钢笔工具在舞台底部画出波浪形状的图形，填充颜色后删除轮廓线。从“库”面板中将“b0”～“b3”按钮元件拖入舞台中，摆放在波浪图形上。在“属性”面板中设置实例名称依次为“b0”～“b3”。将“icon”元件拖入舞台中，复制 3 个，添加在每个按钮前面，起到装饰作用。

（5）新建 AS 图层，在“动作”面板中输入控制脚本。新建“音乐”图层，在“属性”面板中设置声音名称为“开始音乐”，“同步”为事件，重复 9 次。

（6）执行窗口→其他面板→场景菜单命令，打开“场景”面板，将场景 1 命名为 a，然后单击面板底部的“重制场景”按钮，将复制得到的场景命名为 d。保持 d 为当前场景，选择 bg 图层并删除舞台上的背景，将“Happy New Year”位图拖入舞台，调整好大小和位置，删除“标题”图层。选择“音乐”图层，在“属性”面板的声音“名称”下拉列表框中选择“Happy New Year”。至此，场景 d 制作完成，如图 9-11 所示。

图 9-11 场景 d

（7）在“场景”面板中选择 a，单击“重制场景”按钮，将复制得到的场景命名为 b。删除“音乐”、AS 与“标题”图层，并将帧延长至 90 帧。

（8）新建“圣诞老人走路”影片剪辑元件，进入元件编辑状态。从“库”面板中将“圣诞老人”元件拖入舞台中，然后在第 3 帧插入关键帧，将实例向下移动 2px，并将帧延长至第 4 帧。

（9）返回场景 b，在 bg 图层上方新建“圣诞老人”图层，将元件“圣诞老人走路”拖入舞台，在第 20 帧插入关键帧，将第 1 帧的实例向右平移出舞台，然后在两个关键帧之间创建传统补间，制作圣诞老人入场的动画。

（10）新建“对话”图层，在第 20 帧插入关键帧，使用铅笔工具在圣诞老人的上方绘制一个对话框，箭头指向圣诞老人，在对话框中输入圣诞老人的提问。在第 57 帧插入空白关键帧，绘制另一个对话框，箭头指向小兔子，并在对话框中输入小兔子的回答。在第 80 帧插入空白关键帧，在舞台上输入完整的英文对白。

（11）新建“声音”图层，分别在第 20、80 帧插入关键帧，选择第 20 帧，在“属性”面板中设置声音名称为“对话”。分别选择“声音”图层的第 1、80 帧，在“动作”面板中输入动作脚本。至此，场景 b 制作完成，如图 9-12 所示，时间轴面板如图 9-13 所示。

图 9-12 场景 b

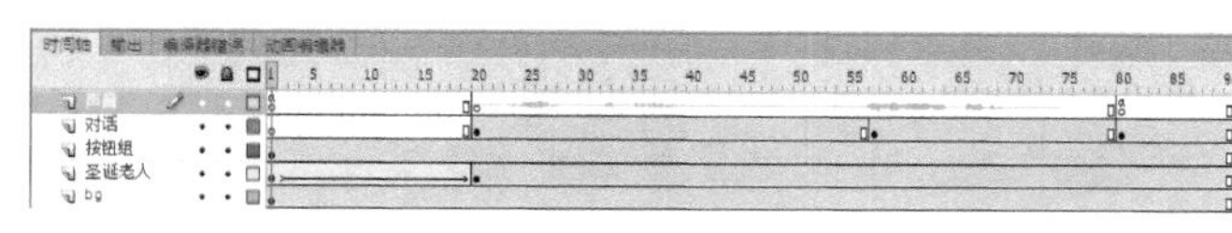

图 9-13 “场景 b”时间轴面板

（12）在“场景”面板中选择 b，单击“重制场景”按钮，将复制得到的场景命名为 c。删除 bg 与“按钮组”之外的所有图层，并将帧延长至第 300 帧。

（13）新建“兔子”影片剪辑元件，进入元件内部。将图层 1 命名为 body，打开“库”面板，将“兔子身体”元件拖入舞台，并将时间轴延长至 75 帧。

（14）新建 ear 图层，在第 2 帧插入关键帧，将“兔子耳朵”元件拖入舞台，并调整到兔子耳朵所在的位置。在第 10 帧插入关键帧，将第 2 帧实例的 Alpha 值修改为 0，在两个关键帧之间创建传统补间，制作兔子耳朵渐显的动画。在第 14 帧插入关键帧，在第 11、13 帧处插入空白关键帧。分别选择第 1 帧和第 14 帧，在“动作”面板中输入停止脚本。选择第 2 帧，在“属性”面板中添加帧标签为“ear0”。

（15）使用相同方法，依次制作“兔子手臂”、“兔子鼻子”、“兔子眼睛”和“兔子脚”的出场动画，并分别添加动作脚本与帧标签，时间轴面板如图 9-14 所示。

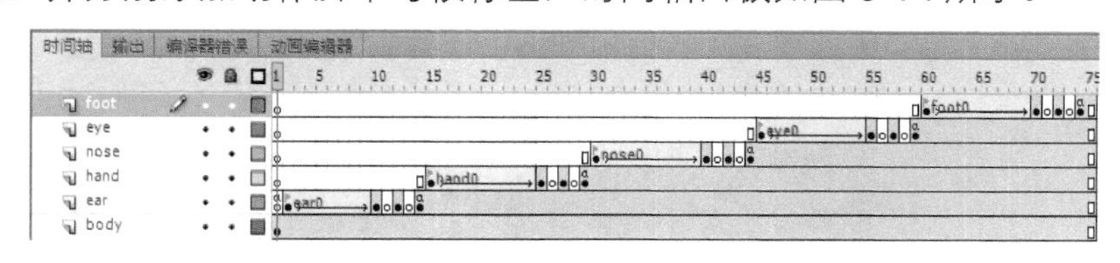

图 9-14 “兔子”元件时间轴面板

（16）返回场景 c，新建“面板”图层，在舞台中绘制两组面板并添加文字。新建“兔子”图层，将元件“兔子”拖入左侧面板，在“属性”面板中设置实例名称为“tu”。新建“按钮”图层，将按钮元件“耳”、“鼻”、“脚”、“手”、“眼”拖入右侧面板中，并排列整齐。在第 40 帧插入关键帧，分别在“属性”面板中设置实例名称为“c0”～“c4”。新建“对或错”图层，在第40帧插入关键帧，将元件try拖入两个面板之间，在“属性”面板中设置实例名称为“try1”。新建“声音”图层，在时间轴不同帧上添加不同的声音。新建AS图层，分别在第1、40、100、153、205、260、300帧处添加动作脚本，效果如图9-15所示，时间轴面板如图9-16所示。

图9-15　场景c

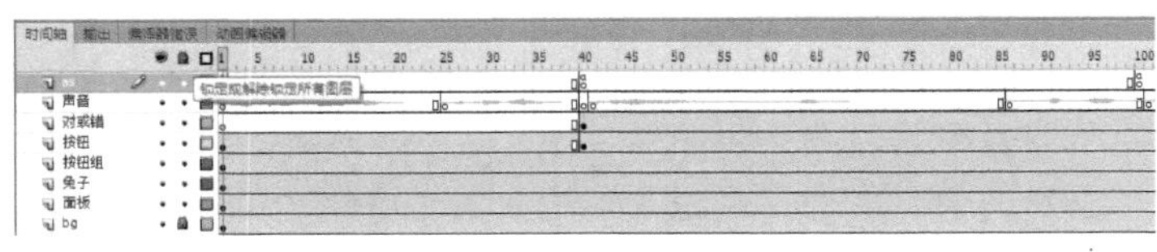

图9-16　场景c时间轴面板

（17）保存文件，按组合键Ctrl+Enter测试动画效果。

知识拓展

“场景”面板的使用：使用“场景”面板不仅可以重置场景，还可以添加新场景、删除已有的场景与重命名场景，“场景”面板如图9-17所示。

单击“场景”面板底部的“添加场景”按钮，即可在当前场景的下方添加一个新的场景；单击“删除场景”按钮，在弹出的提示信息对话框中单击“确定”按钮，即可删除选中的场景，如图9-18所示。在“场景”面板中单击任意一个场景的名称，即可进入该场景进行编辑，该场景也就成了当前场景；如果双击场景的名称，则可以重命名场景。

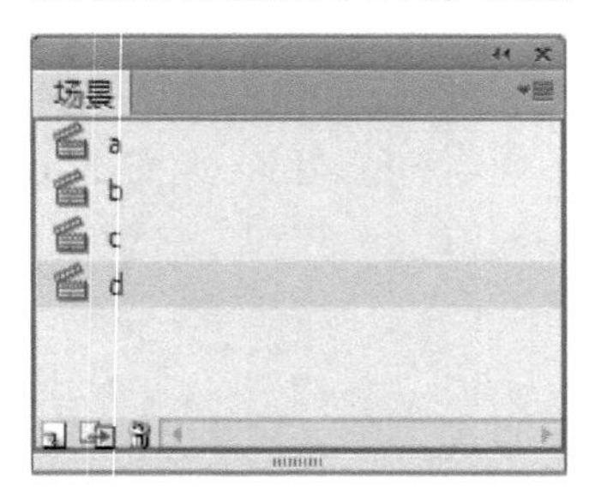

图9-17　“场景”面板

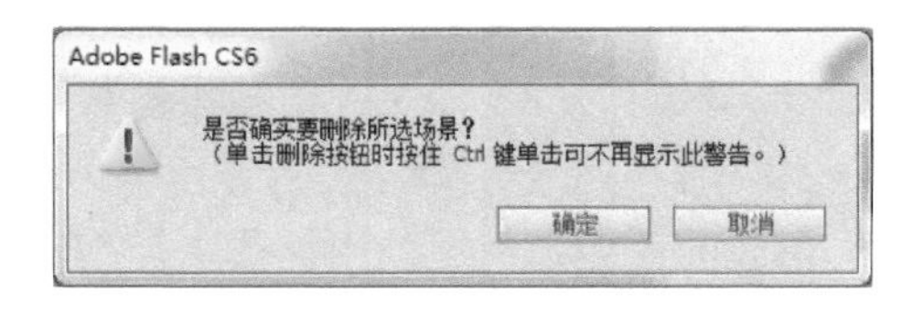

图9-18　删除场景提示对话框

项目任务9-3　课件制作——语文课件

Flash动画以直观化、形象化、真切化以及便捷化极大地丰富了语文课堂的教学表现手法，在学生的视觉与听觉两方面扩展了空间。对于小学生，动画具有极大的吸引力，可以让学生在观看的同时，对知识产生深刻的印象。

动手做1　设计分析

在课件制作前首先做好规划，确定内容分几个场景来呈现，根据本案例的特点，分为三个场景来完成：一是封面，作为开头；二是介绍，作为穿插使用；三是主场景。三个场景间通过按钮实现跳转。

动手做 2　封面制作

封面效果如图 9-19 所示。

操作步骤：

（1）选择文件→新建菜单选项，选择“ActionScript 3.0”选项，新建一个 Flash 文档，命名为“9-语文课件”。打开“属性”面板，修改“背景颜色”为灰色，设置帧频为 12。按组合键 Shift+F2 打开“场景”面板，将场景 1 命名为 fm，如图 9-20 所示。

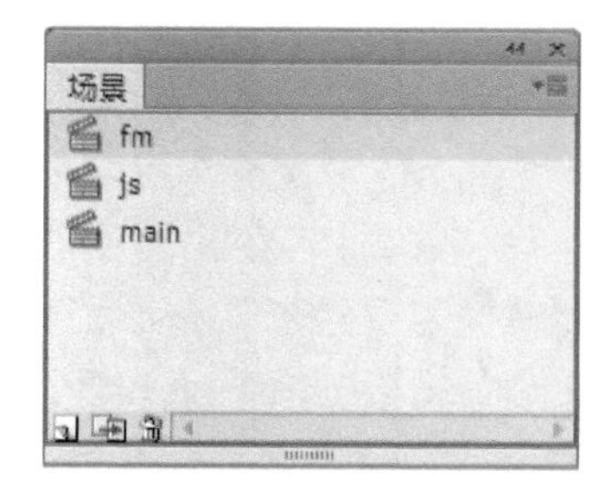

图 9-19　“语文课件”封面　　图 9-20　“语文课件”场景面板

（2）选择“fm”场景，进入该场景的编辑界面。将图层 1 命名为“封面”，将背景图片导入舞台中，按 F8 键转换为“封面”影片剪辑元件，对齐到舞台中心，并将时间轴延长至第 30 帧。

（3）新建“外框”图形元件，将素材图片导入舞台中，按组合键 Ctrl+B 打散图形，选择椭圆工具，在舞台中绘制一个椭圆。在舞台任意处释放鼠标，删除椭圆，将剩余部分复制至图层 2，选择图层 2，单击鼠标右键，在弹出的快捷菜单中选择“遮罩层”。

（4）返回“fm”场景，将“外框”元件拖入舞台并对齐舞台中心。新建 5 个图层，从下到上依次命名为“标题”、“作者”、“播放钮”、“AS”和“声音”，如图 9-21 所示。分别将按钮元件“播放”、“标题”和“作者”拖入相应的图层中，并在“属性”面板设置实例名称为 btn1、btn2 和 btn3。

（5）选择标题图层的第 15 帧，插入关键帧，将第 1 例实例缩小并设置 Alpha 值为 0，在两个关键帧之间创建传统补间。使用相同方法，制作按钮实例“作者”和“播放”渐显的传统补间动画。

（6）在 AS 图层的第 30 帧插入关键帧，打开“属性”面板，设置帧标签为 shou01。在“动作”面板中输入控制脚本，如图 9-22 所示。

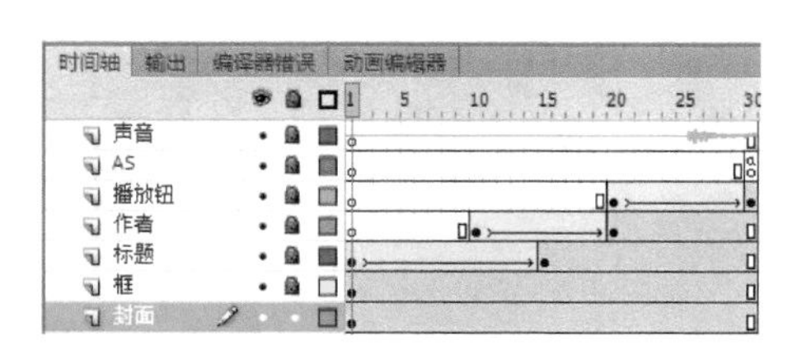

图 9-21　场景 fm 时间轴面板

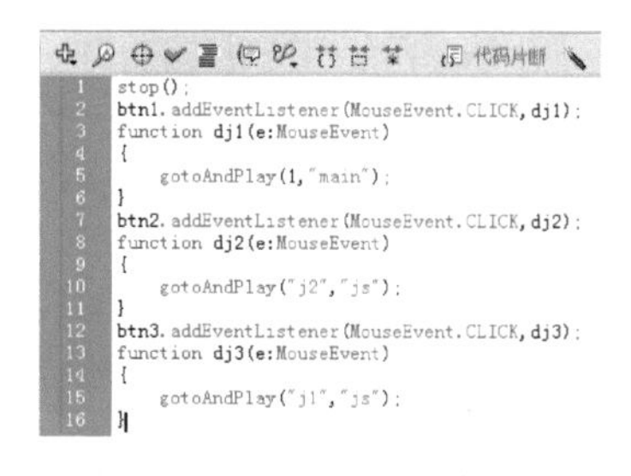

```
stop();
btn1.addEventListener(MouseEvent.CLICK,dj1);
function dj1(e:MouseEvent)
{
    gotoAndPlay(1,"main");
}
btn2.addEventListener(MouseEvent.CLICK,dj2);
function dj2(e:MouseEvent)
{
    gotoAndPlay("j2","js");
}
btn3.addEventListener(MouseEvent.CLICK,dj3);
function dj3(e:MouseEvent)
{
    gotoAndPlay("j1","js");
}
```

图 9-22　“AS”脚本代码

（7）设置背景音乐，背景从进入封面起播放，并贯穿整个课件。选择“声音”图层，在“属性”面板中设置声音名称为 guzheng.wav，将声音“同步”设置为“事件”，“循环”99 次。至此，封面制作完成，如图 9-19 所示。

动手做 3　介绍界面制作

（1）打开“场景”面板，单击“场景”面板底部的“添加场景”按钮，即在当前场景的下方添加一个新的场景，双击命名为 js。

（2）进入“js”场景编辑界面。从“库”面板中将“杜甫图”元件拖入舞台，并调整元件大小与位置，将帧延长至 15 帧。打开“属性”面板，展开“色彩效果”选项，将实例的“色调”调整为浅橙色。

（3）新建“框”图层，进入 fm 场景，复制“框”图层的第 1 帧，粘贴至 js 场景的“框”图层第 1 帧。新建“作者简介”图层，将“作者简介”元件拖入舞台适当位置。新建 mask 图层，使用矩形工具，绘制一个比“作者简介”元件稍大的无边框矩形，覆盖在实例上，并将矩形转换为“矩形”图形元件。在第 10 帧插入关键帧，将第 1 帧的矩形向右移出舞台，并在两个关键帧之间创建传统补间。右击 mask 图层，在弹出的快捷菜单中选择“遮罩层”。选中“作者简介”图层和 mask 图层，在第 11 帧位置插入空白关键帧。效果如图 9-23 所示。

（4）新建“诗文介绍”图层，在第 11 帧插入关键帧，使用文本工具 T 在舞台上输入唐诗《绝句》的内容介绍。新建“返回”图层，将按钮“返回”拖入舞台适当位置，在“属性”面板中设置实例名称为 b1。在第 11 帧插入关键帧，将按钮移至诗文介绍的右下角，在“属性”面板中将实例名称更改为 b2。效果如图 9-24 所示。

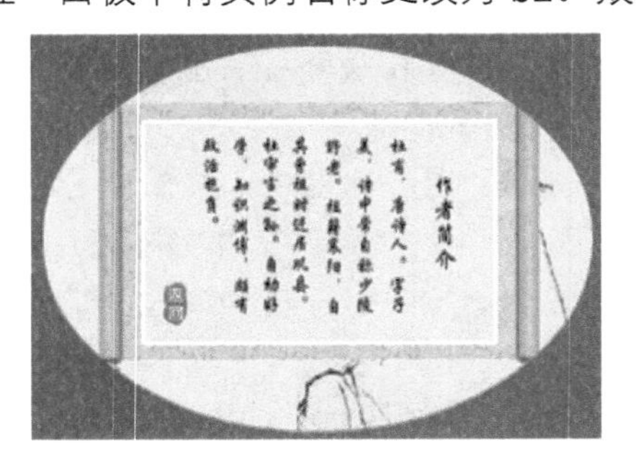

图 9-23　“作者简介”界面

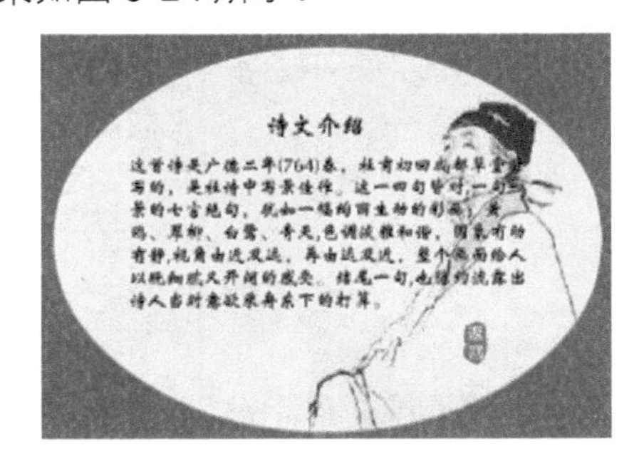

图 9-24　“诗文介绍”界面

（5）新建 AS 图层，选择第 1 帧，在“属性”面板中设置帧标签为 j1。分别在第 10、11、15 帧处插入空白关键帧，将第 11 帧的帧标签命名为 j2。选择第 10、15 帧，分别打开“动作”面板，输入相应的控制脚本，如图 9-25 所示，时间轴面板如图 9-26 所示。至此，场景 js 制作完成。

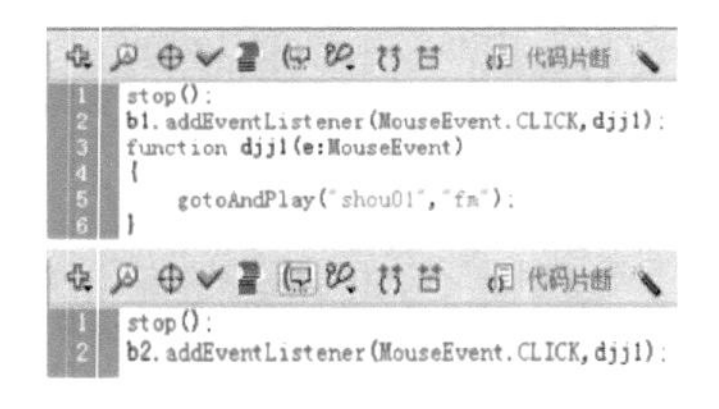

图 9-25　“AS”脚本代码

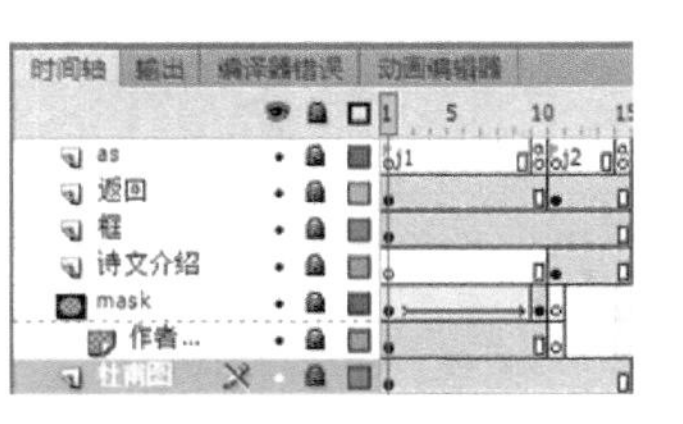

图 9-26　场景 js 时间轴面板

动手做 4 主界面制作

（1）打开“场景”面板，单击“场景”面板底部的“添加场景”按钮，即在当前场景的下方添加一个新的场景，双击命名为 main。

（2）将图层 1 命名为“背景”，新建“远景”、“中景”、“近景”、“柳枝”、“鸟 1”和“鸟 2”图层，并依次将元件“天空”、“椭圆 3”、“水”、“树干”、“柳枝”和“鸟飞”元件拖入相应的图层中。在“柳枝”图层中需要复制多个“柳枝”元件，通过排列组合形成一颗丰满的柳树。“鸟 1”和“鸟 2”图层中的元件是一直飞翔的小鸟，等它落在枝头上再换成元件“黄鹂”，这样形成一个连贯且自然的动作。

（3）新建“自动”、“手动”、“标题”、“作者”和“框”图层，将相应的元件拖入图层中。图层“框”可直接将 fm 场景中“框”图层上的帧复制后粘贴即可。

（4）将“标题”和“作者”两个图层中的实例制作淡入动画。以“标题”图层为例，在第 10 帧插入关键帧，再将第 1 帧的实例放大，在“属性”面板中设置 Alpha 值为 0，创建传统补间，制作实例淡入动画，如图 9-27 所示。

（5）在“鸟 1”图层的第 20 帧插入关键帧，将第 1 帧的鸟移动到画面外右上角处，然后在第 1~20 帧之间创建传统补间，制作鸟飞入画面的动画。接着在第 21 帧插入一个空白关键帧，将元件“黄鹂”拖入第 20 帧实例的位置上。采用相同方法，在“鸟 2”图层上制作第 2 只黄鹂飞入画面的效果。要注意两只鸟相互间的位置关系。此时，再将标题和作者名字淡出，将第一句诗文显示出来，第一幅画面和诗句就完成了。诗句的显示是通过“遮罩”方式，让句子逐字显示以配合朗读的声音。为了让字的显示和朗读声同步，这里要将朗读声加入进来以配合画面同步，如图 9-28 所示。

图 9-27 “标题”画面

图 9-28 “句 1”画面

（6）新建“句 1”图层，在标题和作者名字淡出后的第 65 帧插入空白关键帧，输入第一句诗句。新建“声音”图层，同样在第 65 帧插入空白关键帧，在“属性”面板中设置声音“名称”为 zhi1.wav，“同步”为数据流，以便声音与画面同步。这样，在时间轴上就可以看见声音的波形线。

（7）新建“遮罩”图层，位于“句 1”图层的上方，选择矩形工具，绘制一个矩形覆盖住整句诗文，并将矩形转换为图形元件。在第 111 帧插入关键帧，将第 65 帧上的矩形向上移动一段距离，使其不遮盖住文字。在两个关键帧之间创建传统补间，在“遮罩”图层上单击鼠标右键，在弹出的快捷菜单中选择“遮罩层”命令。

（8）新建“白鹭”影片剪辑元件，进入元件编辑状态。使用矩形工具在舞台上画一个方形，然后使用选择工具调整其外形，形成翅膀的形状，如图 9-29 所示。选中翅膀，按 F8 键转换为图形元件，取名为“白鹭 1”。新建图层 2，将图层 1 的第 1 帧复制粘贴至图层 2 的第 1 帧，执行修改→变形→水平翻转命令，翻转后得到另一边的翅膀，将其和先前的翅膀进行拼接，并将中心点移动至相交处。分别在两个图层的第 5、10、15、20 帧处插入关键帧，调整第 5、15 帧实例的倾斜角度，让翅膀作上下翻飞的动作，如图 9-30 所示。然后在两个关键帧之间创建传统补间，制作“白鹭”飞翔的动画。

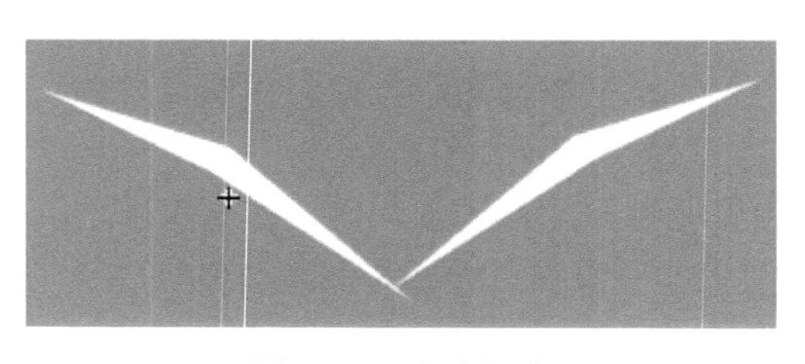

图 9-29　白鹭翅膀

图 9-30　翅膀翻飞效果

（9）开始制作第二句诗文的画面。采用传统补间动画的方式，将树、鸟及远景、中景全部向下移出画面，背景也稍作下移，使其露出上部分的深蓝，达到镜头逐渐向上的效果。

（10）新建“白云”图层，在第 133 帧插入关键帧，将元件“云”放入舞台合适位置，制作淡入并左移的动画效果。新建白鹭 1~白鹭 7 图层，同样在第 133 帧插入关键帧，将元件“白鹭”分别拖入 7 个图层上，并调整好白鹭的大小，让其从白鹭 1 至白鹭 7 呈现递减方式。起始帧都在第 133 帧处。在第 155 帧附近，在白鹭的 7 个图层上离散地插入关键帧，调整好白鹭的大小。在白鹭 7 个图层的第 165、180、210 帧插入关键帧，将这些关键帧各层上的白鹭排列并逐渐缩小至最后到画面顶上方，然后在各图层的每两个关键帧之间创建传统补间。这样，就制作好白鹭飞上天的动画，再配上文字与声音，与前一句诗文方法相同，效果如图 9-31 所示。

（11）第三幅画面出现的同时，先将白云淡出，淡入从第 211 帧开始，新的画面也在此帧出现。在“远景”、“中景”、“近景”这 3 个图层上的第 211 帧分别插入关键帧，分别放入“远山”、“窗”、“墙壁”3 个元件，窗子有推开的动作，且需要新建一个“竹竿”图层，将元件“竹竿”放在对应的位置，配合窗子打开的动作。效果如图 9-32 所示。

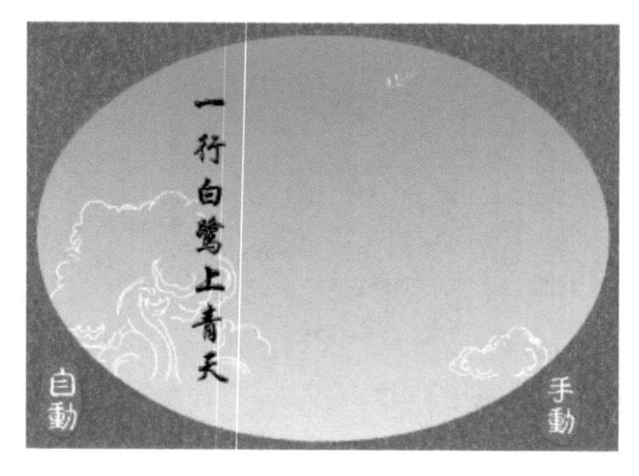

图 9-31　“句 2”画面

图 9-32　“句 3”画面

（12）第四幅画面是直接切换出现的。在“远景”、“中景”、“近景”这 3 个图层的第 298 帧插入空白关键帧以种植前面的画面。背景仍然是天空，将大船、小船元件都放在“近景”图层上，配上诗文与声音即可。效果如图 9-33 所示。

（13）制作手动部分的画面。因为画面是一样的，所以直接将前面的所有图层上的帧复制，然后粘贴到一个新的图层即可。时间轴延续至第 760 帧，只需在画面切换的帧上添加按钮和 AS 代码即可。效果如图 9-34 所示。

图 9-33 “句 4”画面

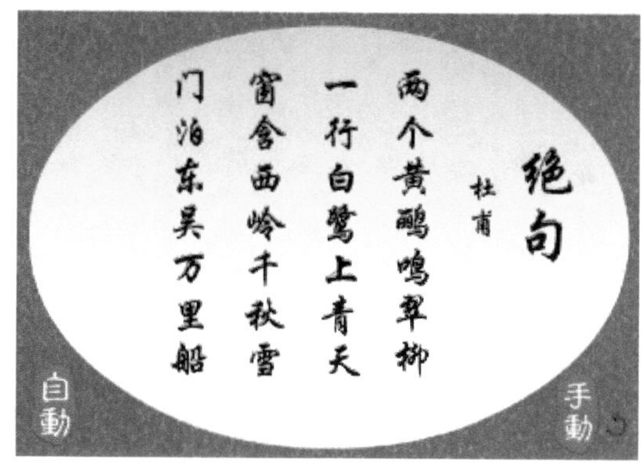

图 9-34 诗文画面

（14）保存文件，按组合键 Ctrl+Enter 测试动画效果。

课后练习与指导

实践题

练习 1：制作一个物理课件，如图 9-35 所示。

练习 2：制作一个美术课件，如图 9-36 所示。

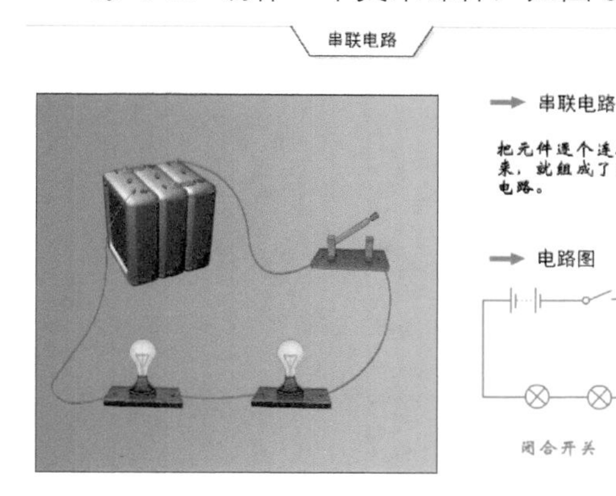

图 9-35 物理课件

图 9-36 美术课件

练习 3：制作一个化学课件，如图 9-37 所示。

练习 4：制作一个数学课件，如图 9-38 所示。

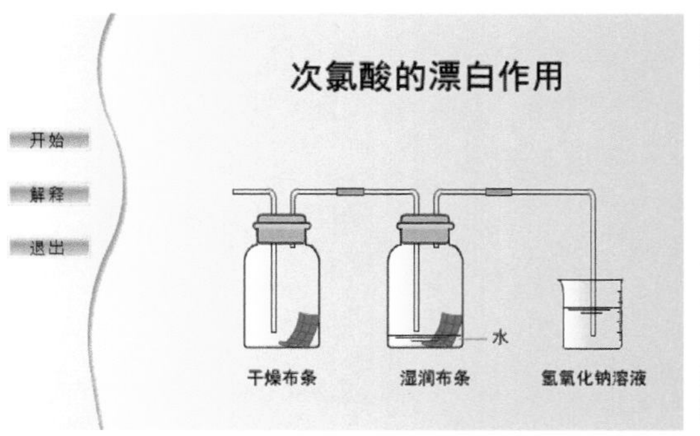

图 9-37　化学课件

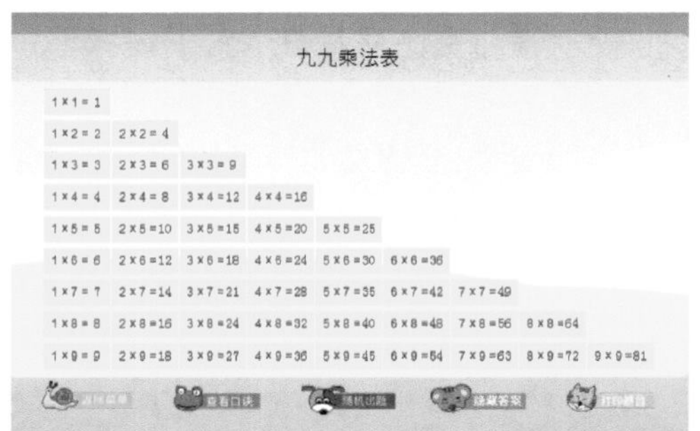

图 9-38　数学课件

练习 5：制作一个语文课件，如图 9-39 所示。

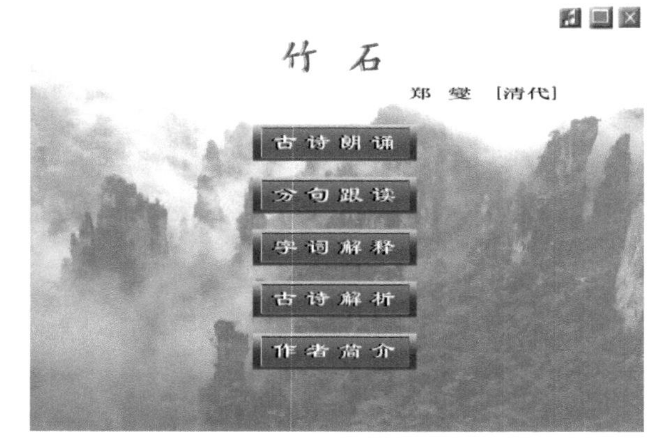

图 9-39　语文课件

模块 10 贺卡制作

你知道吗

做 Flash 贺卡最重要的是如何最好地实现创意。贺卡有自己的特殊性，它的情节非常简单，播放的影片也很简短，一般只有几秒钟。它不像动画短片那样有一条完整的故事线，所以设计者一定要在有限的时间内表达出主题，给人留下深刻的印象。

学习目标

- 了解贺卡动画的脚本创意
- 掌握贺卡的分镜设计
- 掌握贺卡制作的基本流程
- 熟练运用元件和音乐等元素制作贺卡

项目任务 10-1 贺卡制作——母亲节贺卡

本案例主要介绍母亲节贺卡的脚本创意、分镜头设计和分镜头草图的绘制，以及元件的制作。贺卡中伴随着音乐，将信筒、信封、小女孩、信件等元素融合进母亲节的主题，表达出对母亲的感谢，简洁而温暖。

动手做 1 动画制作前期

1. 脚本创意与分镜设计

这张贺卡的主题是“母亲节”，因此，贺卡的制作者定位为孩子，给母亲的一封信是贺卡的主线。围绕着信件展开一些设计元素，如草地、蓝天白云、信箱、飞来的小信封等，这些元素组成了一幅美丽的画面。

根据整体创意的思路，围绕着贺卡的主体选择相应的元素。脚本与分镜如下。

分镜 1：近处有一个信箱，信箱里有一封待寄出的信件。远处白云缓缓流动，小女孩裙摆随风飘动，带着对母亲的思念和感谢。镜头由远处向信箱拉近，说明文字出现，小信封飞来，指示待读的信件，如图 10-1 和图 10-2 所示。

分镜 2：一封信件慢慢打开，利用遮罩动画，制作出写信的效果，如图 10-3 和图 10-4 所示。

分镜 3：结束语——母亲节快乐！

图 10-1 分镜 1——画面 1

图 10-2 分镜 1——画面 2

图 10-3 分镜 2——画面 1

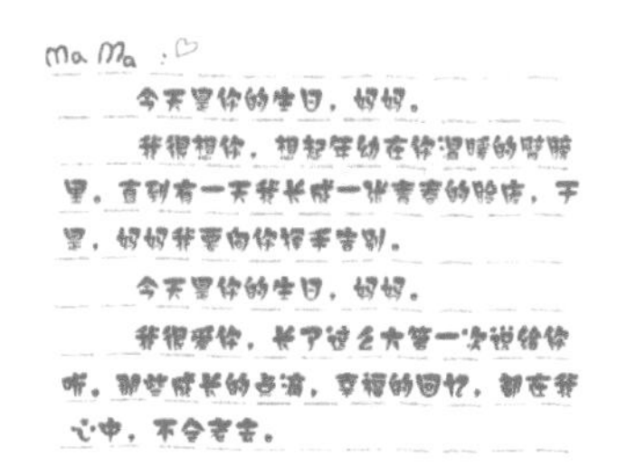

图 10-4 分镜 2——画面 2

2. 动画制作前期准备

（1）绘制草图。

在开始制作动画之前，先要根据构思和分镜画出几张草图，把构思好的画面具体形象化。利用 Flash 工具箱内的绘图工具画出主要场景和元件的草图。

（2）准备素材。

收集一些相关的素材，比如音乐、图片等。

动手做 2 制作贺卡

操作步骤：

（1）选择文件→新建菜单选项，选择“ActionScript 2.0”选项，新建一个 Flash 文档，命名为“10-母亲节贺卡”。在“属性”面板，修改“舞台大小”为 500px × 350px。

（2）新建影片剪辑元件，并命名为“小女孩”。动画制作前期，利用绘图工具绘制出小女孩形象 1 和 2，如图 10-5 所示。利用逐帧动画原理，制作出小女孩裙摆随风飘动的效果，分别在第 4 帧和第 7 帧插入关键帧，在第 1 帧和第 7 帧拖入小女孩形象 1，在第 4 帧处拖入小女孩形象，时间轴如图 10-6 所示。

图 10-5 “小女孩”元件

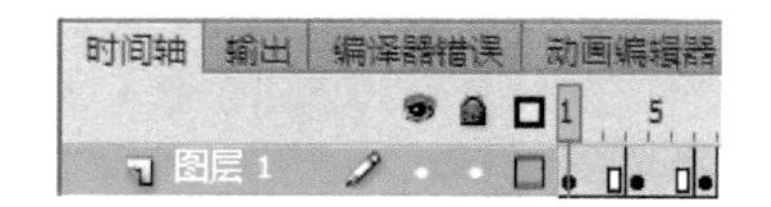

图 10-6 “小女孩”元件时间轴面板

（3）返回主场景，将“天空”图形元件拖入舞台中，并调整元件到合适的位置，在第 70 帧位置插入关键帧，将元件向右移动一段距离，为两个关键帧创建传统补间动画，制作出云朵飘动的动画效果。新建图层 2，同样将“草地”图形元件拖入舞台中，在第 70 帧和第 90 帧处插入关键帧，选择第 90 帧，打开“属性”面板，修改元件 Alpha 值为 0，创建传统补间动画。

（4）使用相同方法，分别新建图层，拖入“小女孩”元件和“邮箱”元件，制作补间动画，制作淡出的画面效果。最终画面效果如图 10-1 所示。

（5）新建图层，命名为“大邮箱”。在第 65 帧处插入关键帧，从“库”面板中拖入“邮箱”元件，使用任意变形工具对其进行等比例放大，放置在舞台左侧，在第 90 帧插入关键帧。选择第 65 帧，打开“属性”面板，修改元件 Alpha 值为 0，创建传统补间动画。使用相同方法，制作出“大草地”和“大天空”图层的动画效果。

（6）新建“文字 1”图层，在第 90 帧位置插入空白关键帧，选择工具箱内的文本工具 T，在舞台中输入文本——“亲爱的妈妈”。按组合键 Ctrl+B 两次，将文字打散为图形，转换为“文字 1”影片剪辑元件。在第 100 帧处插入关键帧，将元件向下移动一段距离。选择第 90 帧，在“属性”面板修改元件 Alpha 值为 0，创建传统补间动画，如图 10-7 所示。使用相同的方法，制作出“文字 2”图层的动画效果。

（7）新建图层，制作图片文字——“给我最亲爱的妈妈”和小信封的淡入效果，元件如图 10-8 所示。

图 10-7 “文字 1”画面

图 10-8 文字和小信封

（8）新建“AS”图层，在第 150 帧处插入关键帧，在“动作”面板中输入停止脚本。选择“文字 3”图层，使用文本工具 T，输入文本——“read me”，按 F8 键将其转换为按钮，打开“动作”面板，输入脚本——点击即跳转至 151 帧播放。最终画面效果如图 10-2 所示。

（9）新建“信封页”和“信纸”两个图层，制作分镜 2 的动画效果。分别将“大信封”（如图 10-9 所示）和“信封页”（如图 10-10 所示）两个元件拖入不同图层。选择“信封页”图层，在第 150、165 和 180 帧插入关键帧，修改 150 帧上元件的 Alpha 值为 0。使用任意变形工具将 165 和 180 帧上的元件逐步缩小，分别在第 150 帧和第 165 帧处创建传统补间动画，如图 10-3 所示。

图 10-9 “大信封”元件

图 10-10 “信封页”元件

（10）新建“信纸”图层，将“信纸”图形元件拖入舞台，制作淡入的动画效果。新建“书信文字”图层，在第 195 帧插入空白关键帧，输入信件文字。新建“遮罩”图层，在第 195 帧插入关键帧。选择矩形工具，在舞台中绘制一个与文字高度匹配的无边框矩形，在第 205 帧处使用任意变形工具将其拉宽，覆盖住文字内容，在两个关键帧间创建补间形状动画。使用相同方法，为后续文字创建遮罩效果。选择“遮罩”图层，单击鼠标右键，将其勾选为“遮罩层”。

（11）制作分镜 3 动画效果，如图 10-11 所示。将背景图片导入舞台，输入文字并打散为图形，转换为“母亲节”影片剪辑元件，同时制作淡入动画效果。选择 AS 图层，在第 380 帧处插入关键帧，打开“动作”面板输入停止脚本。

图 10-11 “分镜 3”画面

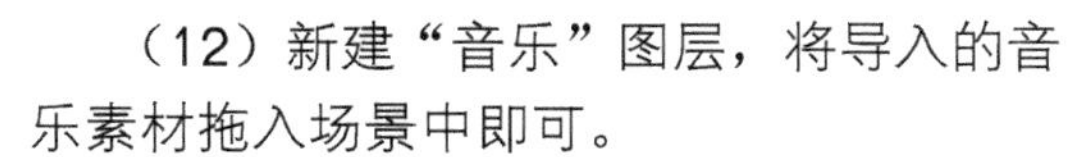

（12）新建“音乐”图层，将导入的音乐素材拖入场景中即可。

（13）保存文件，按组合键 Ctrl+Enter 测试动画效果。

提示

制作图形淡入、淡出效果时要考虑每个图层的开始、结束时间，尽量安排得紧凑些，使动画的过渡效果比较自然。

项目任务 10-2 贺卡制作——圣诞贺卡

本案例中制作一款节日专用贺卡，此类贺卡常常用在特定的环境中，如圣诞节、新年等。制作此类贺卡不必太过花哨，只需要运用特定的节日元素，通过适当的动画效果将具体的意境表达出来即可。

动手做 1 分镜设计

分镜 1：大幕开启，伴随着钟声出现夜幕的特写。镜头渐渐推远，出现夜幕的全貌，弯弯的月亮高高挂起，月弯儿上一座房子炊烟袅袅，近处一棵圣诞树装点着圣诞气氛。随着圣诞音乐的响起，圣诞老人驾着雪橇，赶着麋鹿从天边划过，圣诞树也随即发出光芒。

分镜 2：当圣诞老人再次从画面中缓缓划过后，镜头将整个画面缩小至一张贺卡大小，配图文字——“Merry christmas！”渐渐淡入。

动手做 2 制作贺卡

（1）选择文件→新建菜单选项，选择“ActionScript 2.0”选项，新建一个 Flash 文档，命名为“10-圣诞贺卡”。在“属性”面板中设置帧频为 12。

（2）新建“花边”图层，将元件“花边”拖入舞台中，并对齐到舞台的中心，在“属性”面板中展开“色彩效果”选项，将实例的色彩调整为绿色。

（3）选择图层 1，使用矩形工具，设置笔触颜色为蓝色，填充色为任意颜色，在舞台上绘制一个 509px×347px 的矩形，动画就在其中显示。隐藏图层 1，新建“主动画”图层，将其移至所有图层之下。按住 Alt 键将其拖曳至“主动画”图层的第 1 帧，删除矩形填充，将边框转换为影片剪辑元件，命名为“主动画”。双击进入元件的编辑状态，将图层 1 命名为 bord，并将帧数延长至第 290 帧，锁定图层。

（4）新建“音乐”图层，选择第 1 帧，打开“动作”面板，输入如图 10-12 所示的脚本代码。在第 2 帧中插入关键帧，在“属性”面板中设置声音名称为 bigben.wav，重复两次，如图 10-13 所示。

```
代码片断
1  SoundMixer.stopAll();
2  //停止播放所有的声音
```

图 10-12 “音乐”脚本代码

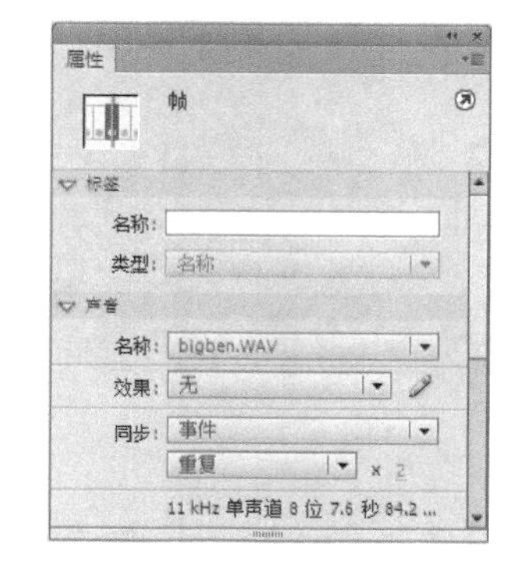

图 10-13 “声音”属性面板

（5）制作幕布慢慢拉开的动画。新建 m1 图层，从“库”面板中将元件 mu 拖入舞台并调整好位置，使用任意变形工具，将实例中心移至左上角，如图 10-14 所示。在第 15、40 帧插入关键帧，然后使用任意变形工具将第 40 帧的幕布向右倾斜使其产生变形。在第 75 帧处插入关键帧，将实例平行移至边框外，再将实例下方向左拉回一点。在第 15、40、75 帧之间创建传统补间，制作右边幕布慢慢打开的动画。使用相同方法，制作左边幕布慢慢打开的动画，并在 m1 和 m2 两个图层的第 76 帧插入空白关键帧。最终效果如图 10-15 所示。

图 10-14 “幕布”效果

图 10-15 “幕布”拉开

（6）幕布拉开后，镜头慢慢推远至场景全貌，出现夜空下的圣诞夜场景，如图 10-16 所示。将素材图片导入库中，转换为“bg”图形元件。新建“bg”图层，在第 50 帧插入关键帧，将“bg”元件拖入舞台中，根据构图摆放在所需要的位置。在第 100 帧插入关键帧，将实例缩小至舞台大小，在两帧间创建传统补间。使用相同方法，制作“圣诞树”入场动画。

（7）幕布打开后，天空开始飘雪。新建“雪花”图层，将元件“snowmv”拖入舞台，摆放在画面顶部相应的位置。新建“圣诞老人”图层，在第 200 帧处插入关键帧，将元件“圣诞老人”拖入舞台，放在画面右上角处并缩至一定大小。在第 240 帧插入关键帧，将“圣诞老人”元件移至舞台左上方，在两个关键帧间创建传统补间。

（8）随着圣诞老人的出场，圣诞树上的星星开始闪烁。新建“星星”图层，在第 200 帧处插入关键帧，将“ball3”影片剪辑元件拖入舞台中，与圣诞树重合。在第 225 帧插入关键帧，创建传统补间，如图 10-17 所示。

图 10-16 “圣诞夜”场景

图 10-17 “圣诞老人”入镜

（9）使用相同的方法，制作圣诞老人从舞台的左侧移至右侧的动画。需要注意的是，必须将实例水平翻转，即调转方向，并适当放大，如图 10-18 所示。

（10）制作分镜 2 画面。新建“圣诞夜”图层，在第 291 帧插入关键帧，将圣诞夜全景图片导入舞台中，转换为图形元件，并调整元件位置。在第 310 帧插入关键帧，使用任意变形工具修改元件中心点，并将其缩小旋转一定角度，如图 10-19 所示。

图 10-18 “圣诞老人”效果

图 10-19 “圣诞快乐”画面

（11）新建“圣诞快乐”图层，在第 310 帧插入关键帧，使用文本工具 T 在舞台相应的位置输入文本——“Merry christmas！”，两次打散文字为图形，转换为影片剪辑元件。在“属性”面板修改其 Alpha 值为 0。在第 325 帧处插入关键帧，修改样式为无，创建传统补间。

（12）保存文件，按组合键 Ctrl+Enter 测试动画效果。

项目任务 10-3 贺卡制作——生日贺卡

本案例贺卡的主题是生日，围绕着主题，设计元素主要包括生日蛋糕、生日礼物、花束以及“祝你生日快乐”贺词等。在此类贺卡的制作中，应注意元件出场的先后顺序，并为贺卡添加相应的音乐。贺卡的最终效果如图 10-20 和图 10-21 所示。

图 10-20 “生日贺卡”画面 1

图 10-21 “生日贺卡”画面 2

（1）选择文件→新建菜单选项，选择“ActionScript 2.0”选项，新建一个 Flash 文档，命名为“10-生日贺卡”。在“属性”面板中设置帧频为 12。

（2）执行文件→导入→导入到舞台菜单命令，将一幅图像导入到舞台中，锁定图层。

（3）新建影片剪辑元件，并命名为“小女孩眨眼”。使用工具箱内的绘图工具，绘制小女孩形象，转换为“小女孩”图形元件，如图 10-22 所示。将小女孩元件拖入图层 1 的第 1 帧，新建图层 2，使用铅笔工具在第 1 帧处绘制小女孩两只眼睛闭上的形状，在第 8 帧处插入空白关键帧。新建图层 3，在第 8 帧处插入关键帧，在该帧处绘制小女孩双眼睁开的形状，时间轴如图 10-23 所示。同时选中 3 个图层，在第 14 帧按 F5 键，延续帧播放。

图 10-22 “小女孩”元件

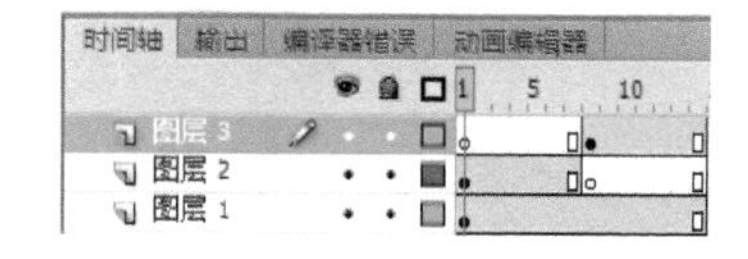

图 10-23 “小女孩”元件时间轴面板

（4）新建“唱歌”影片剪辑元件，将一张素材图片导入到元件编辑区。新建图层 2，在第 1 帧处绘制张开的小猪嘴巴，如图 10-24（a）所示，在第 5 帧位置插入关键帧，绘制如图 10-24（b）所示小猪唱歌时张开的嘴巴。同时选中 3 个图层，在第 10 帧按 F5 键，延续帧播放。

（5）制作“蛋糕”和“礼物”元件。将相应的素材图片导入舞台中，利用逐帧动画原理，绘制蛋糕火苗的影片剪辑元件，并制作好“礼物”按钮元件。需要注意的是，在“指针经过”帧插入关键帧，要将一个声音文件导入“库”中，然后在“属性”面板的名称下拉列表中选择导入的声音文件。

（6）制作“爱心飘洒”动画。新建“snowing”影片剪辑元件，进入元件编辑状态，从

“库”面板将“爱心”图形元件拖入工作区。选择图层 1，单击鼠标右键，在弹出的快捷菜单中选择添加传统运动引导层命令。在引导层的第 1 帧，使用铅笔工具绘制一条曲线，然后将曲线的顶端对准图形的中心点。在引导层第 50 帧插入帧，在图层 1 的第 50 帧插入关键帧，将“爱心”元件拖曳到曲线的尾端处，创建传统补间动画。

（7）制作祝福语——“祝你生日快乐！”。新建“文字”影片剪辑元件，使用文本工具输入文字内容，打散文字为图形后，使用墨水瓶工具为其上轮廓色，如图 10-25 所示。

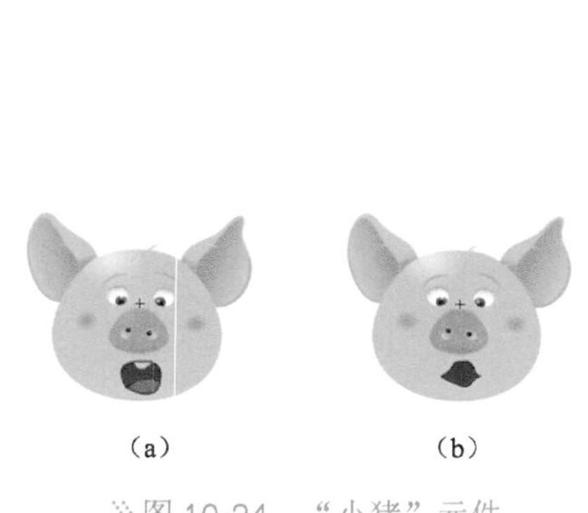

（a）　（b）

图 10-24　“小猪”元件

图 10-25　祝福语

（8）制作主场景动画。返回主场景中，新建图层 2，将“小女孩眨眼”元件拖入舞台中，选择图层 1 和图层 2，在第 250 帧处插入帧。新建图层 3，从“库”面板将“蛋糕”影片剪辑元件拖入舞台中。并在第 30 帧处插入关键帧，然后将第 1 帧处的“蛋糕”元件放大，在两个关键帧间创建传统补间动画。

（9）新建图层 4，在第 31 帧插入关键帧，将“鲜花”图形元件拖入舞台中。在第 50 帧插入关键帧，再将第 31 帧处的鲜花放大，创建传统补间动画。

（10）新建图层 5，在第 31 帧处插入关键帧，将影片剪辑元件“唱歌”从“库”面板中两次拖入舞台两侧。在第 250 帧插入帧，延续帧播放。

（11）新建图层 6，在第 90 帧处插入关键帧，将按钮元件“礼物”从“库”面板中拖入舞台的左侧，在第 96 帧处插入关键帧，将“礼物”元件向右移动并放大，创建传统补间动画。

（12）新建图层 7，在第 240 帧处插入关键帧，将“文字”元件拖入。新建图层 8，在第 240 帧处插入关键帧，将“snowing”元件拖入至舞台上方，并在“属性”面板中设置实例名称为“snow”。

（13）新建图层 9，在第 240、241 和 242 帧处插入关键帧，分别打开“动作”面板输入脚本，如图 10-26 所示。

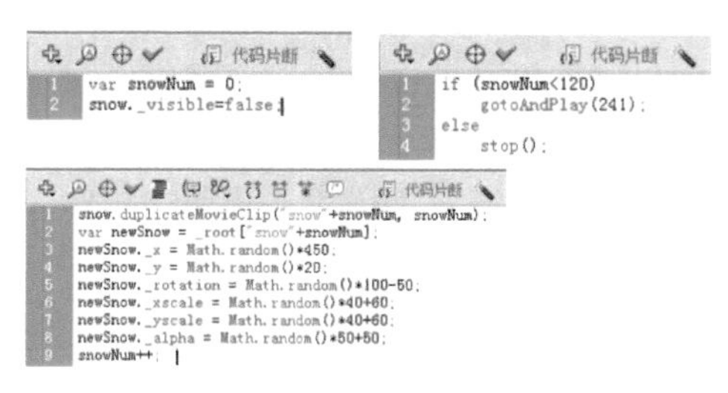

图 10-26　“爱心飘洒”代码

（14）添加音效与背景音乐。新建图层 10，在第 90 帧处插入关键帧，将声音文件导入“库”中，然后在“属性”面板的名称下拉列表中选择导入的声音文件。使用相同方法，在第 240 帧设置音效。

（15）使用相同方法，新建图层 11，将背景音乐导入“库”中，设置背景音乐。

（16）制作花瓣飘洒动画。新建“pc”影片剪辑元件，在元件编辑区绘制花朵图形。打开“库”面板，选择“pc”元件，单击鼠标右键，选择“属性”命令，打开元件“属性”对话框，单击“高级”按钮，选择“为 ActionScript 导出”。

（17）返回主场景，新建图层 12，选择第 1 帧，打开“动作”面板，添加如图 10-27 所示的代码。

```
var mc = this.createEmptyMovieClip("mc", 0);
for (var i = 0; i<40; i++) {
    var pc = mc.attachMovie("pc", "pc"+i, i);
    pc.vr = 0;
    pc.vy = 0;
    pc.sdy = Math.random()/2;
    pc.sdx = Math.random();
    pc.vx = 0;
    random(2) == 0 ? pc.sj=1 : pc.sj=-1;
    pc._x = random(550);
    pc._y = random(300);
    pc._xscale = pc._yscale=random(70)+20;
    pc.sj<0 && (pc._xscale *= -1);
    pc.mcl = 0.8;
    pc.swapDepths(pc._xscale*1000+i);
    pc.onEnterFrame = function() {
        this.vr += 0.03;
        this._y += Math.cos(this.vr)*this.vy*this.sj;
        this._x -= this.vx*this.sj;
        this.vy *= this.mcl;
        this.vx *= this.mcl;
        this.vy += this.sdy;
        this.vx += this.sdx;
        var ID = Math.random()*30 >> 0;
        ID == 1 && (this.mcl=0.9);
        ID == 2 && (this.mcl=0.7);
        ID == 3 && (this.mcl=0.5);
        ID == 4 && (this.yj.play());
        this._x<0 && (this._x=550);
        this._x>550 && (this._x=0);
    };
}
```

图 10-27 “AS”代码

（18）保存文件，按组合键 Ctrl+Enter 测试动画，即可看到贺卡效果。

项目任务 10-4 贺卡制作——教师节贺卡

本案例主要讲解教师节贺卡的脚本创意、分镜头设计和分镜头草图的绘制，以及元件的制作。此类贺卡针对特定的人群，制作过程中，要注意场景的美观性、场景的转换过渡要自然。制作时首先制作出局部的影片剪辑元件的动画效果，然后返回主场景中制作各个场景的动画以及文字和过渡的效果。

动手做 1 分镜设计

这张贺卡的主题是“教师节”，用以表达对教师的敬意和感激之情，教师传道授业解惑，教会我们知识，也带给我们快乐。围绕着教师和学生的主题，采用的元素主要包括书本、跑道接力、黑板等，组成 3 个清新校园场景，配上文字和音乐，达到最终的动画效果，如图 10-28 所示。

分镜 1：一个小孩在书本的海洋里遨游，认真地听老师讲课，对老师致敬——“是您，带领我们在知识的海洋里遨游”。

分镜 2：阳光明媚的天气，在操场的跑道上，孩子们团结一致，齐心协力进行着接力赛——“是您，教会我们团结互助”。

分镜 3：在教室里，小黑板旁有小鸟嬉闹，它也来给老师送上祝福，黑板上写出同学们此时的心声——“老师，节日快乐！”。

》图 10-28 “教师节贺卡”动画

动手做 2 制作贺卡

（1）选择文件→新建菜单选项，选择“ActionScript 2.0”选项，新建一个 Flash 文档，命名为“10-教师节贺卡”。在“属性”面板，修改“舞台大小”为 440px×330px。

（2）选择工具箱内的铅笔工具，绘制出场景 1 的轮廓，使用颜料桶工具对其填充颜色，形成一个渐变的色彩效果。填充好颜色后删除轮廓线，如图 10-29 所示。在第 157 帧处插入帧，延续播放。新建“闪光 1”图层，将“闪光 1”图形元件拖入舞台中，按住 Alt 键复制一次，拖到舞台右下角，如图 10-30 所示。

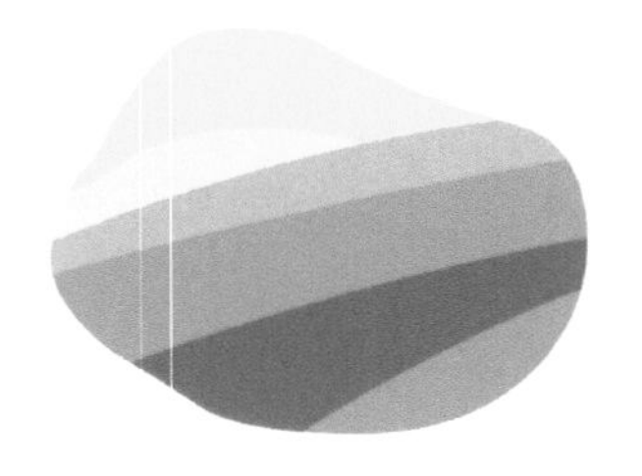

》图 10-29 “渐变”背景

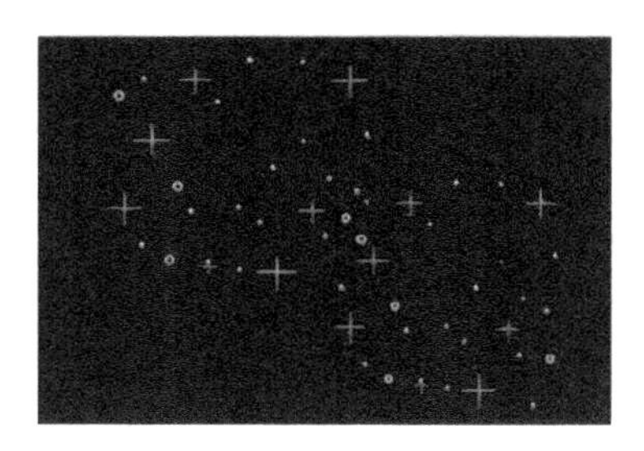

》图 10-30 “闪光”元件

（3）新建“绒花 1”影片剪辑元件，使用钢笔工具，绘制一条不规则曲线作为引导线，使用椭圆工具，绘制一个无边框白色正圆，作为一个被引导的小绒花。制作出绒花向上飞舞的动画效果，时间轴面板如图 10-31 所示。

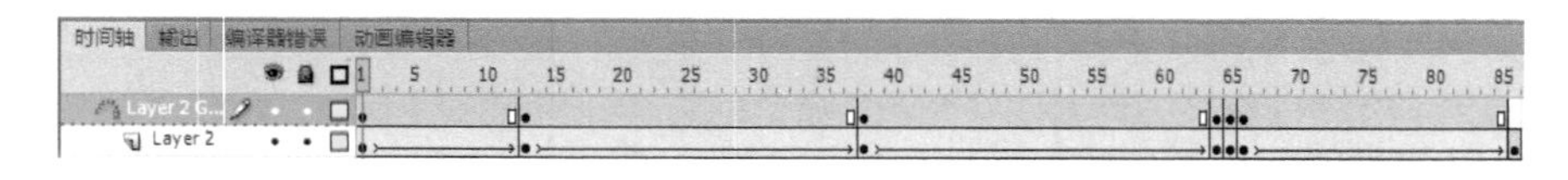

》图 10-31 “绒花”时间轴面板

（4）使用相同方法，绘制“绒花 2”影片剪辑元件，制作出大小不一、引导路径各异的绒花飘散动画。新建“绒花 3”影片剪辑元件，分别新建 14 个图层，离散地将“绒花 1”和“绒花 2”拖入场景中，分散在不同的位置。

（5）返回主场景中，新建“绒花 1”图层，将“绒花 3”元件拖入舞台中，并调整元件到合适的位置。

（6）新建“小孩手臂”影片剪辑元件，并进入元件编辑状态。将小孩手臂的图形元件拖入舞台中，在第 12 帧位置插入关键帧，使用任意变形工具将其顺时针旋转一定角度，在两个关键帧间创建补间动画。使用相同方法，制作后续动画效果，时间轴面板如图 10-32 所示。

（7）新建“小孩眨眼”影片剪辑元件，并进入元件编辑状态。选择椭圆工具绘制一个无边框棕色椭圆，作为小孩的眼睛。分别在第 13、15、17 帧插入关键帧，每间隔一帧将椭圆缩小一点。选中第 1 帧~第 17 帧，按住 Alt 键复制到第 18 帧后，单击鼠标右键，在弹出的快捷菜单中选择“翻转帧”菜单命令，时间轴面板如图 10-33 所示。

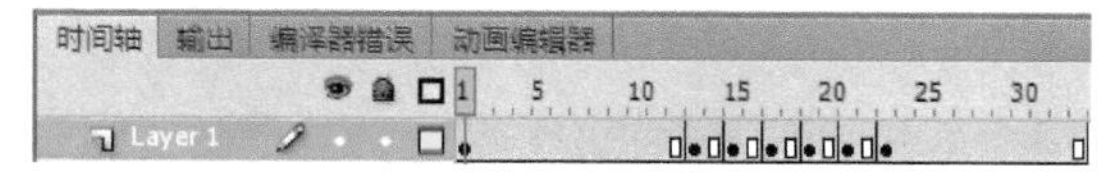

图 10-32 “小孩手臂”时间轴面板

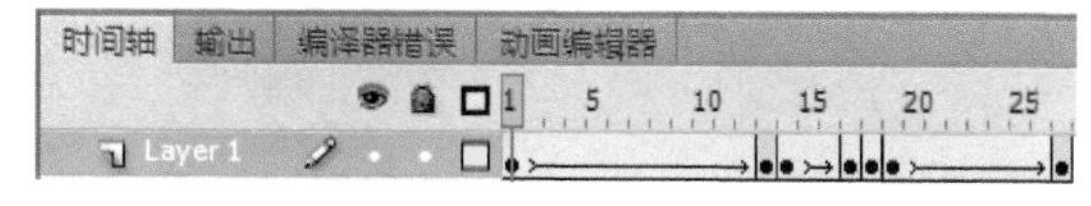

图 10-33 “小孩眨眼”时间轴面板

（8）新建“小孩与书本”影片剪辑元件。新建图层 2 和图层 3，分别将“小孩”图形元件、“小孩手臂”影片剪辑元件和“小孩眨眼”影片剪辑元件拖入舞台，并摆放好元件位置。新建“小孩与书本 2”影片剪辑元件，从“库”面板将“小孩与书本”影片剪辑元件拖入舞台中，在第 36、80 帧处插入关键帧，选择第 36 帧，将元件向上移动一段距离，在三个关键帧间创建传统补间。

（9）返回主场景中，新建图层，将“小孩与书本 2”影片剪辑元件拖入，调整到合适的位置。

（10）新建“t1”图层，将“t11”影片剪辑元件拖入舞台中，在第 148 帧插入帧，延续帧播放。新建“遮罩”图层，使用矩形工具绘制一个能覆盖住“t11”元件大小的矩形，如图 10-34 所示。在第 33 帧插入关键帧，将元件向右移动至覆盖文字，为两个关键帧创建传统补间。选择“遮罩”图层，单击鼠标右键，在弹出的快捷菜单中选择“遮罩层”。使用相同方法，制作后续文字的遮罩效果。

图 10-34 “文字”遮罩

（11）新建“过渡”图层，在第 130 帧处插入空白关键帧，使用矩形工具绘制一个比舞台稍大的无边框白色矩形，按 F8 键将其转换为图形元件。在第 148 帧处插入关键帧，修改 130 帧上元件的 Alpha 值为 0，创建传统补间，制作分镜 1 的淡出动画。

（12）新建“bg2”图层，在第 149 帧处插入关键帧，将“bg2”图形元件拖入舞台中，对齐舞台。新建“引导”图层，在第 149 帧处插入关键帧，使用钢笔工具绘制引导路径，将“小太阳”图形元件拖入舞台中，制作引导层动画。

（13）使用相同的方法，将绘制好的元件拖入舞台中，制作传统补间动画或文字遮罩动画，方法类似，不再赘述。

（14）新建“replay”图层，将“button”按钮元件拖入舞台中，放置在舞台左下角处，打开“动作”面板，输入点击跳转至第 1 帧的脚本代码。新建“音乐”图层，打开“库”面板，将音乐文件拖入舞台中。新建“AS”图层，在第 482 帧插入空白关键帧，在“动作”面板输入停止脚本。

（15）保存文件，按组合键 Ctrl+Enter 测试动画，即可看到贺卡效果。

课后练习与指导

实践题

练习 1：制作一个新年贺卡，如图 10-35 所示。

练习 2：制作一个冬日贺卡，如图 10-36 所示。

图 10-35　新年贺卡

图 10-36　冬日贺卡

练习 3：制作一个清新贺卡，如图 10-37 所示。

练习 4：制作一个思念贺卡，如图 10-38 所示。

练习 5：制作一个暑假贺卡，如图 10-39 所示。

图 10-37　清新贺卡

图 10-38　思念贺卡

图 10-39　暑假贺卡

模 块 11 游戏制作

你知道吗

Flash 强大的交互功能搭配其优良的动画能力，使得它能够在游戏领域占有一席之地。通过本实例的学习，读者可以轻松掌握游戏界面的设计、基础框架的搭建、控制脚本的添加等技术，制作出生动有趣的 Flash 小游戏。

学习目标

- 了解游戏的制作过程
- 设计游戏开始界面
- 掌握游戏主界面的制作方法

项目任务 11-1 游戏制作——连连看

“连连看”是在给出的一堆图案中找出相同图案进行配对的简单游戏。案例中主要设计两个界面：游戏开始界面和游戏主界面。玩游戏时，玩家用鼠标单击图案相同的两个图片，如果它们之间能用 3 根以下的折线连接起来，那么它们将从游戏池里消掉。在规定时间内将所有的图案消除，即可获得胜利。

动手做 1 游戏开始界面

制作游戏开始界面，效果如图 11-1 所示。

图 11-1 “连连看”开始界面

（1）选择文件→新建菜单选项，选择“ActionScript 3.0”选项，新建一个 Flash 文档，命名为“11-连连看”。打开“属性”面板，修改“舞台大小”为 550px×420px。

（2）执行文件→导入→导入到舞台命令，将连连看素材图片导入舞台中，分别转换为图形元件，命名为“pic1”～“pic7”。同样，导入背景素材图片，转换为“背景”图形元件，如图 11-2 所示。

（3）新建影片剪辑元件，并命名为“iconMC”；展开“高级”选项，选中“为 ActionScript 导出”复选框，将“类”命名为 mc，如图 11-3 所示。

图 11-2 “连连看”素材图片

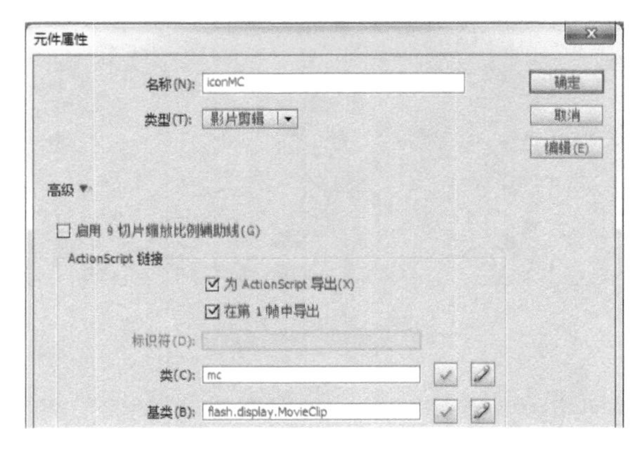

图 11-3 “元件属性”面板

（4）单击“确定”按钮，进入该元件内部。从“库”面板将元件“pic1”拖入舞台中。按组合键 Ctrl+K 打开“对齐”面板，将其对齐到舞台中心。在图层 1 的第 2~7 帧连续插入 6 个关键帧，分别放入“pic2”～“pic7”元件。

（5）新建图层 2，使用矩形工具绘制一个红色方框，大小为 40px × 40px，将其转换为影片剪辑，在属性面板中将实例命名为 k。

（6）新建“AS”图层，分别在该图层的第 2~7 帧插入关键帧，选择第 1 帧，在“动作”面板中输入停止脚本“stop();”。使用相同方法，分别在其他各帧添加停止脚本。

（7）返回主场景中，新建“界面”图层，使用文本工具在舞台上输入游戏标题——“连连看”。按组合键 Ctrl+B 两次打散文本，使用墨水瓶工具为文字描上 4px 的白边。按 F8 键将其转换为影片剪辑元件，在“属性”面板中为实例添加“投影”滤镜，制作立体效果。

（8）使用文本工具输入文字——“开始”，按 F8 键将其转换为按钮元件。双击进入按钮的编辑界面，完成按钮的制作。返回主场景，在“属性”面板中将按钮实例命名为 ks。

（9）游戏开始界面制作完成，如图 11-1 所示。

动手做 2　游戏主界面

（1）在主场景中，选择“界面”图层的第 2 帧，按 F7 键插入空白关键帧，使用文本工具分别在舞台的适当位置输入“第一关”、“重来”、“退出”等文字，如图 11-4 所示。

（2）选中文字“第一关”，按 F8 键将其转换为“关数”影片剪辑元件。双击进入该元件内部，在图层 1 的第 2 帧插入关键帧，将文字修改为“第二关”。新建图层 2，分别在第 1、2 帧添加停止脚本“stop();”。返回主场景中，在“属性”面板中将“关数”元件的实例命名为 guan。

（3）使用文本工具在舞台中输入文字——“恭喜您，通关了！”，如图 11-5 所示。按 F8 键将其转换为影片剪辑元件“通关”，在“属性”面板中将实例命名为 tg。双击进入“通关”元件内部，将文字再次转换为图形元件，在第 10 帧处插入关键帧，使用任意变形工具，按 Shift 键拖曳，将实例等比例放大，然后在两个关键帧间创建传统补间动画。新建图层 2，在第 10 帧添加停止脚本“stop();”。

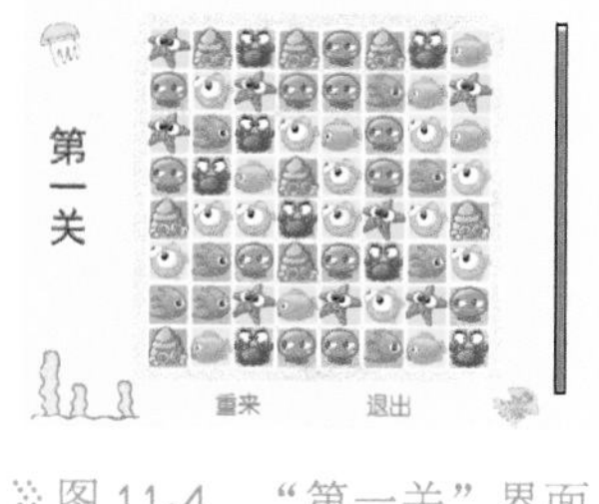

》图 11-4 “第一关”界面

》图 11-5 “第二关”界面

（4）分别将文字“重来”和“退出”转换为影片剪辑元件，依次在“属性”面板中将实例命名为 cl 和 tc。

（5）选择矩形工具，设置笔触颜色为黑色，高度为 2px，填充色为红色，在舞台右侧绘制垂直矩形条。选中矩形条，按 F8 键将其转换为影片剪辑元件，命名为“时间条”。双击进入元件内部，选中矩形条的轮廓，按组合键 Ctrl+X 剪切，新建图层 2，按组合键 Ctrl+Shift+V 原位置粘贴。选择图层 1，在第 1439 帧插入关键帧，删除矩形条的上半部分，留下一小段即可。在第 1~1439 帧间创建补间形状，制作矩形条慢慢缩短的动画。选择图层 2，在第 1440 帧处按 F5 键延续帧播放。新建图层 3，在第 1440 帧插入关键帧，添加停止脚本“stop();”。

（6）返回主场景中，在“属性”面板中将“时间条”实例命名为 xue。

（7）新建“AS”图层，在第 2 帧按 F7 键插入空白关键帧，分别在这两个关键帧处添加脚本，如图 11-6 所示。第 2 帧中的脚本涉及连连看算法，较为复杂，在此不予赘述，详见实例文件。

```
1  stop()
2  ks.addEventListener(MouseEvent.CLICK,dj);
3  function dj(e:MouseEvent)
4  {
5      nextFrame()
6  }
```

当按下开始按钮时，跳转到第2帧播放，即由游戏开始界面跳转至游戏主界面

》图 11-6 “AS”代码

（8）保存文件后，按组合键 Ctrl+Enter 测试游戏效果。

项目任务 11-2 游戏制作——大家来找茬

“大家来找茬”是一款休闲游戏，玩法简单，玩家只要把两幅图片中不同的地方找出来，用鼠标左键单击即可。案例中主要设计三个界面：游戏开始界面、游戏主界面和游戏结束界面。玩游戏时，用鼠标左键单击不同处，不同处即出现小圆圈，直到找出 5 处不同，即取得游戏胜利。

》图 11-7 “大家来找茬”开始界面

游戏开始界面如图 11-7 所示。

（1）选择文件→新建菜单选项，选择“ActionScript 2.0”选项，新建一个 Flash 文档，命名为“11-大家来

找茬”。打开“属性”面板，修改“舞台大小”为 800px×500px。

（2）执行文件→导入→导入到舞台命令，将背景图片导入舞台中，按 F8 键转换为图层元件“背景 1”，修改大小等参数，与舞台对齐，锁定图层。

（3）新建图层 2，命名为“界面”。单击工具箱中的文本工具按钮，在“属性”面板中设置字体及大小等参数，在舞台输入游戏标题文字——“大家来找茬”，以及游戏说明文字——“屏住你的呼吸，睁大你的眼睛，找出 5 个不同的地方”。打开窗口→公用库→Buttons，选择一个按钮元件拖入舞台中，修改按钮文字为“开始游戏”。打开“动作”面板，输入点击跳转至第 2 帧的脚本。

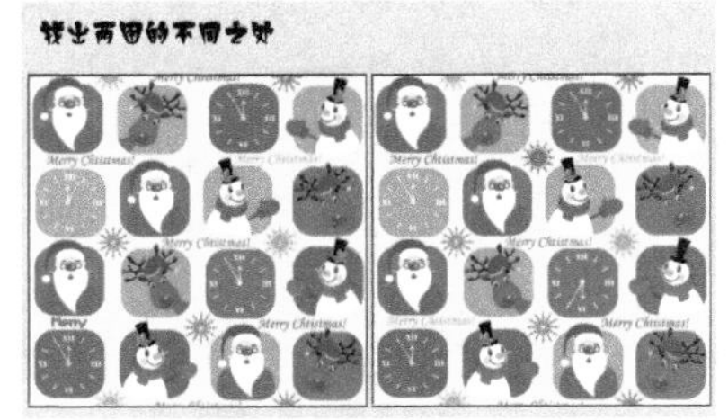

图 11-8 “大家来找茬”游戏界面

（4）新建图层 3，并命名为“图片”。在第 2 帧的位置插入空白关键帧，导入外部素材图片，如图 11-8 所示，分别转换为图形元件“pic1”和“pic2”，并调整元件位置。

（5）新建“大反应区”按钮元件，单击工具箱中的矩形工具按钮，在舞台中绘制一个无边框矩形，在“点击”帧位置按 F5 键延续帧播放。返回主场景中，新建图层 4 并命名为“大反应区”，将其拖至“图片”图层的下方。在第 2 帧处插入关键帧，将“大反应区”按钮元件拖入舞台中，使用任意变形工具，将其大小修改为与“pic1”元件大小相同。使用相同方法，为“pic2”元件设置“大反应区”按钮元件。

（6）新建“反应区”按钮元件，选择椭圆工具绘制无边框椭圆形，同样在“点击”帧位置按 F5 键延续帧播放。返回主场景中，新建图层 5 并命名为“反应区”，在第 2 帧处插入关键帧，打开“库”面板，在“pic1”元件与“pic2”元件不同的位置均拖入“反应区”元件，并打开“动作”面板，输入如图 11-9 所示的脚本语言。在两个图片不同处的“反应区”元件代码相同。

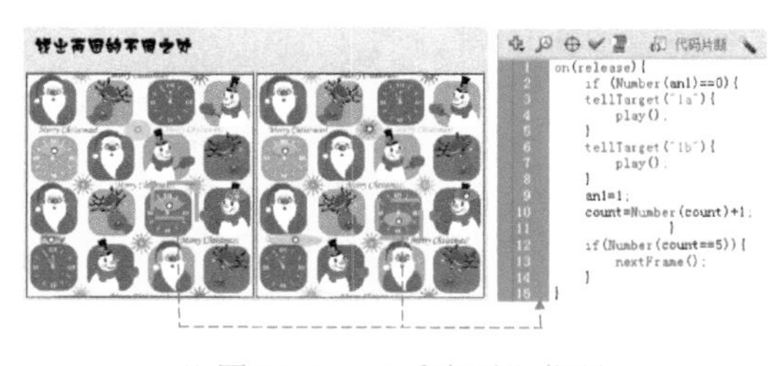

图 11-9 “反应区”代码

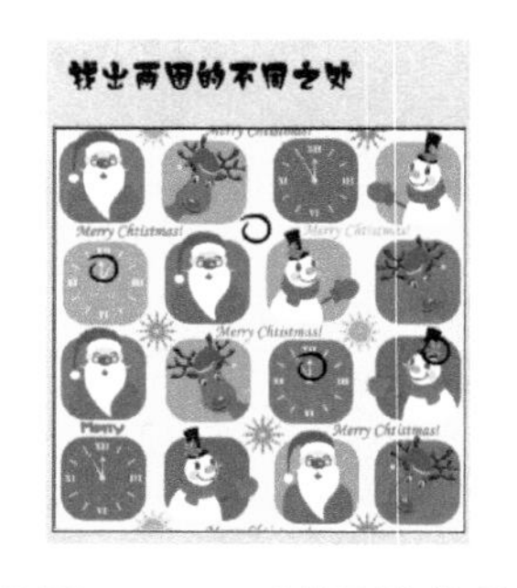

图 11-10 “找到”效果

（7）新建“找到动画”影片剪辑元件，使用逐帧动画的制作方法，制作出一笔画出圆形的动画效果，如图 11-10 所示。新建图层 2，在头尾两帧插入空白关键帧，打开“动作”面板，均输入停止脚本“stop();”。

（8）返回主场景中，选择“反应区”图层的第 2 帧，打开“库”面板，将“找到动画”元件拖入舞台中，与“反应区”元件重合，即拖入 10 个“找到动画”元件。分别在“属性”面板中设置实例名称，图片不同处的两个“找到动画”实例名称对称为“1a”和“1b”，依次类推。

（9）选择“界面”图层的第 3 帧，插入关键帧，选择文本工具T，在“属性”面板中设置字体及大小等参数，在舞台输入游戏结束文字——“恭喜你赢了！”，如图 11-11 所示。

图 11-11 “大家来找茬”结束界面

（10）新建“AS”图层，按两次 F7 键，插入两个空白关键帧，分别打开“动作”面板，输入停止脚本“stop();”。

（11）保存文件后，按组合键 Ctrl+Enter 测试游戏效果。

项目任务 11-3 游戏制作——拼图游戏

拼图游戏是广受欢迎的一种智力游戏，它的变化多端，难度不一，让人百玩不厌。本案例中包括游戏开始界面和游戏主界面。玩游戏时，玩家用鼠标拖曳拼图小图片，如果它们被放置在正确的位置，那么它们将不能再被拖曳。将所有的拼图完成，即可获得胜利。

制作拼图游戏，效果如图 11-12 所示。

（1）选择文件→新建菜单选项，选择“ActionScript 2.0”选项，新建一个 Flash 文档，命名为“11-拼图游戏”。打开“属性”面板，修改“舞台大小”为 900px×400px，背景色为浅灰色。

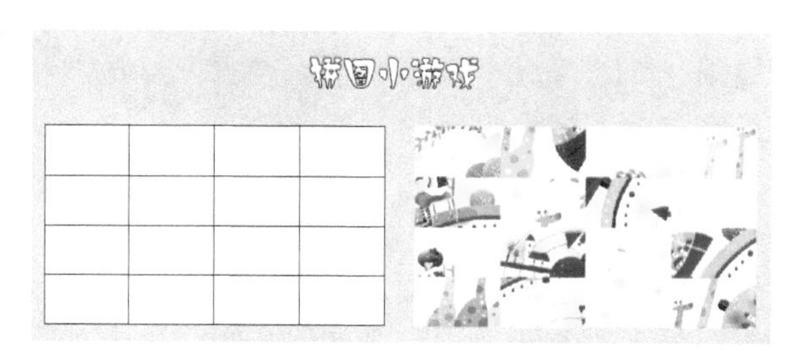

图 11-12 “拼图游戏”效果

（2）使用 Adobe Photoshop 类似的图片处理软件，将一张拼图图片切成均等的 16 份，即 16 张小图片。执行文件→导入→导入到库命令，将小图片导入库中。

（3）将图层 1 命名为“拼图”。打开“库”面板，将 16 张小图片分别拖入舞台中，使用“对齐”面板将它们按照顺序排列整齐，如图 11-13 所示。选择第 1 张图片，按 F8 键将其转换为“元件 1”按钮元件。使用相同方法，把剩余 15 张图片转换为“元件 2”～“元件 16”按钮元件。

（4）选择“元件 1”按钮元件，按 F8 键将其转换为“y1”影片剪辑元件，打开“属性”面板，为元件设置实例名称“tp1”。使用相同方法，将“元件 2”～“元件 16”按钮元件转换为“y2”～“y16”影片剪辑元件，并分别设置实例名称为“tp2”～“tp16”。

（5）新建图层 2，将图层 2 拖曳至图层 1 下方，并命名为“拼盘”。选择工具箱内的矩形工具，在舞台中绘制一个无边框白色矩形，大小和图片一致，为 100px×60px。按 F8

键转换为“元件 17”影片剪辑元件，在“属性”面板中为元件设置实例名称为“fg1”。再次选择矩形工具，绘制一个填充为无、笔触为黑色的矩形边框，在“属性”面板中将笔触粗细修改为最小，大小同样为 100px×60px。选中两个矩形，打开“对齐”面板，单击“水平中齐”与“垂直中齐”两个按钮，使其对齐。同时选中两个矩形，按住 Alt 键，复制并向右拖曳，绘制出如图 11-12 所示的 16 格拼盘。使用相同方法为元件设置实例名称“fg2”～“fg16”。

（6）新建图层 3，单击文本工具T，在舞台合适位置输入游戏标题——“拼图小游戏”。选择“拼图”图层的第 2 帧，插入关键帧，同样输入“恭喜你赢了！”结束语。使用矩形工具和文本工具T绘制“重新开始”按钮，放置在舞台相应的位置，如图 11-14 所示。至此，游戏的静态界面全部绘制完成。

图 11-13　拼图图片

图 11-14　“拼图游戏”结束界面

（7）新建图层 4，并命名为“AS”。在第 2 帧处插入关键帧，分别在两个关键帧上添加停止脚本，其中在第 1 帧定义变量 i，赋给初值 0，用来判断对的拼图数量。

（8）双击进入“y1”影片剪辑元件，选择“元件 1”按钮，打开“动作”面板，输入如图 11-15 所示的脚本代码。使得鼠标放在拼图上时可以拖曳元件，并判断拼图是否处于正确位置。鼠标松开时停止拖曳。

（9）在“y1”影片剪辑元件内部，新建图层 2，按两次 F7 键，插入空白关键帧，并在图层 1 的第 3 帧按 F5 键延续帧播放。选择图层 2 的第 1 帧，输入如图 11-16 所示的脚本代码。即获取与拼图图片重叠的下方影片剪辑的名称，判断是否正确，正确则重合，并跳转到第 3 帧。选择图层 2 的第 3 帧，输入如图 11-17 所示的脚本，使元件停止拖曳，并在正确的拼图数上加 1。选择图层 2 的第 2 帧，输入“gotoAndPlay(1);”脚本，用于重复判断拼图是否正确。

```
on (press) {
    if(eval(_root.tp7._droptarget)<> _root.fg7){
        _root.tp7.startDrag(true);
    }
}
on (release) {
    stopDrag()
}
```

图 11-15　“元件 1”脚本

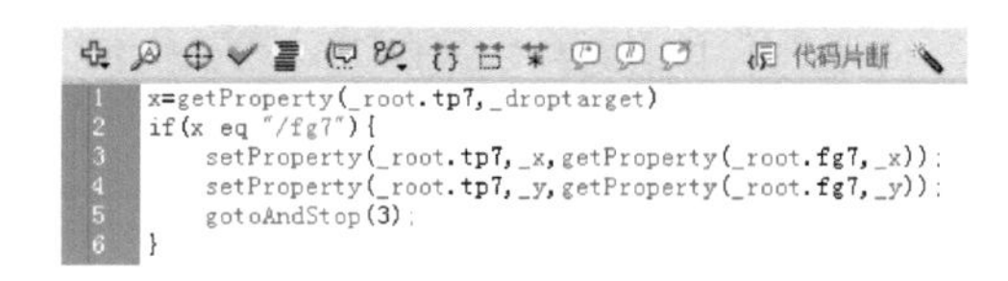

```
x=getProperty(_root.tp7,_droptarget)
if(x eq "/fg7"){
    setProperty(_root.tp7,_x,getProperty(_root.fg7,_x));
    setProperty(_root.tp7,_y,getProperty(_root.fg7,_y));
    gotoAndStop(3);
}
```

图 11-16　“y1”元件脚本（1）

（10）新建“判断”影片剪辑元件，输入如图 11-18 所示的脚本，判断拼图是否全部正确，正确则跳转到主场景第 2 帧。返回主场景中，在“重新开始”按钮元件添加脚本——跳转回第 1 帧，并将变量 i 重置为 0。

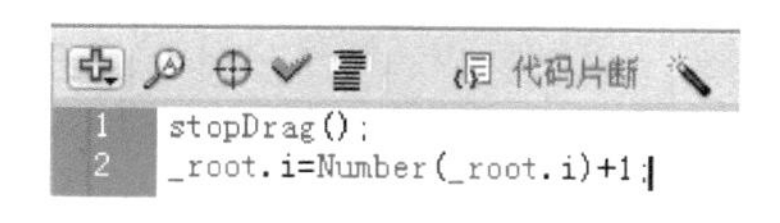

图 11-17 “y1”元件脚本（2）

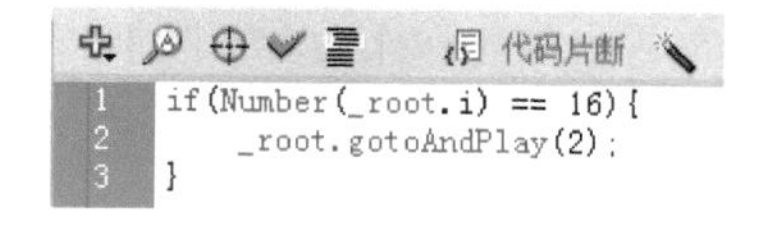

图 11-18 “判断”脚本

（11）打乱拼图顺序，即完成游戏制作。保存文件后，按组合键 Ctrl+Enter 测试游戏效果。

项目任务 11-4 游戏制作——点击游戏

点击游戏是利用鼠标单击掉落物件的简单游戏，本案例中主要设计游戏的主界面。玩游戏时，玩家用鼠标单击从上方掉落的各种图形，包括圆形、三角形、矩形和多边形等。单击图形后，它们将从游戏池里消掉，并且获得相应的分数。当分数足够时，进入下一关，分数越高记录越高。

制作点击游戏，效果如图 11-19 所示。

图 11-19 “点击游戏”效果

（1）选择文件→新建菜单选项，选择“ActionScript 2.0”选项，新建一个 Flash 文档，命名为“11-点击游戏”。打开“属性”面板，修改“舞台大小”为 700px×650px。

（2）执行文件→导入→导入到舞台命令，将背景图片导入舞台中，按 F8 键转换为图层元件“背景”，修改大小等参数，与舞台对齐，锁定图层。

（3）新建“鼠标效果 1”影片剪辑元件，选择多角星形工具，在“属性”面板中设置样式为“星形”、变数为“4”，单击“确定”按钮，在场景中绘制两个星形的效果，形成一个星形的小图形，如图 11-20 所示。在时间轴第 35 帧插入关键帧，在“属性”面板中，修改其填充颜色为蓝色，在两帧间创建补间形状动画。继续在第 70、100 和 135 帧处插入关键帧，制作补间形状动画。

图 11-20 绘制星形

（4）新建“鼠标效果 2”影片剪辑元件，将“鼠标效果 1”元件拖入舞台中。在第 30 帧处插入关键帧，使用“任意变形工具”对其进行等比例放大，在两帧间创建传统补间动画。选择 1~30 帧间的任意一帧，打开“属性”面板，在“补间”选项的“旋转”下拉框中选择“顺时针*1”，在第 60 帧处插入关键帧，将第 1 帧中的内容直接复制到第 60 帧，创建传统补间动画。

（5）新建“鼠标效果 3”影片剪辑元件，将“鼠标效果 2”元件拖入舞台中。在第 30

帧处插入关键帧，将元件向右移动一段距离，同样在两帧间创建传统补间动画，在“属性”面板中设置“逆时针*1”选项。使用相同方法，在 80、135、160 和 180 帧处插入关键帧，制作星形移动的动画效果。

（6）新建“鼠标效果 4”影片剪辑元件，将“鼠标效果 3”元件拖入场景中。新建图层 2，打开“动作”面板，添加脚本语言，控制星形的闪烁位置，如图 11-21 所示。

（7）使用相同的方法，制作出“鼠标效果 5”元件，脚本如图 11-22 所示。

```
//随机星星位置
a = random(40);
this["mc"]._x = a - random(a * 2);
this["mc"]._y = a - random(a * 2);
stop();
```

图 11-21 “鼠标效果 4”脚本

```
//复制六个方向的星星
max = 6;
for (i = 0; i < 6; i++)
{
    duplicateMovieClip("mc", "mc" + i, i);
    this["mc" + i]._rotation = i * 360 / max;
}
stop();
```

图 11-22 “鼠标效果 5”脚本

（8）新建“整体鼠标效果”影片剪辑元件，将“鼠标效果 5”元件拖入场景中。新建图层 2，插入两个关键帧，打开“动作”面板，分别在 3 个关键帧上插入脚本代码，如图 11-23 所示。

```
max = 20;
for (i = 1; i < max; i++)
{
    duplicateMovieClip("mc0", "mc" + i, i);//复制一系列影片
    //越靠后的星星越小，越暗
    this["mc" + i]._xscale = 100 - i * 2;
    this["mc" + i]._yscale = 100 - i * 2;
    this["mc" + i]._alpha = 60 - i;
}
startDrag("mc0", true);//带头星星追随鼠标
```

```
//后来的影片不断追随前一个影片
for (i = max - 1; i > 0; i--)
{
    this["mc" + i]._x = this["mc" + (i - 1)]._x;
    this["mc" + i]._y = this["mc" + (i - 1)]._y;
}
```

图 11-23 “整体鼠标效果”脚本

（9）新建“爆炸动画”影片剪辑元件。使用工具箱内的基本绘图工具，绘制爆炸效果图形，在第 25 帧插入关键帧，右移图形位置，在“颜色”面板中修改其 Alpha 值为 0，创建补间形状动画。使用相同方法，新建图层，绘制不规则图形，分别向四周扩散，制作出爆炸动画效果。新建图层 6，在最后一帧插入关键帧，在“动作”面板中输入停止脚本。

（10）新建“矩形动画”影片剪辑元件，使用矩形工具绘制一个矩形，在第 6 帧位置插入空白关键帧，从“库”面板，将爆炸动画元件拖入舞台中。在第 12 帧位置插入帧。新建图层 2，在时间轴的第 1 帧单击，在“动作”面板中添加脚本语言，在时间轴的最后 1 帧单击，添加脚本语言。在第 6 帧位置插入关键帧，打开“属性”面板，为其指定帧标签的名称“hit”。在“库”面板中选择“矩形动画”元件，单击鼠标右键，选择“属性”，打开高级选项，勾选“为 ActionScript 导出”，为其指定标识符“target1”。使用相同方法，制作出三角形、五角星和圆动画。

（11）新建“鼠标动画”影片剪辑元件，使用多角星形工具以及矩形工具绘制出小魔棒的轮廓效果。在第 2 帧插入关键帧，将其逆时针旋转一小段角度，在第 3 帧按 F5 键延续播放。新建图层 2，选择第 1 帧，在“动作”面板中输入停止脚本。

（12）新建“返回上一关”影片剪辑元件。使用文本工具输入文本内容——“返回上一关”。按两次组合键 Ctrl+B，将文字打散成图形。在第 10 帧位置插入关键帧，在“属性”面板中修改文本 Alpha 值为 0。使用相同方法为第 10、20、30、40 和 55 帧插入关键帧并修改属性。新建图层 2，在时间轴的最后一帧插入关键帧，打开“动作”面板，输入

停止脚本。同样为其指定标识符“level-1”。使用相同方法，制作“进入下一关”影片剪辑元件。

（13）返回主场景中，在第 3 帧位置插入帧。新建图层 2，选择第 1 帧，打开“库”面板，将“整体鼠标效果”元件拖入舞台，并在“属性”面板中为元件指定实例名称“mc”，在第 3 帧位置插入空白关键帧。新建图层 3，在第 3 帧位置插入空白关键帧，使用文本工具 T 输入文本内容——“胜利”，并将其分离为图形。新建图层 4，在第 1 帧位置单击，打开“动作”面板，创建脚本语言，如图 11-24 所示，用来实现对场景和库中元件的控制。在第 2 帧插入关键帧，创建脚本语言。

```
//魔法棒跟随鼠标
//开始时mc与鼠标位置一致
mc._x = _xmouse;
mc._y = _ymouse;
Mouse.hide();//原鼠标隐藏
this.attachMovie("mouse", "mouse", 5000);//运行时导入鼠标影片
//开始时影片与鼠标位置一致
mouse._x = mc._x;
mouse._y = mc._y;
var mouseStyle:Object = new Object();//鼠标侦听事件
//当鼠标移动时保持影片与鼠标位置一致
mouseStyle.onMouseMove = function()
{
    mouse._x = _xmouse;
    mouse._y = _ymouse;
    updateAfterEvent();
};
//当鼠标按下时影片进入并播放第二帧
mouseStyle.onMouseDown = function()
{
    mouse.gotoAndPlay(2);
};
//创建鼠标侦听事件
Mouse.addListener(mouseStyle);
```

图 11-24 脚本语言

（14）保存文件后，按组合键 Ctrl+Enter 测试游戏效果，如图 11-19 所示。

课后练习与指导

实践题

练习 1：制作一个打地鼠游戏，如图 11-25 所示。

练习 2：制作一个看图连单词游戏，如图 11-26 所示。

图 11-25 打地鼠游戏

图 11-26 看图连单词游戏

练习 3：制作一个快乐汉堡屋游戏，如图 11-27 所示。

练习 4：制作一个小猪接食物游戏，如图 11-28 所示。

≫图 11-27　快乐汉堡屋游戏

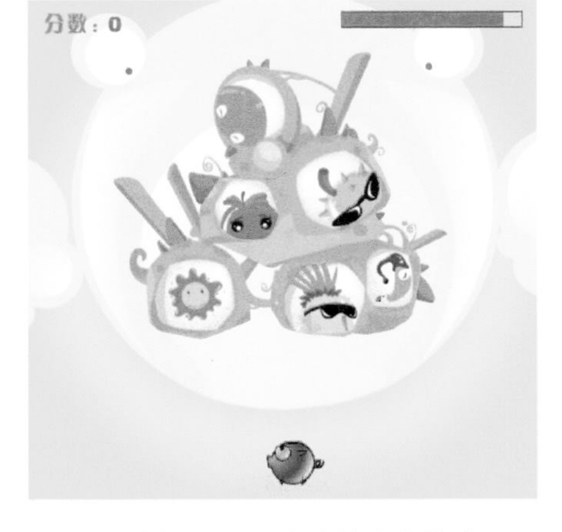

≫图 11-28　小猪接食物游戏

练习 5：制作一个龟兔赛跑游戏，如图 11-29 所示。

≫图 11-29　龟兔赛跑游戏